U0726293

# 褪黑素与桃李生产研究

主编／林立金 李文俊 刘 继

电子科技大学出版社
University of Electronic Science and Technology of China Press

·成都·

**图书在版编目（CIP）数据**

褪黑素与桃李生产研究 / 林立金，李文俊，刘继主编. -- 成都：成都电子科大出版社，2025.7. -- ISBN 978-7-5770-1573-6

Ⅰ. S662

中国国家版本馆 CIP 数据核字第 2025GN3242 号

# 褪黑素与桃李生产研究

TUIHEISU YU TAO-LI SHENGCHAN YANJIU

林立金　李文俊　刘　继　主编

| | |
|---|---|
| 策划编辑 | 唐祖琴 |
| 责任编辑 | 赵倩莹 |
| 责任校对 | 胡月莲 |
| 责任印制 | 段晓静 |

出版发行　电子科技大学出版社
　　　　　成都市一环路东一段 159 号电子信息产业大厦九楼　邮编 610051

| | |
|---|---|
| 主　页 | www.uestcp.com.cn |
| 服务电话 | 028-83203399 |
| 邮购电话 | 028-83201495 |

| | |
|---|---|
| 印　刷 | 成都市火炬印务有限公司 |
| 成品尺寸 | 185 mm×260 mm |
| 印　张 | 11.25 |
| 字　数 | 218 千字 |
| 版　次 | 2025 年 7 月第 1 版 |
| 印　次 | 2025 年 7 月第 1 次印刷 |
| 书　号 | ISBN 978-7-5770-1573-6 |
| 定　价 | 55.00 元 |

# 编 委 会

# 前　言

褪黑素，其化学名称为 N-乙酰-5-甲氧基色胺，又被称为松果体素，是一种色氨酸的吲哚衍生物，广泛存在于动植物体内。褪黑素能够改善作物的生理生化特性，提高作物对土壤养分的吸收效率。此外，它还可增强作物抗逆性，如抗干旱、盐碱和病虫害的能力等。通过这些作用机制，褪黑素不仅能够提升作物的产量，还可改善农产品品质。因此，褪黑素在农业中具有显著的应用价值与经济效益。

桃（*Prunus persica*）是蔷薇科李属的核果类植物，在我国有着悠久的栽培历史。桃的果实色泽艳丽、风味好、具有特殊香气、营养丰富。李（*Prunus salicina*）也是蔷薇科李属的核果类植物，在我国也有着悠久的栽培历史。李果实富含可溶性糖、有机酸、氨基酸、矿物质和抗氧化物质，营养丰富。然而，受生产技术和生产投入等的影响，桃和李果实品质下降等问题日益凸现，严重制约了桃和李种植产业的发展。鉴于此，本课题组针对桃和李的生长、养分吸收及果实品质提升方面的问题，将褪黑素应用于桃和李，筛选出了能够促进桃和李生长、养分吸收，及改善果实品质的褪黑素浓度，并对褪黑素的作用机制进行了探讨。这些研究结果可为改善桃和李果实的品质提供参考。

在国内外相关研究成果的基础上，编者总结了近几年来与褪黑素对桃李生长、养分吸收及果实品质影响的相关研究成果编写而成。全书共分为七章，分别是褪黑素对桃生长及养分吸收的影响、褪黑素对桃果实品质的影响、褪黑素对桃铁代谢的影响、褪黑素对李果实细胞壁代谢的影响、褪黑素对李果实糖酸代谢的影响、褪黑素对李果实着色和褪黑素对李果实低温贮藏的影响。

为了表达的准确性，同时考虑受众的阅读习惯，本书中部分内容保留了原文献中的英文表达。

本书可作为从事核果类果树科研和生产的相关人员的参考用书。由于编者水平有限，书中难免有错漏之处，敬请各位读者批评指正。

本书得到国家自然科学基金项目（项目编号：31401819）的资助。编者在此特别感谢本书涉及的研究人员的辛勤付出，也对本书编写和出版过程中给予关心和帮助的所有单位和个人表示感谢。

编　者

2025 年 6 月

# 目　录

# 第一章
## 褪黑素对桃生长及养分吸收的影响

## 第一节　褪黑素对桃苗的生长与养分吸收

### 一、材料与方法

#### （一）试验材料

供试植物材料为山桃（*Prunus davidiana*），其种子于成都市温江区天府花城花木交易中心购买。

褪黑素购丁北京索莱宝科技有限公司。

供试土壤为潮土，取自四川农业大学成都校区周边农田，其基本理化性质为：pH为7.62、有机质含量为12.38 g/kg、全氮含量为0.75 g/kg、全磷含量为10.25 g/kg、全钾含量为11.32 g/kg、碱解氮含量为57.29 mg/kg、有效磷含量为35.28 mg/kg、速效钾含量为21.96 mg/kg、有效硼含量为5.26 mg/kg、水溶性钙含量为15.36 mg/kg、水溶性镁含量为3.13 mg/kg、水溶性钠含量为3.22 mg/kg。

#### （二）试验设计

2019年2月，用50孔穴盘装珍珠岩配合霍格兰营养液育苗，育苗所用珍珠岩为含水量为2%～6%的浮石状灰白色珍珠岩，每3天换一次霍格兰营养液，在人工气候室[白天为（22±1）℃，夜晚为（20±1）℃，昼夜各12 h，光照强度为200 μmol/（m²/s）]中培养。出苗后，根据珍珠岩的水分状况，适时浇灌霍格兰营养液。

2019年3月初，将土壤风干压碎，过5 mm筛后装入15 cm×18 cm（直径×高）的育苗塑料盆，每盆装土3.0 kg，选取长势一致的有6～8片真叶的桃苗移栽至盆中，每盆栽植4株，放置在避雨棚中。一周后，将不同浓度的褪黑素[0（对照组）、50、100、150和200 μmol/L]溶液喷施在桃苗叶片正反两面，以布满均匀大小的水珠为准，每盆喷施 25 mL，对照组喷施相同体积的蒸馏水，每组处理重复 3 次（3 盆）。之后每 7 天喷施一次，总共喷施 4 次。每天浇水以保持土壤湿润，并在第一次处理一个月后，对桃苗及土壤进行采样收获。

## （三）测定项目与方法

### 1. 光合色素含量

采集 0.1 g 成熟叶片，用 10 mL 乙醇-丙酮混合液（体积比为 1∶1）进行提取，于 663 nm、645 nm、652 nm、470 nm 波长条件下比色，计算叶绿素 a、叶绿素 b、叶绿素总量和类胡萝卜素含量（熊庆娥，2003）。

### 2. 抗氧化酶活性

采集 0.2 g 成熟叶片，用 pH 7.8 的磷酸缓冲液 8 mL 进行研磨、低温离心，上清液即为酶粗液。然后用高锰酸钾滴定法测定过氧化氢酶（CAT）活性，用氮蓝四唑法测定超氧化物歧化酶（SOD）活性（熊庆娥，2003）。

### 3. 渗透调节物含量

采集成熟叶片，用考马斯亮蓝 G250 法测定可溶性蛋白含量，用硫代巴比妥酸显色法测定丙二醛（MDA）含量，用磺基水杨酸比色法测定脯氨酸含量，用蒽酮-乙酸乙酯比色法测定可溶性糖含量（熊庆娥，2003）。

### 4. 生物量

桃苗整株收获后，用自来水冲洗干净，用蒸馏水反复冲洗根系，然后用吸水纸擦干。将根系、茎秆和叶片分离，分别置于烘箱中于 105 ℃下杀青 15 min，于 75 ℃下烘干至恒重，称重结果即为生物量（干重）。计算地上部分生物量（茎秆生物量+叶片生物量）和根冠比（根系生物量/地上部分生物量）。

### 5. 植物养分含量

取 0.2 g 桃苗烘干并粉碎后的样品，用浓硫酸-过氧化氢溶液消煮，将消煮液定量至 100 mL，用于养分的测定。用凯氏定氮法测定全氮含量，用钒钼酸铵比色法测定全磷含量，用火焰分光光度计测定全钾和全钠含量，用三乙醇胺-氢氧化钠比色法测定全钙和全镁含量，用姜黄素比色法测定全硼含量（张韫，2011）。

### 6. 土壤理化性质

取风干后过 60 目筛的土样用于测定土壤理化性质。用扩散法测定土壤碱解氮含量，用钼锑抗比色法测定土壤有效磷含量，用 EDTA-Na$_2$ 滴定法测定土壤水溶性钙和水溶性镁含量，用火焰分光光度计测定土壤速效钾和水溶性钠含量，用姜黄素比色法测定土壤有效硼含量，用重铬酸钾显色法测定土壤有机质含量，用 pH 仪电极测定土壤

pH，用电导率仪测定土壤电导率，用氢氧化钠比色法测定土壤有机酸含量（鲍士旦，2000；张锟，2011）。

**7. 土壤酶活性**

取风干后过 60 目筛的土样用于测定土壤酶活性。用 3,5-二硝基水杨酸比色法测定土壤蔗糖酶活性，用苯酚钠-次氯酸钠比色法测定土壤脲酶活性，用高锰酸钾溶液滴定法测定土壤过氧化氢酶活性，用磷酸苯二钠浸提法测定土壤磷酸酶活性（关松荫，1986）。

## （四）数据处理与统计方法

所有数据均采用 SPSS 软件进行方差分析（用新复极差法进行多重比较）。

# 二、结果与分析

## （一）褪黑素对桃苗生物量的影响

由桃苗生物量（表 1-1）可知，经褪黑素处理后，桃苗各部分生物量较对照组均有所增加。浓度为 100 μmol/L、150 μmol/L、200 μmol/L 的褪黑素使桃苗根系生物量较对照组分别增加了 15.01%、40.79% 和 9.63%，而浓度为 50 μmol/L 的褪黑素对桃苗根系生物量的影响不显著。经褪黑素处理后，桃苗的茎秆、叶片和地上部分生物量较对照组均增加，且在褪黑素浓度为 150 μmol/L 时表现出最大值，较对照组分别增加了 45.01%、22.81% 和 31.15%。经褪黑素处理后，桃苗的根冠比较对照组有提高也有降低，在褪黑素浓度为 150 μmol/L 时最大，在褪黑素浓度为 50 μmol/L 时最小。

表 1-1 桃苗生物量

| 褪黑素浓度/<br>（μmol/L） | 根系/<br>（g/株） | 茎秆/<br>（g/株） | 叶片/<br>（g/株） | 地上部分/<br>（g/株） | 根冠比 |
|---|---|---|---|---|---|
| 0 | 0.353±0.006c | 0.431±0.012c | 0.732±0.011c | 1.162±0.022d | 0.304±0.008b |
| 50 | 0.363±0.010c | 0.559±0.017b | 0.819±0.021b | 1.378±0.021c | 0.264±0.004d |
| 100 | 0.406±0.014b | 0.606±0.021a | 0.832±0.020b | 1.438±0.021b | 0.283±0.007c |
| 150 | 0.497±0.012a | 0.625±0.017a | 0.899±0.026a | 1.524±0.043a | 0.326±0.001a |
| 200 | 0.387±0.009b | 0.566±0.011b | 0.824±0.015b | 1.391±0.022bc | 0.278±0.009c |

**注**：同一列中的不同小写字母代表处理间差异显著（$P < 0.05$），下同。地上部分生物量=茎秆生物量+叶片生物量，根冠比=根系生物量/地上部分生物量。

## （二）褪黑素对桃苗光合色素含量的影响

桃苗光合色素含量随褪黑素浓度的增加均呈先增后减的趋势，且在褪黑素浓度为150 μmol/L时最大（表1-2）。褪黑素浓度为50 μmol/L时，桃苗的叶绿素a、叶绿素b及总叶绿素含量与对照组相比差异不显著。褪黑素浓度为100 μmol/L、150 μmol/L、200 μmol/L时，桃苗的叶绿素a、叶绿素b及总叶绿素含量均高于对照组，且在褪黑素浓度为150 μmol/L时最大。褪黑素浓度为150 μmol/L时，桃苗叶绿素a、叶绿素b和总叶绿素含量较对照组分别增加了17.67%、35.68%和21.51%。经褪黑素处理后的桃苗类胡萝卜素含量均低于对照。就叶绿素a/b而言，褪黑素浓度为100 μmol/L、150 μmol/L时，桃苗叶绿素a/b较对照组均分别降低了11.94%和13.32%，其余处理对桃苗叶绿素a/b的影响不显著。

表1-2　桃苗光合色素含量

| 褪黑素浓度/（μmol/L） | 叶绿素a含量/（mg/g） | 叶绿素b含量/（mg/g） | 总叶绿素含量/（mg/g） | 叶绿素a/b | 类胡萝卜素含量/（mg/g） |
|---|---|---|---|---|---|
| 0 | 2.049±0.029d | 0.555±0.017d | 2.604±0.042d | 3.694±0.090a | 0.689±0.012a |
| 50 | 2.071±0.031cd | 0.571±0.015cd | 2.642±0.023cd | 3.633±0.138a | 0.594±0.014c |
| 100 | 2.324±0.023b | 0.715±0.013b | 3.038±0.024b | 3.253±0.076b | 0.606±0.02bc |
| 150 | 2.411±0.011a | 0.753±0.012a | 3.164±0.021a | 3.202±0.040b | 0.589±0.015c |
| 200 | 2.095±0.018c | 0.586±0.010c | 2.68±0.0250c | 3.578±0.053a | 0.632±0.013b |

## （三）褪黑素对桃苗抗氧化酶活性和渗透调节物含量的影响

褪黑素浓度为50 μmol/L、100 μmol/L、200 μmol/L时，桃苗SOD活性与对照组无显著差异（表1-3）。褪黑素浓度为150 μmol/L时，桃苗SOD活性较对照组提高了14.05%。经各浓度的褪黑素处理后，桃苗CAT活性较对照组有升高也有降低。褪黑素浓度为50～150 μmol/L时，桃苗MDA含量呈减少趋势，在褪黑素浓度为150 μmol/L时达到最低，在褪黑素浓度为200 μmol/L时开始增加，但也低于对照组。褪黑素浓度为50～200 μmol/L时，桃苗可溶性蛋白含量呈先减后增趋势，在褪黑素浓度为150 μmol/L时最小。经50～100 μmol/L处理的桃苗的脯氨酸含量与对照组无显著差异，高于100 μmol/L时较对照组减少。

表1-3　桃苗抗氧化酶活性与渗透调节物含量

| 褪黑素浓度/（μmol/L） | SOD活性/（U/g） | CAT活性/[mg/（g/min）] | 丙二醛含量/（mg/g） | 可溶性蛋白含量/（mg/g） | 脯氨酸含量/（mg/kg） |
|---|---|---|---|---|---|
| 0 | 405.1±8.2bc | 1.113±0.012b | 39.31±0.02a | 33.96±0.14a | 275.9±8.3a |

| 褪黑素浓度/<br>（μmol/L） | SOD 活性/<br>（U/g） | CAT 活性/<br>[ mg/（g/min）] | 丙二醛含量/<br>（mg/g） | 可溶性蛋白含量/<br>（mg/g） | 脯氨酸含量/<br>（mg/kg） |
|---|---|---|---|---|---|
| 50 | 403.6±5.6bc | 0.835±0.011d | 35.74±0.11c | 18.15±0.36b | 270.4±9.6a |
| 100 | 407.7±9.2b | 0.971±0.017c | 34.04±0.12d | 16.37±0.96b | 259.4±11.0ab |
| 150 | 462.0±10.4a | 0.602±0.011e | 30.40±0.33e | 11.49±0.35c | 252.0±6.6b |
| 200 | 389.3±8.7c | 1.289±0.023a | 37.26±0.37b | 12.32±0.22d | 223.4±9.5c |

### （四）褪黑素对桃苗可溶性糖含量的影响

经褪黑素处理后，桃苗根系可溶性糖含量均高于对照组（图 1-1）。随褪黑素浓度的增加，桃苗根系可溶性糖含量呈先增后减趋势，在褪黑素浓度为 150 μmol/L 时最大，较对照组增加了 55.98%。桃苗茎秆和叶片可溶性糖含量变化趋势与根系相似，均随褪黑素浓度的增加呈先增后减趋势，且在 150 μmol/L 时最大，较对照组分别增加了 54.78% 和 38.91%。桃苗地上部分可溶性糖含量仅在褪黑素浓度为 50 μmol/L 时较对照组无显著差异，在浓度为 100 μmol/L、150 μmol/L、200 μmol/L 时较对照组分别增加了 24.03%、42.08% 和 33.97%。

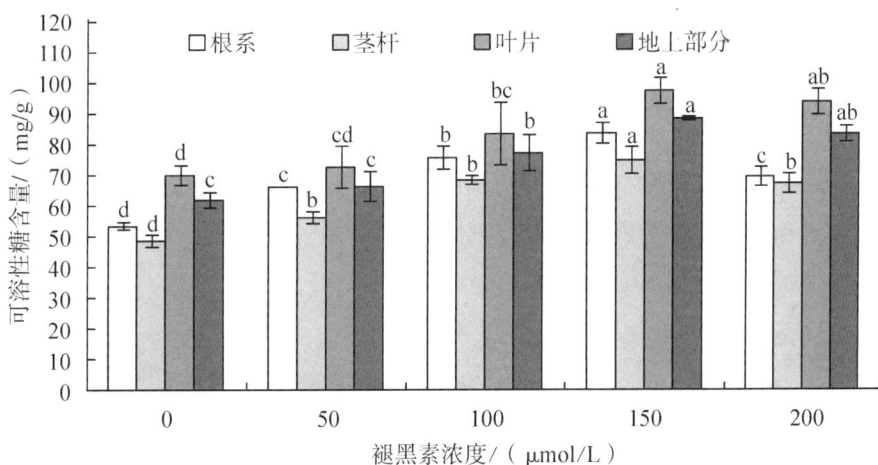

图 1-1　桃苗可溶性糖含量

### （五）褪黑素对桃苗全氮含量的影响

经褪黑素处理后，桃苗根系和茎秆全氮含量较对照组均在一定程度上有所增加（表 1-4）。浓度为 50 μmol/L 的褪黑素提高了桃苗根系和地上部分全氮含量，对茎秆及叶片全氮含量影响不显著。当褪黑素浓度为 100 μmol/L、150 μmol/L、200 μmol/L 时，桃苗根系全氮含量较对照组分别增加了 8.33%、15.16% 和 8.91%，茎秆全氮含量较对照组分别增加了 5.67%、14.31% 和 3.50%，叶片全氮含量较对照组分别增加了 8.45%、10.52% 和 3.97%，地上部分全氮含量较对照分别增加了 7.61%、12.43% 和 4.04%。

表 1-4　桃苗全氮含量

| 褪黑素浓度/（μmol/L） | 根系/（mg/g） | 茎秆/（mg/g） | 叶片/（mg/g） | 地上部分/（mg/g） |
|---|---|---|---|---|
| 0 | 3.972±0.042d | 4.283±0.031d | 4.010±0.075c | 4.111±0.039d |
| 50 | 4.110±0.082c | 4.353±0.133cd | 4.158±0.077bc | 4.239±0.014c |
| 100 | 4.303±0.016b | 4.526±0.031b | 4.349±0.049a | 4.424±0.017b |
| 150 | 4.574±0.035a | 4.896±0.012a | 4.432±0.044a | 4.622±0.025a |
| 200 | 4.326±0.091b | 4.433±0.038bc | 4.169±0.135b | 4.277±0.065c |

注：地上部分全氮含量 = ［（茎秆生物量×茎秆全氮含量）+（叶片生物量×叶片全氮含量）］/地上部分生物量。

## （六）褪黑素对桃苗全磷含量的影响

经浓度为 50 μmol/L 的褪黑素处理，桃苗根系全磷含量均无显著影响，仅浓度为 150 μmol/L 褪黑素增加了桃苗根系全磷含量，较对照组增加了 11.92%（表 1-5）。浓度为 50 μmol/L、200 μmol/L 的褪黑素对桃苗茎秆全磷含量均无显著影响，而浓度为 100 μmol/L、150 μmol/L 的褪黑素增加了桃苗根系全磷含量，较对照组分别增加了 5.07% 和 7.57%。当褪黑素浓度为 50 μmol/L、100 μmol/L、150 μmol/L、200 μmol/L 时，桃苗叶片和地上部分全磷含量均有不同程度增加，其中叶片全磷含量较对照组分别增加了 3.79%、5.92%、9.78% 和 3.82%，地上部分全磷含量较对照组分别增加了 2.48%、5.57%、8.91% 和 2.79%。

表 1-5　桃苗全磷含量

| 褪黑素浓度/（μmol/L） | 根系/（mg/g） | 茎秆/（mg/g） | 叶片/（mg/g） | 地上部分/（mg/g） |
|---|---|---|---|---|
| 0 | 5.504±0.106b | 5.313±0.031b | 5.256±0.132c | 5.277±0.073d |
| 50 | 5.546±0.088b | 5.340±0.105b | 5.455±0.042b | 5.408±0.022c |
| 100 | 5.617±0.134b | 5.579±0.018a | 5.567±0.130b | 5.571±0.070b |
| 150 | 6.160±0.156a | 5.715±0.117a | 5.770±0.044a | 5.747±0.068a |
| 200 | 5.596±0.151b | 5.376±0.054b | 5.457±0.108b | 5.424±0.086c |

注：地上部分全磷含量 = ［（茎秆生物量×茎秆全磷含量）+（叶片生物量×叶片全磷含量）］/地上部分生物量。

## （七）褪黑素对桃苗全钾含量的影响

经褪黑素处理后，桃苗各部分全钾含量均高于对照组（表1-6）。褪黑素浓度为 50 μmol/L、100 μmol/L、150 μmol/L、200 μmol/L 时，桃苗根系全钾含量较对照组分别增加了 7.83%、10.52%、14.16% 和 7.93%，茎秆全钾含量较对照组分别增加了 8.86%、12.88%、15.05% 和 10.16%，叶片全钾含量较对照组分别增加了 4.54%、9.20%、23.12% 和 8.35%，地上部分全钾含量较对照分别增加了 5.43%、9.56%、19.29% 和 8.27%。

表1-6　桃苗全钾含量

| 褪黑素浓度/<br>（μmol/L） | 根系/<br>（mg/g） | 茎秆/<br>（mg/g） | 叶片/<br>（mg/g） | 地上部分/<br>（mg/g） |
|---|---|---|---|---|
| 0 | 3.744±0.061c | 3.308±0.102d | 3.966±0.015d | 3.723±0.044d |
| 50 | 4.037±0.069b | 3.601±0.054c | 4.146±0.039c | 3.925±0.039c |
| 100 | 4.138±0.107ab | 3.734±0.015ab | 4.331±0.041b | 4.079±0.023b |
| 150 | 4.274±0.115a | 3.806±0.027a | 4.883±0.034a | 4.441±0.031a |
| 200 | 4.041±0.140b | 3.644±0.016bc | 4.297±0.019b | 4.031±0.010b |

注：地上部分全钾含量＝［（茎秆生物量×茎秆全钾含量）＋（叶片生物量×叶片全钾含量）］/地上部分生物量。

## （八）褪黑素对桃苗全钠含量的影响

桃苗根系全钠含量随褪黑素浓度的增加呈减少趋势（表1-7）。褪黑素浓度为 50 μmol/L、100 μmol/L、150 μmol/L、200 μmol/L 时，桃苗根系全钠含量较对照组分别减少了 10.42%、13.13%、16.95% 和 20.25%。经褪黑素处理的桃苗茎秆、叶片和地上部分全钠含量较对照组均在一定程度上有所增加，且均在褪黑素浓度为 150 μmol/L 时最大，较对照组分别增加了 7.85%、18.15% 和 13.93%。

表1-7　桃苗全钠含量

| 褪黑素浓度/<br>（μmol/L） | 根系/<br>（mg/kg） | 茎秆/<br>（mg/kg） | 叶片/<br>（mg/kg） | 地上部分/<br>（mg/kg） |
|---|---|---|---|---|
| 0 | 1.699±0.010a | 1.236±0.009c | 1.245±0.019c | 1.242±0.015d |
| 50 | 1.522±0.027b | 1.249±0.012bc | 1.360±0.034b | 1.314±0.015c |
| 100 | 1.476±0.009b | 1.284±0.021b | 1.463±0.027a | 1.387±0.025ab |

| 褐黑素浓度/<br>（μmol/L） | 根系/<br>（mg/kg） | 茎秆/<br>（mg/kg） | 叶片/<br>（mg/kg） | 地上部分/<br>（mg/kg） |
|---|---|---|---|---|
| 150 | 1.411±0.034c | 1.333±0.032a | 1.471±0.016a | 1.415±0.011a |
| 200 | 1.355±0.045d | 1.256±0.005bc | 1.450±0.025a | 1.371±0.016b |

注：地上部分全钠含量=［（茎秆生物量×茎秆全钠含量）+（叶片生物量×叶片全钠含量）］/地上部分生物量。

## （九）褐黑素对桃苗全钙含量的影响

经褐黑素处理后桃苗根系和地上部分全钙含量较对照组均增加（表1-8）。在褐黑素浓度为150 μmol/L时，桃苗根系、茎秆、叶片和地上部分全钙含量均最大，且根系和地上部分全钙含量大小为：150 μmol/L > 100 μmol/L > 200 μmol/L > 50 μmol/L > 对照组。经褐黑素处理后，桃苗茎秆和叶片全钙含量随褐黑素浓度的增加呈先增加后减少趋势，且不同浓度褐黑素均增加了茎秆全钙含量，而仅100 μmol/L、150 μmol/L、200 μmol/L的褐黑素增加了叶片全钙含量。

表1-8 桃苗全钙含量

| 褐黑素浓度/<br>（μmol/L） | 根系/<br>（mg/kg） | 茎秆/<br>（mg/kg） | 叶片/<br>（mg/kg） | 地上部分/<br>（mg/kg） |
|---|---|---|---|---|
| 0 | 12.53±0.13e | 9.492±0.381d | 14.89±0.26c | 12.90±0.03e |
| 50 | 13.33±0.25d | 12.49±0.24c | 15.54±0.23c | 14.30±0.27d |
| 100 | 14.72±0.14b | 23.04±0.64b | 18.24±0.31ab | 20.27±0.15b |
| 150 | 17.34±0.24a | 25.10±0.18a | 18.57±0.44a | 21.25±0.34a |
| 200 | 14.27±0.33c | 22.51±0.48b | 17.81±0.48b | 19.73±0.07c |

注：地上部分全钙含量=［（茎秆生物量×茎秆全钙含量）+（叶片生物量×叶片全钙含量）］/地上部分生物量。

## （十）褐黑素对桃苗全镁含量的影响

经褐黑素处理后，桃苗各部分全镁含量较对照组均增加（表1-9）。在褐黑素浓度为150 μmol/L时，桃苗根系、茎秆、叶片和地上部分全镁含量均最大，较对照组分别增加了99.90%、30.94%、54.45%和44.82%。桃苗根系和地上部分全镁含量的大小为：150 μmol/L > 100 μmol/L > 200 μmol/L > 50 μmol/L > 对照组。

表 1-9　桃苗全镁含量

| 褪黑素浓度/<br>（μmol/L） | 根系/<br>（mg/kg） | 茎秆/<br>（mg/kg） | 叶片/<br>（mg/kg） | 地上部分/<br>（mg/kg） |
|---|---|---|---|---|
| 0 | 7.769±0.121e | 4.783±0.080d | 4.224±0.049d | 4.431±0.006e |
| 50 | 11.22±0.14d | 5.013±0.115c | 4.673±0.137c | 4.813±0.032d |
| 100 | 13.69±0.19b | 5.345±0.145b | 5.177±0.152b | 5.248±0.151b |
| 150 | 15.53±0.18a | 6.263±0.073a | 6.524±0.150a | 6.417±0.058a |
| 200 | 13.27±0.18c | 5.433±0.115b | 4.844±0.128c | 5.084±0.027c |

注：地上部分全镁含量＝［（茎秆生物量×茎秆全镁含量）＋（叶片生物量×叶片全镁含量）］/地上部分生物量。

（十一）褪黑素对桃苗全硼含量的影响

褪黑素浓度为 50 μmol/L 时，桃苗根系全硼含量与对照组相比差异不显著（表 1-10）。褪黑素浓度高于 50 μmol/L 时，桃苗根系全硼含量较对照组均增加，在浓度为 200 μmol/L 时最大。经褪黑素处理后，桃苗茎秆、叶片和地上部分全硼含量均高于对照组，其中茎秆和地上部分全硼含量均在褪黑素浓度为 50 μmol/L 时最大，较对照组分别增加了 142.02% 和 130.51%，但叶片全硼含量在褪黑素浓度为 150 μmol/L 时最大，较对照增加了 212.50%。

表 1-10　桃苗全硼含量

| 褪黑素浓度/<br>（μmol/L） | 根系/<br>（mg/kg） | 茎秆/<br>（mg/kg） | 叶片/<br>（mg/kg） | 地上部分/<br>（mg/kg） |
|---|---|---|---|---|
| 0 | 0.140±0.004d | 0.238±0.009d | 0.048±0.001e | 0.118±0.004e |
| 50 | 0.142±0.002cd | 0.576±0.011a | 0.065±0.002d | 0.272±0.004a |
| 100 | 0.148±0.003c | 0.438±0.012b | 0.103±0.003c | 0.244±0.009b |
| 150 | 0.172±0.005b | 0.300±0.010c | 0.170±0.003a | 0.223±0.006c |
| 200 | 0.210±0.005a | 0.287±0.007c | 0.150±0.003b | 0.206±0.005d |

注：地上部分全硼含量＝［（茎秆生物量×茎秆全硼含量）＋（叶片生物量×叶片全硼含量）］/地上部分生物量。

（十二）褪黑素对土壤理化性质的影响

**1. 褪黑素对土壤碱解氮、有效磷和速效钾含量的影响**

经褪黑素处理后，土壤碱解氮含量均高于对照组，在褪黑素浓度为 150 μmol/L 时最大（图 1-2）。经褪黑素处理后，土壤有效磷含量均高于对照组，其大小为：150

μmol/L > 100 μmol/L > 200 μmol/L > 50 μmol/L > 对照组。褪黑素处理后，土壤速效钾含量均高于对照组。褪黑素浓度为 50 μmol/L、100 μmol/L、150 μmol/L、200 μmol/L 时，土壤速效钾含量较对照分别增加了 12.23%、26.56%、52.85% 和 10.96%。

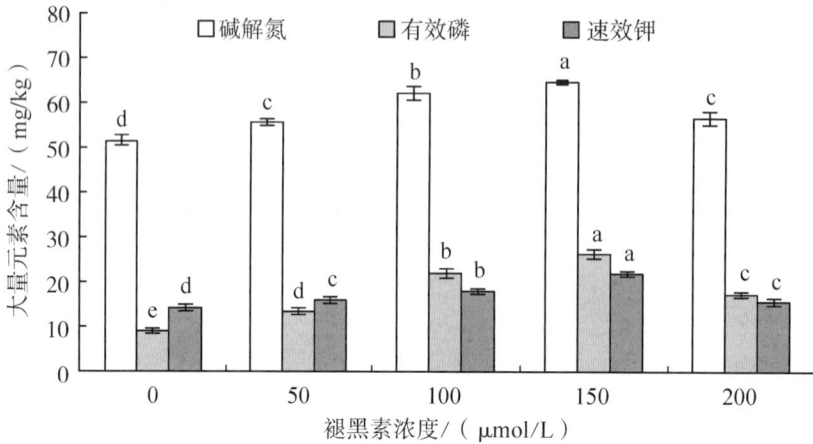

图 1-2　土壤碱解氮、有效磷和速效钾含量

**2. 褪黑素对土壤水溶性钠、钙、镁和有效硼含量的影响**

经褪黑素处理后，土壤水溶性钙含量较对照组均增加，其大小为：150 μmol/L > 100 μmol/L > 200 μmol/L > 50 μmol/L > 对照组（图 1-3）。经褪黑素处理后，土壤水溶性镁和有效硼含量较对照组均增加，且均在褪黑素浓度为 150 μmol/L 时最大。经褪黑素处理后，土壤水溶性钠含量较对照组均减少。褪黑素浓度为 50 μmol/L、100 μmol/L、150 μmol/L、200 μmol/L 时，土壤水溶性钠含量较对照组分别减少了 12.42%、13.13%、15.83% 和 18.38%。

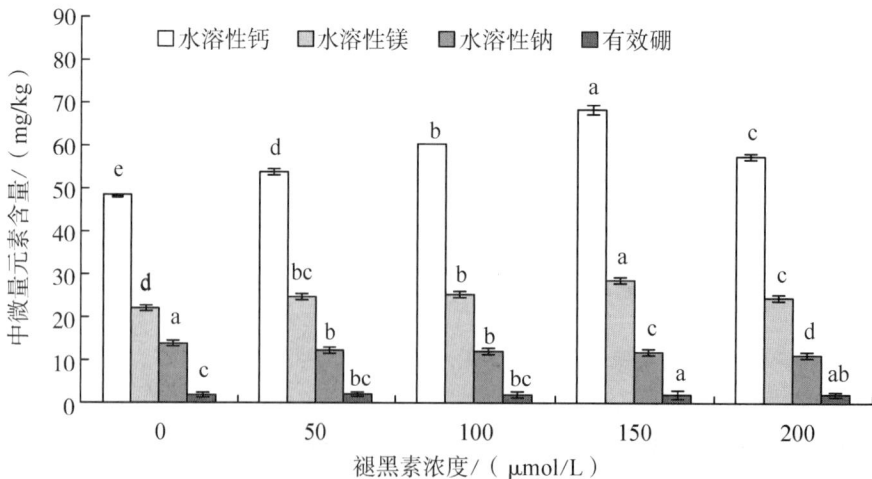

图 1-3　土壤水溶性钠、钙、镁和有效硼含量

**3. 褪黑素对土壤 pH 和有机质含量的影响**

经褪黑素处理后，土壤 pH 较对照组均降低（表 1-11）。褪黑素浓度为 50 μmol/L、100 μmol/L、150 μmol/L、200 μmol/L 时，土壤 pH 较对照组分别降低了 4.19%、5.96%、4.82% 和 6.02%，但各组处理之间无显著差异。经褪黑素处理后，土壤有机质含量均降低。褪黑素浓度为 50 μmol/L、100 μmol/L、150 μmol/L、200 μmol/L 时，土壤有机质含量较对照组分别降低了 41.75%、16.96%、48.76% 和 45.98%。

表 1-11 土壤 pH 和有机质含量

| 褪黑素浓度/（μmol/L） | 土壤 pH | 有机质含量/（g/kg） |
| --- | --- | --- |
| 0 | 8.305±0.110a | 29.12±1.90a |
| 50 | 7.957±0.015b | 16.96±2.02c |
| 100 | 7.810±0.121b | 24.18±2.14b |
| 150 | 7.905±0.115b | 15.00±2.82c |
| 200 | 7.805±0.085b | 15.73±2.78c |

**4. 褪黑素对土壤有机酸含量和电导率的影响**

经褪黑素处理后，土壤交换性酸和水解性总酸含量较对照组均有所增加（表 1-12），且均在褪黑素浓度为 100 μmol/L 时最大，较对照组分别增加了 7.64% 和 64.31%。土壤电导率随褪黑素浓度的增加呈先增后减趋势，但均高于对照组，在褪黑素浓度为 100 μmol/L 时最大，较对照组增加了 30.15%。

表 1-12 土壤有机酸含量和电导率

| 褪黑素浓度/（μmol/L） | 交换性酸含量/（cmol/kg） | 水解性总酸含量/（cmol/kg） | 电导率/（μs/cm） |
| --- | --- | --- | --- |
| 0 | 10.74±0.24c | 137.3±1.2c | 122.7±2.0d |
| 50 | 11.41±0.24ab | 225.3±1.4a | 151.2±3.8b |
| 100 | 11.56±0.32a | 225.6±3.3a | 159.7±2.4a |
| 150 | 11.00±0.27bc | 221.8±4.9a | 146.2±3.0b |
| 200 | 11.15±0.19abc | 174.9±2.2b | 138.9±2.9c |

### （十三）褪黑素对土壤酶活性的影响

经褪黑素处理后，土壤蔗糖酶活性大小为：50 μmol/L > 200 μmol/L > 对照组 > 100 μmol/L > 150 μmol/L（表 1-13）。土壤脲酶活性随褪黑素浓度的增加呈先升后降趋势，在褪黑素浓度为 150 μmol/L 时最大。经褪黑素处理后，土壤过氧化氢酶活性均低于对照组，在褪黑素浓度为 200 μmol/L 时最小，大小顺序为：0 μmol/L >

100 μmol/L > 150 μmol/L > 50 μmol/L > 200 μmol/L。土壤磷酸酶活性的变化趋势与土壤过氧化氢酶活性相似，但在褐黑素浓度为 150 μmol/L 时最小。

表 1-13　土壤酶活性

| 褐黑素浓度/<br>（μmol/L） | 蔗糖酶活性/<br>（mg/g） | 脲酶活性/<br>（mg/g） | 过氧化氢酶活性/<br>（mL/g） | 磷酸酶活性/<br>（mg/100 g） |
|---|---|---|---|---|
| 0 | 5.119±0.107c | 0.016±0.005bc | 0.469±0.015a | 33.02±1.01a |
| 50 | 7.064±0.143a | 0.018±0.005bc | 0.440±0.013c | 26.10±0.79b |
| 100 | 4.427±0.134d | 0.023±0.001b | 0.462±0.01ab | 26.37±1.05b |
| 150 | 2.345±0.111e | 0.045±0.005a | 0.447±0.009bc | 24.03±0.50c |
| 200 | 5.621±0.110b | 0.015±0.001c | 0.418±0.007d | 25.21±0.54bc |

## 三、讨论

研究发现，外源褐黑素能通过调控植物根系生长来促进植物生长（Park et al. Back，2012；Wei et al.，2015）。本试验中，褐黑素对桃苗各部分生物量均有一定促进作用，但当褐黑素浓度高于 150 μmol/L 时，对幼苗的促进作用开始降低，说明低浓度褐黑素能够促进桃苗植株生长。褐黑素对植物生长的影响与吲哚乙酸类似，有研究发现 4 mol/L 的水杨酸、100 mg/L 的赤霉素、1.5 mg/L 的吲哚乙酸和 8 mg/L 的 6-苄氨基腺嘌呤对茄子幼苗的生长促进效果明显（陈文龙等，2019）。

在臭氧胁迫下，喷施 100 nmol/L 的褐黑素处理能改善"赤霞珠"葡萄叶片吸收的能量分配，减少热耗散消耗的能量，从而增加叶片的叶绿素含量，增加叶绿素 a/b 和类胡萝卜素含量（耿庆伟，2016）。本试验中，经褐黑素处理后，桃苗的叶绿素含量与生物量表现一致，即经褐黑素处理后的桃苗叶片叶绿素含量均高于对照组，在 100～150 μmol/L 时均达到显著水平，且在 150 μmol/L 时最大，低于 100 μmol/L 时差异不显著，但其类胡萝卜素含量均低于对照组，叶绿素 a/b 仅在 100 μmol/L 和 150 μmol/L 低于对照组，其余各组处理间均无显著差异。这可能是褐黑素通过促进桃苗的生长直接影响叶绿素合成或者降解过程的相关酶，从而增强桃苗叶片叶绿素的稳定性。

植物在正常生理条件下，体内会产生 $O_2^-$、$H_2O_2$ 和 $OH^-$ 等活性氧（ROS），但同时这些 ROS 又会被植物自身清除，使植物体内 ROS 的产生和清除处于动态平衡，这种平衡主要由植物体抗氧化酶系统调控（张梦如等，2014）。褐黑素可通过增强抗氧化酶活性和大幅度提高脯氨酸含量来降低电解质渗透率和 MDA 含量，使叶片细胞内的生理反应保持一种动态平衡，从而缓解 ROS 代谢失调（包宇，2014）。在 $NaHCO_3$ 胁迫下，褐黑素还可以降低葡萄叶片 $O_2^-$ 产生速率和 $H_2O_2$ 含量，增加有机渗透调节物质如可溶性糖、可溶性蛋白和脯氨酸含量（付晴晴等，2017）。本试验中，经褐黑素处理后，桃苗 MDA、可溶性蛋白和脯氨酸含量均有所降低。这是因为经褪黑素处理减缓了桃苗 ROS 的产生速率，降低了 ROS 对细胞膜的伤害。这与在猕猴桃上的研究相似（夏惠等，2019），如根灌褪黑素溶液可以降低猕猴桃幼苗叶片相对电导率和 MDA 含量，提高脯氨酸含量以及 CAT 和 POD 活性，且褪黑素溶液浓度在 100 ～ 200 μmol/L 时效果较好。本试验中，经褪黑素处理的桃苗可溶性糖含量较对照均有一定程度的增加，说明褪黑素能够有效地促进桃苗对可溶性糖的积累。

植物可以通过改变根际物理、化学或生物学特性来提高根系对营养元素的吸收利用和适应外界环境的变化（吴林坤等，2014）。本试验中，用褪黑素处理桃苗后，土壤环境中的交换性酸和水解性总酸含量较对照组均有所增加，这可能是因为褪黑素处理刺激了桃苗根系有机物质的释放，植物阳、阴离子的选择性吸收，也有可能是根际环境中微生物的大量活动，产酸量增加，释放大量的有机阳离子，从而使土壤有机酸含量增加，降低了土壤的 pH。根际土壤尤其是根尖土壤的阳离子交换量增加，主要原因可能是根系分泌的黏胶物质（如聚糖醛酸）含有大量羧基，而羧基是很好的阳离子交换基团（Oades，1978）。本试验中，经褪黑素处理后的桃苗土壤环境也有所变化，土壤有效磷和速效钾含量较对照组有所增加，水溶性钙、水溶性镁和有效硼含量表现与土壤大量元素含量表现相似，说明土壤的养分有效性有所提高，这是因为植物根系向土壤中分泌的有机物质形成了大量的根际沉积，为植物生长形成了丰富的营养和能源库。土壤养分形态的变化也受土壤酶活动的影响。本试验中，经褪黑素处理桃苗对土壤酶活性也有一定的影响，其中，褪黑素浓度低于 100 μmol/L 或者高于 150 μmol/L 时对土壤蔗糖酶活性表现为促进作用。褪黑素浓度在 50 ～ 150 μmol/L 范围内对土壤脲酶活性均表现为促进作用。与土壤脲酶和蔗糖酶活性表现不同的是，经褪黑素处理后，土壤过氧化氢酶和磷酸酶活性均低于对照组。

根系分泌物也介导植物对矿质元素的吸收利用和对外界环境变化的适应等（Oades，1978）。本试验中，经褪黑素处理后，桃苗根系、茎秆、叶片和地上部分大量元素（氮、磷、钾）含量较对照均有不同程度的增加，且桃苗各部分全磷含量整体均高于全氮和全钾含量，可能是因为不同器官对养分的积累和利用率不同，同一器官对不同元素的积累和利用率也不相同。这与生物量和土壤养分含量表现一致，说明褪黑素处理可以通过增加桃苗的各部分生物量，促进根系分泌物的释放，提高土壤养分有效性，从而提高桃苗体内的养分含量的积累，且植物能通过根系分泌物、根茬或土壤生物群落结构等因素影响土壤养分库组成，导致土壤养分强度发生变化。充足的养分吸收对维持植物结构完整性和行使正常生理功能起重要的作用，任何养分的吸收发生变化都会对植物新陈代谢产生不利影响，从而影响植物正常生长和产量形成（曹亮等，2019）。中微量元素是植物体内具有较强专一性的酶或辅酶的组成部分，在作物生长发育过程中不可或缺（许丽丽等，2017）。本试验中，经褪黑素处理后，桃苗各部分中微量元素（钠、钙、镁、硼）的表现与大量元素虽有一定差异，但整体均表现为促进作用。在叶胜兰（2013）的研究中，在叶面喷施铁和锌处理可以促进山地梨枣对微量元素的吸收。植物中微量元素充足亦有利于其对大量元素的吸收利用，所以本试验中，褪黑素处理促进了桃苗对中微量元素的吸收，从而也提高了大量元素的积累。

## 四、结论

（1）褪黑素促进了桃苗生物量的增加，其茎秆、叶片和地上部分生物量均在褪黑素浓度为 150 μmol/L 时最大。桃苗叶绿素含量随褪黑素浓度的增加均呈先增后减趋势，且在褪黑素浓度为 150 μmol/L 时最大。经褪黑素处理后，桃幼苗的 SOD 和 CAT 活性呈波动趋势，其渗透调节物含量较对照均有所减少，但其各部分可溶性糖含量均高于对照组。

（2）褪黑素促进了桃幼苗各部分养分的积累，在褪黑素浓度为 150 μmol/L 时，其地上部分全氮、全磷、全钾、全钙、全镁、全钠和全硼含量均高于对照组。

（3）除土壤中水溶性钠含量减少外，褪黑素处理提高了土壤有效大量元素和中微量元素的有效性。褪黑素降低了土壤有机质含量，促进了土壤有机酸的积累，从而降低土壤 pH，改变了土壤酶活性。

# 第二节　褪黑素对桃结果树的生长与养分吸收的影响

## 一、材料与方法

### （一）试验材料

供试桃品种为'早蜜'，4 年生，其砧木为毛桃，种植于成都市农林科学院果园内。桃树种植方式为高垄栽培，垄宽 2 m，垄高 0.5 m，沟宽 0.5 m，种植间距为 3.5 m；修剪方式为开心形，树高 2 m，冠幅为 3 m。

果园土壤为潮土，其基本理化性质为：pH 为 7.71、有机质含量为 15.29 g/kg、全氮含量为 0.85 g/kg、全磷含量为 11.88 g/kg、全钾含量为 15.38 g/kg、碱解氮含量为 87.99 mg/kg、有效磷含量为 55.78 mg/kg、速效钾含量为 41.96 mg/kg、有效硼含量为 7.85 mg/kg、水溶性钙含量为 21.32 mg/kg、水溶性镁含量为 2.85 mg/kg、水溶性钠含量为 2.94 mg/kg。

## （二）试验设计

试验于 2019 年 5～6 月在成都市农林科学院果园进行。2019 年 5 月，待桃果实进入第二次膨大期，选取树势和结果量一致的 20 株桃树进行处理，对整株桃树喷施不同浓度的褪黑素［0（对照）、50 μmol/L、100 μmol/L、150 μmol/L、200 μmol/L］溶液，以叶片滴液为准，每组处理重复 4 次（4 株）。每株树一次喷施用量约为 1.5 L，连续喷施 4 次，间隔时间为 7 天，对照组喷清水处理。2019 年 6 月，桃果实达到商业成熟度 80% 时进行取样测定。

## （三）测定项目与方法

**1. 生理指标**

对桃结果树当年生新枝上的成熟叶片进行随机取样，用于测定相关的光合色素含量、抗氧化酶活性和渗透调节物质含量。光合色素（叶绿素 a、叶绿素 b、总叶绿素和类胡萝卜素）含量采用乙醇-丙酮混合提取法测定，SOD 活性采用氮蓝四唑法测定、CAT 活性采用高锰酸钾滴定法测定，MDA 含量采用硫代巴比妥酸显色法测定，脯氨酸含量采用磺基水杨酸比色法测定，可溶性蛋白含量采用考马斯亮蓝 G250 法测定（熊庆娥，2003）。

**2. 生长指标**

对相似位置且长势相对一致的当年生新枝从基部进行取样，以 8～10 片叶为长度将新枝分为基部、中部和顶部 3 部分，用游标卡尺分别量取 3 部分茎长和底部茎粗。

**3. 植物养分含量**

将茎秆和叶片分别置于烘箱中于 105 ℃下杀青 15 min，于 75 ℃下烘干至恒重用，粉碎后用于养分含量的测定。用凯氏定氮法测定全氮含量，用钒钼酸铵比色法测定全磷含量，用火焰分光光度计测定全钾和全钠含量，用三乙醇胺-氢氧化钠比色法测定全钙和全镁含量，用姜黄素比色法测定全硼含量（张韫，2011）。

## （四）数据处理与统计方法

所有数据均采用 SPSS 软件进行方差分析（用新复极差法进行多重比较）。

## 二、结果与分析

### （一）褪黑素对桃结果树光合色素含量的影响

从表 1-14 可知，经褪黑素处理后，桃结果树光合色素含量较对照组有增加也有减少。褪黑素浓度为 150 μmol/L 时，桃结果树叶绿素 a 含量较对照组减少了 4.29%；而褪黑素浓度为 50 μmol/L、100 μmol/L、200 μmol/L 时，桃结果树叶绿素 a 含量与对照组相比差异不显著。浓度为 100 μmol/L 和 150 μmol/L 的褪黑素减少了桃结果树叶绿素 b 含量，浓度为 50 μmol/L 的褪黑素对桃结果树叶绿素 b 含量的影响不显著，而浓度为 150 μmol/L 的褪黑素增加了桃结果树叶绿素 b 含量。在褪黑素浓度为 150 μmol/L 时，桃结果树叶绿素总量含量较对照组有所减少，其余浓度处理对桃结果树叶绿素总量含量没有显著影响。褪黑素处理后，桃结果树的叶绿素 a/b 较对照组有增加也有减少，而类胡萝卜素含量除褪黑素浓度为 50 μmol/L 和 200 μmol/L 时与对照无显著差异外，其余处理均低于对照组。

表 1-14　桃结果树光合色素含量

| 褪黑素浓度/<br>（μmol/L） | 叶绿素 a 含量/<br>（mg/g） | 叶绿素 b 含量/<br>（mg/g） | 总叶绿素含量/<br>（mg/g） | 叶绿素 a/b | 类胡萝卜素<br>含量/（mg/g） |
|---|---|---|---|---|---|
| 0 | 1.726±0.025a | 0.377±0.003b | 2.103±0.027a | 4.585±0.034b | 0.493±0.014a |
| 50 | 1.729±0.070a | 0.389±0.011b | 2.118±0.081a | 4.444±0.062b | 0.507±0.011a |
| 100 | 1.718±0.032ab | 0.351±0.007c | 2.069±0.037a | 4.900±0.084a | 0.447±0.011b |
| 150 | 1.652±0.024b | 0.331±0.018c | 1.983±0.037b | 5.000±0.234a | 0.402±0.017c |
| 200 | 1.727±0.013a | 0.413±0.012a | 2.140±0.004a | 4.181±0.148c | 0.489±0.023a |

### （二）褪黑素对桃结果树新枝生长的影响

随着褪黑素浓度的增加，桃结果树新枝基部茎长呈先增后减趋势（表 1-15）。桃结果树新枝基部茎长在褪黑素浓度为 50～150 μmol/L 时高于对照组，在褪黑素浓度为 200 μmol/L 时低于对照组。桃结果树新枝中部和顶部茎长的变化趋势与其基部相似，均在褪黑素浓度为 100 μmol/L 时最大，较对照组分别增加了 19.36% 和 28.72%。桃结果树新枝基部茎粗在褪黑素浓度为 50～150 μmol/L 时较对照组增加，在褪黑素浓度为 200 μmol/L 时与对照组无显著差异。随褪黑素浓度的增加，桃结果树新枝中部茎粗呈先增后减趋势，在褪黑素浓度为 150 μmol/L 时最大，较对照组增加了 10.74%；其顶部茎粗随褪黑素浓度的增加呈无规则起伏变化趋势，在褪黑素浓度为 50 μmol/L 时最大，较对照组增加了 21.38%。

16

表 1-15 桃结果树新枝生长

| 褪黑素浓度 (μmol/L) | 茎长（cm） | | | 茎粗（mm） | | |
| --- | --- | --- | --- | --- | --- | --- |
| | 基部 | 中部 | 顶部 | 基部 | 中部 | 顶部 |
| 0 | 18.55±0.50b | 15.65±0.22c | 15.25±0.82c | 4.195±0.112c | 3.630±0.111b | 2.900±0.112b |
| 50 | 19.79±0.35a | 17.03±0.40b | 18.25±0.57b | 4.715±0.191b | 3.853±0.142ab | 3.520±0.141a |
| 100 | 19.88±0.33a | 18.68±0.16a | 19.63±0.13a | 4.683±0.110b | 3.853±0.201ab | 3.025±0.161b |
| 150 | 20.63±0.97a | 16.98±0.12b | 19.18±0.82ab | 5.065±0.181a | 4.020±0.181a | 3.455±0.122a |
| 200 | 16.80±0.50c | 14.53±0.22d | 13.50±0.45d | 3.995±0.152c | 3.293±0.022c | 2.845±0.141b |

（三）褪黑素对桃结果树叶片抗氧化酶活性与渗透调节物含量的影响

从表 1-16 可以看出，桃结果树 SOD 活性在褪黑素浓度为 150 μmol/L 时与对照组无显著差异，其余处理均低于对照组。褪黑素浓度为 50 μmol/L 和 100 μmol/L，桃结果树 CAT 活性较对照提高了 10.33% 和 12.65%；在褪黑素浓度为 150 μmol/L 和 200 μmol/L 时，桃结果树 CAT 活性较对照组降低了 23.51% 和 12.68%。桃结果树 MDA 含量和可溶性蛋白含量均在褪黑素浓度为 50 μmol/L 时较对照组有所增加。不同浓度的褪黑素均减少了桃结果树脯氨酸含量。

表 1-16 桃结果树抗氧化酶活性及渗透调节物含量

| 褪黑素浓度/ (μmol/L) | SOD 活性/ (U/g) | CAT 活性/ [mg/ (g/min)] | 丙二醛含量/ (mg/g) | 可溶性蛋白含量/ (mg/g) | 脯氨酸含量/ (mg/kg) |
| --- | --- | --- | --- | --- | --- |
| 0 | 839.8±16.2a | 2.973±0.127b | 32.02±2.17b | 10.08±0.18a | 123.5±5.6a |
| 50 | 651.0±29.1d | 3.280±0.114a | 53.61±2.35a | 10.34±0.25a | 121.2±7.1ab |
| 100 | 759.9±16.9b | 3.349±0.040a | 23.21±1.19c | 9.187±0.117b | 110.4±3.4b |
| 150 | 847.8±11.1a | 2.274±0.156d | 24.20±0.44c | 9.241±0.255b | 105.5±6.5b |
| 200 | 699.0±26.7c | 2.596±0.111c | 24.49±1.42c | 9.091±0.181b | 89.26±3.22c |

（四）褪黑素对桃结果树新枝全氮、全磷和全钾含量的影响

**1. 褪黑素对桃结果树新枝全氮含量的影响**

经褪黑素处理后，桃结果树新枝基部和中部茎秆全氮含量均随褪黑素浓度的增加呈先增后减趋势，而顶部茎秆全氮含量较对照组均减少（图 1-4）。不同浓度的褪黑素处理对桃结果树新枝基部叶片全氮含量无显著影响（图 1-5）。桃结果树新枝中部叶片全氮含量随褪黑素浓度的增加呈先增后减再增趋势，在褪黑素浓度为 50 μmol/L 时最大，而顶部叶片全氮含量变化趋势与基部相反，呈先减后增再减的趋势。

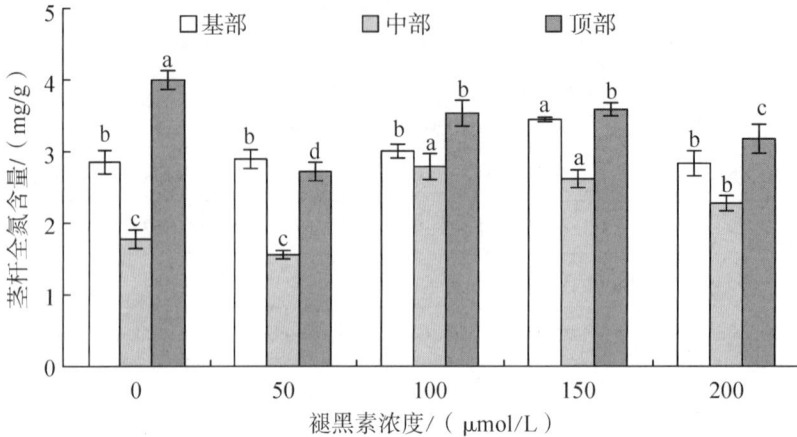

图 1-4　桃结果树新枝茎秆全氮含量

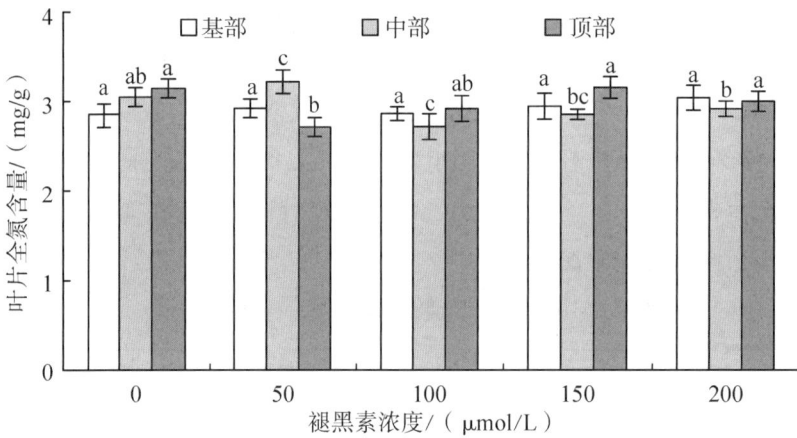

图 1-5　桃结果树新枝叶片全氮含量

**2. 褪黑素对桃结果树新枝全磷含量的影响**

褪黑素浓度为 100 μmol/L 和 150 μmol/L 时，桃结果树新枝基部和中部茎秆全磷含量较对照组增加（图 1-6）。在褪黑素浓度为 50 μmol/L 时，桃结果树新枝顶部茎秆全磷含量较对照组增加，其余各处理均低于对照组或者差异不显著。经褪黑素处理后，桃结果树新枝基部叶片全磷含量较对照组均有所增加，在褪黑素浓度为 150 μmol/L 时最大（图 1-7）。桃结果树新枝中部叶片全磷含量随褪黑素浓度的增加呈先降后增再降的变化趋势，在褪黑素浓度为 150 μmol/L 时最大。经褪黑素处理后，桃结果树新枝顶部叶片全磷含量均高于对照组。

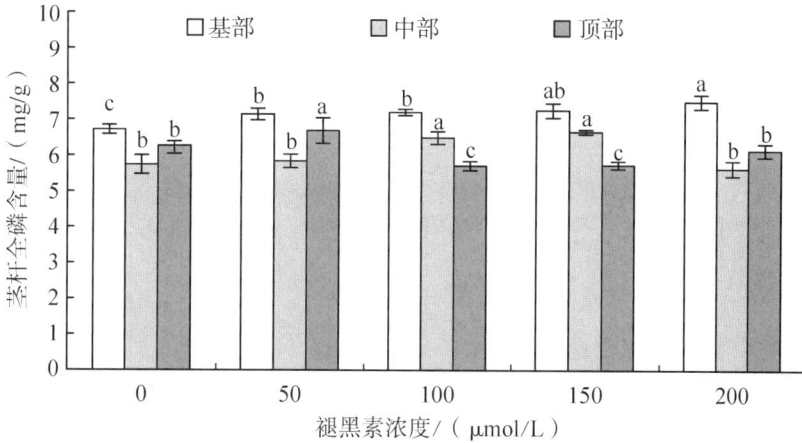

图 1-6　桃结果树新枝茎秆全磷含量

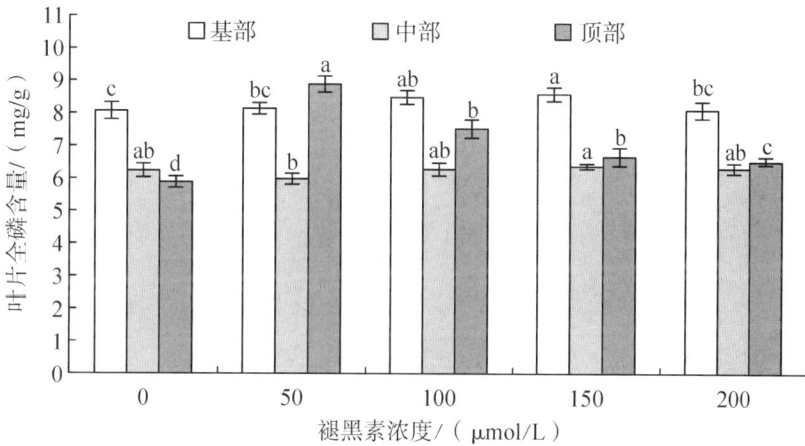

图 1-7　桃结果树新枝叶片全磷含量

**3. 褪黑素对桃结果树新枝全钾含量的影响**

褪黑素浓度低于 200 μmol/L 时，桃结果树新枝基部和中部茎秆全钾含量与对照组均无显著差异（图 1-8）。在褪黑素浓度为 100 μmol/L 时，桃结果树新枝顶部茎秆全钾含量较对照组减少，其余各处理均高于对照。经褪黑素处理后，桃结果树新枝基部叶片全钾含量均低于对照组，在褪黑素浓度为 200 μmol/L 时最小（图 1-9）。在褪黑素浓度为 100 μmol/L 时，桃结果树新枝中部叶片全钾含量较对照组减少，其余各处理与对照组相比不显著。褪黑素处理对桃结果树新枝顶部叶片全钾含量无显著影响。

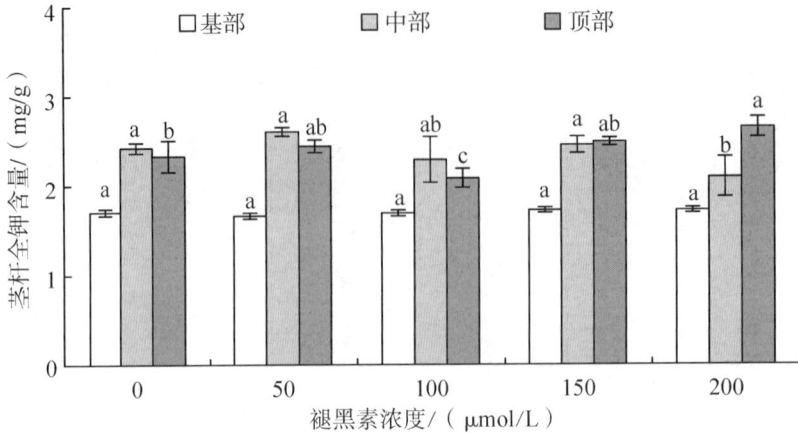

图 1-8　桃结果树新枝茎秆全钾含量

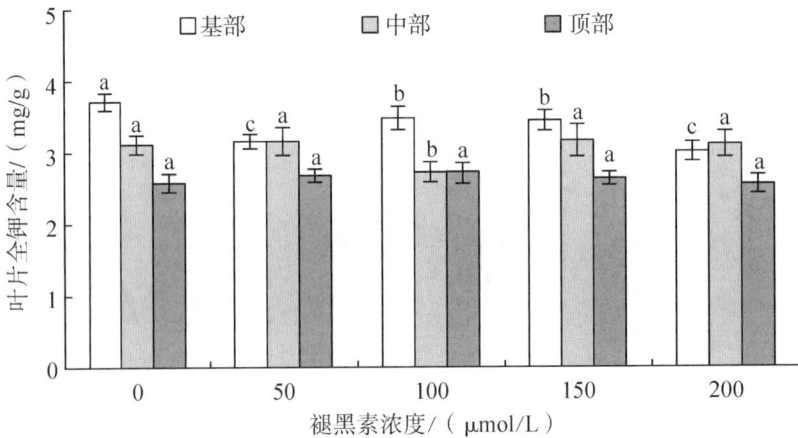

图 1-9　桃结果树新枝叶片全钾含量

## （五）褐黑素对桃结果树新枝钠、钙、镁和硼含量的影响

### 1. 褐黑素对桃结果树新枝全钠含量的影响

不同浓度的褐黑素处理对桃结果树新枝基部茎秆全钠含量的影响不显著（图 1-10）。桃结果树新枝中部茎秆全钠含量随褐黑素浓度的增加呈先增后减趋势。褐黑素浓度为 100 μmol/L、150 μmol/L 时，桃结果树新枝顶部茎秆全钠含量与对照组相比差异不显著，而浓度为 100 μmol/L、150 μmol/L 的褐黑素增加了桃结果树新枝顶部茎秆全钠含量。褐黑素浓度为 50 μmol/L、200 μmol/L 时，桃结果树新枝基部叶片全钠含量低于对照组，其余处理高于对照组（图 1-11）。桃结果树新枝中部叶片全钠含量随褐黑素浓度则增加呈先减后增的趋势。不同浓度褐黑素处理对桃结果树新枝顶部叶片全钠含量的影响不显著。

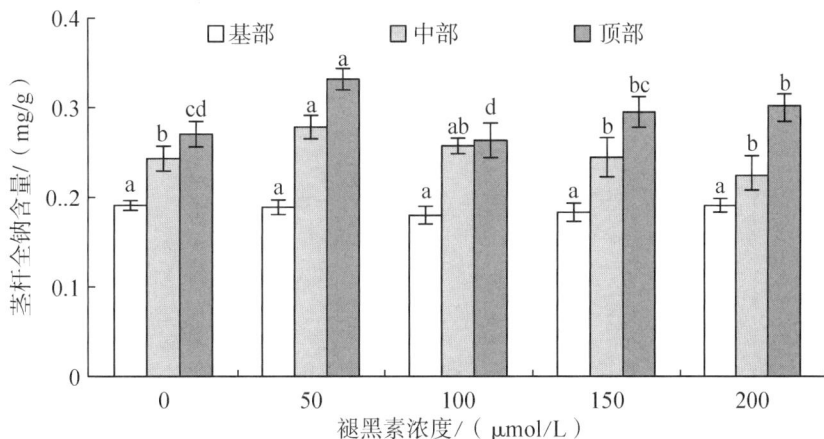

图 1-10　桃结果树新枝茎秆全钠含量

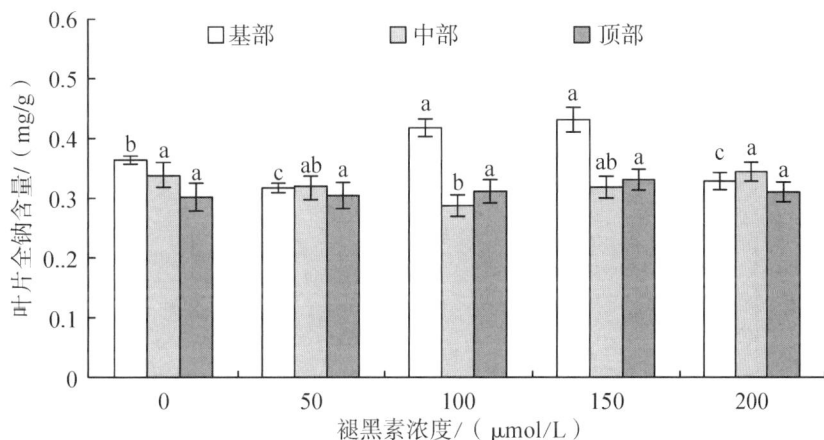

图 1-11　桃结果树新枝叶片全钠含量

## 2. 褪黑素对桃结果树新枝全钙含量的影响

桃结果树新枝基部茎秆全钙含量随褪黑素浓度的增加呈先减后增趋势（图 1-12）。经褪黑素处理后，桃结果树新枝中部茎秆全钙含量均高于对照组，且随褪黑素浓度的增加依次增加。桃结果树新枝顶部茎秆全钙含量褪黑素处理后较对照组均增加。桃结果树新枝基部和中部叶片全钙含量均随褪黑素浓度的增加依次增加（图 1-13）。浓度为 50 μmol/L、150 μmol/L、200 μmol/L 的褪黑素增加了桃结果树新枝顶部叶片全钙含量。褪黑素浓度为 100 μmol/L 时，桃结果树新枝顶部叶片全钙含量与对照组无显著差异。

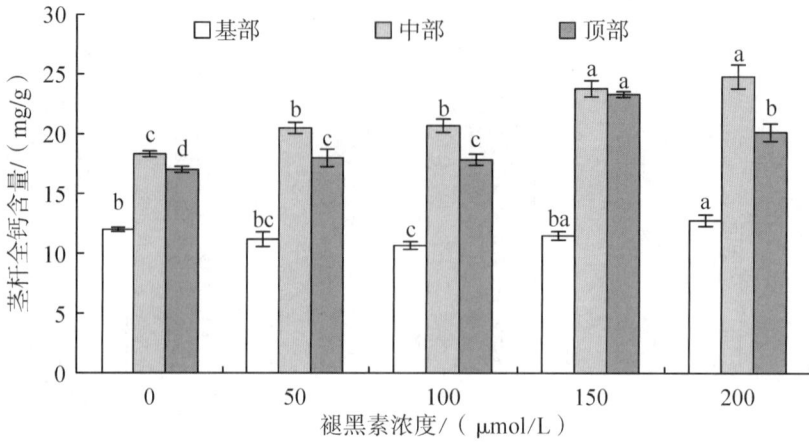

图 1-12 桃结果树新枝茎秆全钙含量

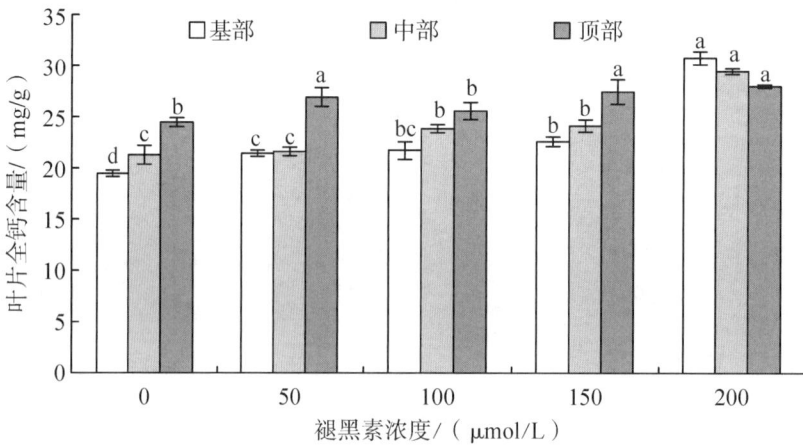

图 1-13 桃结果树新枝叶片全钙含量

### 3. 褪黑素对桃结果树新枝全镁含量的影响

褪黑素浓度为 50～150 μmol/L 时，桃结果树新枝基部茎秆全镁含量随褪黑素浓度的增加而增加（图 1-14）。经褪黑素处理后，桃结果树新枝中部茎秆全镁含量均高于对照组，而顶部茎秆全镁含量随褪黑素浓度的增加呈先减后增再减趋势。经褪黑素处理后，桃结果树新枝基部和中部叶片全镁含量均高于对照组（图 1-15），而顶部叶片全镁含量随褪黑素浓度的增加呈先增后减趋势。

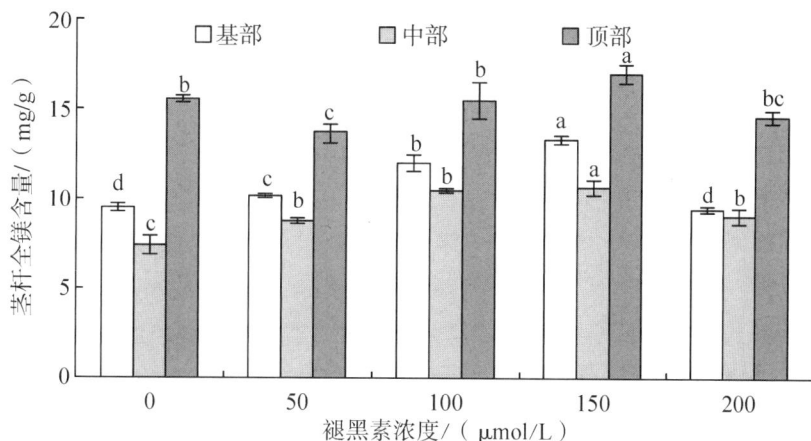

图 1-14 桃结果树新枝茎秆全镁含量

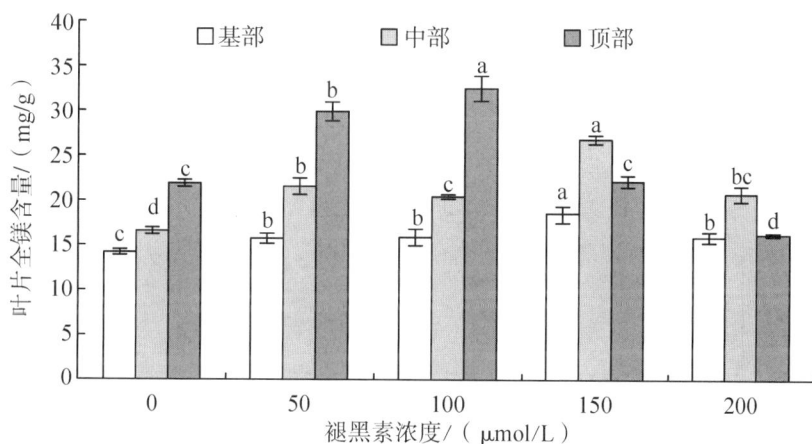

图 1-15 桃结果树新枝叶片全镁含量

**4. 褪黑素对桃结果树新枝全硼含量的影响**

经褪黑素处理后,桃结果树新枝基部和中部茎秆全硼含量均高于对照组(图 1-16),顶部茎秆全硼含量大小为:200 μmol/L > 150 μmol/L > 100 μmol/L >50 μmol/L >对照。经褪黑素处理后,桃结果树新枝基部叶片全硼含量大小为:100 μmol/L >50 μmol/L > 150 μmol/L > 对照 > 200 μmol/L(图 1-17),中部叶片全硼含量随褪黑素浓度的增加呈先增后减趋势。褪黑素浓度为 150 μmol/L、200 μmol/L 时,桃结果树顶部叶片全硼含量均高于对照组,而浓度为 50 μmol/L、100 μmol/L 的褪黑素对桃结果树新枝顶部叶片全硼含量不显著影响或起降低作用。

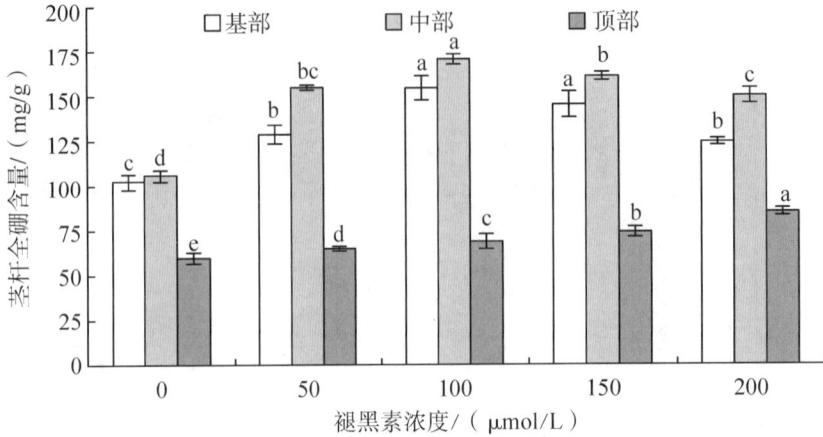

图 1-16　桃结果树新枝茎秆全硼含量

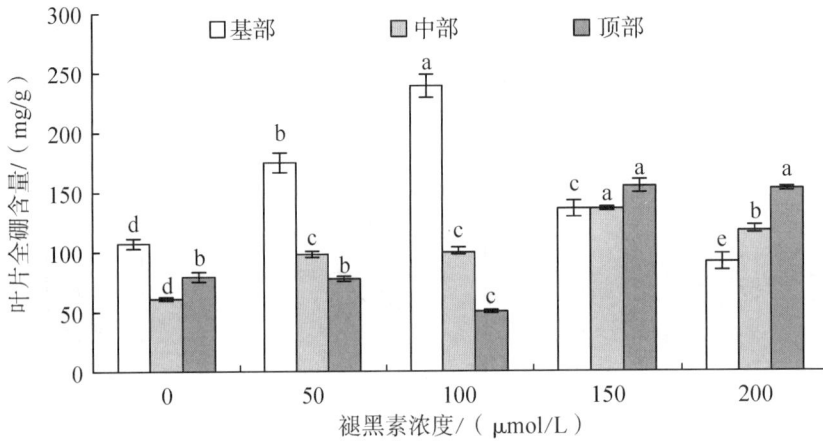

图 1-17　桃结果树新枝叶片全硼含量

## 三、讨论

本试验中，当褪黑素浓度在 50～150 μmol/L 范围内时，对桃结果树当年生新枝（基部、中部和顶部）茎粗和茎长均表现为促进作用，当浓度高于 150 μmol/L 时表现为抑制作用。这可能是由于高浓度的褪黑素促进了植物体吲哚乙酸的生成，从而抑制了主干的生长。这与王震（2014）在苹果幼树上的研究结果相似，即浇灌褪黑素处理后，苹果幼树生长量和叶片质量有所提高，200 μmol/L 的褪黑素处理的增加了苹果幼树的主干直径、树高、侧枝长度和侧枝数量，而 400 μmol/L 的褪黑素则对这些指标显示出抑制效果，这可能是因为同一激素在不同植物体内的作用机理不同。褪黑素浓度低于 100 μmol/L 或者高于 150 μmol/L 时，桃结果树叶片光合色素含量均高于对照组，浓度在 100～150 μmol/L 范围内时含量均低于对照组。褪黑素对叶绿素含量的保护作用在酸橙（Kostopoulou et al.，2015）上也有所验证，这些研究和本试验的研究结果均表明，褪黑素能够通过影响光合色素含量来调控植物光合作用，从而促进植物生长。

经褪黑素处理后，桃结果树 SOD 活性在褪黑素浓度为 150 μmol/L 时与对照无显著差异。低浓度（50～100 μmol/L）褪黑素处理对桃结果树 CAT 活性表现为促进作用，而高浓度（150～200 μmol/L）褪黑素表现为抑制作用。前人研究也发现，外源性褪黑素处理可以提高盐胁迫下苹果叶片的抗坏血酸过氧化物酶（APX）、CAT 和 POD 活性（李超，2016）。这有可能是因为褪黑素可以在细胞水平上防止氧化应激引起氧化损伤，并刺激抗氧化酶或增加其他抗氧化物质的含量，保护植物组织免受氧化损伤（Bonnefont-Rousselot et al.，2011）。

植物的生长离不开养分的供应，充足的养分吸收能够维持植物细胞结构的完整性，保证植物体维持其正常的生理功能，养分吸收的变化通过影响植物的新陈代谢，从而对植物的生长及其果实的发育产生影响（叶胜兰，2013）。本试验中，经褪黑素处理后，桃结果树当年生新枝的大量元素（氮、磷、钾）含量整体表现相似，其茎秆全氮含量整体表现为：中部＞顶部＞基部，叶片全氮含量整体表现为：中部＞基部＞顶部，茎秆全磷含量整体表现为：顶部＞中部＞基部，叶片全磷含量整体表现为：中部＞基部＞顶部，茎秆全钾含量整体表现为：顶部＞基部＞中部，叶片全钾含量整体表现为：基部＞中部＞顶部。这可能是因为不同器官对养分的积累和利用率不同，同一器官对不同元素的积累和利用率也不相同。也有可能是因为养分在植株各器官的分配随生长中心转移而变化，褪黑素处理可能引起了桃新枝生长中心适时转移，造成了新枝徒长，大量的养分和干物质积累在茎秆中，抑制了养分由茎秆向叶片的转运。本试验中，褪黑素处理对桃结果树当年生新枝的中微量元素（钠、钙、镁、硼）含量整体表现为促进作用，且其茎秆全镁含量整体表现为：顶部＞基部＞中部，其叶片全钙和全镁含量整体均表现为：顶部＞中部＞基部。

## 四、结论

浓度为 50～150 μmol/L 的褪黑素处理促进了桃结果树当年生新枝的生长，而浓度为 200 μmol/L 的褪黑素表现为抑制作用。浓度为 50 μmol/L 和 200 μmol/L 的褪黑素处理增加了桃结果树叶片光合色素含量。经褪黑素处理后，桃结果树 SOD 活性较对照组有降低或无显著差异。褪黑素浓度高于 50 μmol/L 后，桃结果树 MDA 和可溶性蛋白含量较对照均有所减少，褪黑素处理还能提高桃结果树当年生新枝的养分含量。

# 参考文献

［1］包宇. 外源褪黑素对低温胁迫下番茄幼苗生理指标的影响［D］. 重庆：西南大学，2014.

［2］鲍士旦. 土壤农化分析［M］. 3 版. 北京：中国农业出版社，2000.

［3］曹亮，王明瑶，邹京南，等. 外源褪黑素对干旱胁迫下大豆鼓粒期生长特性的影响［J］. 大豆科学，2019，38（5）：747-753.

［4］陈文龙，王晓，赵春丽，等. 外源激素对茄子种子萌发及幼苗生长的影响［J］. 园艺与种苗，2019，39（8）：3-6.

［5］付晴晴，谭雅中，翟衡，等. 葡萄中褪黑素对 $NaHCO_3$ 胁迫的响应及外源褪黑素缓解 $NaHCO_3$ 胁迫的作用机制［J］. 植物生理学报，2017，53（12）：2114-2124.

［6］耿庆伟，邢浩，郝桂梅，等. 外源褪黑素对臭氧胁迫下"赤霞珠"葡萄叶片光合作用的影响［J］. 园艺学报，2016，43（8）：1463-1472.

［7］关松荫. 土壤酶及其研究法［M］. 北京：中国农业出版社，1986.

［8］李超. 外源褪黑素和多巴胺对苹果抗旱耐盐性的调控功能研究［D］. 咸阳：西北农林科技大学，2016.

［9］王震. 多巴胺和褪黑素对苹果幼树生长的影响［D］. 咸阳：西北农林科技大学，2014.

［10］吴林坤，林向民，林文雄. 根系分泌物介导下植物-土壤-微生物互作关系研究进展与展望［J］. 植物生态学报，2014，38（3）：298-310.

［11］夏惠，高帆，胡荣平，等. 褪黑素预处理对高温下猕猴桃幼苗抗氧化能力的影响［J］. 西北植物学报，2019，39（8）：1425-1433.

［12］熊庆娥. 植物生理学实验教程［M］. 成都：四川科学技术出版社，2003.

［13］许丽丽，岳倩宇，卞凤娥，等. 褪黑素对葡萄果实成熟及乙烯和 ABA 含量的影响［J］. 植物生理学报，2017，53（12）：2181-2188.

［14］叶胜兰. Fe、Zn 对山地梨枣生长特性、产量品质及微量元素含量的影响［D］. 咸阳：西北农林科技大学，2013.

［15］张梦如，杨玉梅，成蕴秀，等. 植物活性氧的产生及其作用和危害［J］. 西北植物学报，2014，34（9）：1916-1926.

［16］张锟. 土壤·水·植物理化分析教程［M］. 北京：中国农业出版社，2011.

［17］BONNEFONT－ROUSSELOT D，COLLIN F，JORE D，et al. Reaction mechanism of melatonin oxidation by reactive oxygen species in vitro［J］. Journal of Pineal Research，2011，50（3）：328－335.

［18］KOSTOPOULOU Z，THERIOS I，ROUMELIOTIS E，et al. Melatonin combined with ascorbic acid provides salt adaptation in *Citrus aurantium* L. seedlings［J］. Plant Physiology and Biochemistry，2015，86：155－165.

［19］OADES J M. Mucilages at the root surface［J］. Journal of Soil Science，1978，29：1－16.

［20］PARK S，BACK K. Melatonin promotes seminal root elongation and root growth in transgenic rice after germination［J］. Journal of Pineal Research，2012，53（4）：385－389.

［21］WEI W，LI Q T，CHU Y N，et al. Melatonin enhances plant growth and abiotic stress tolerance in soybean plants［J］. Journal of Experimental Botany，2015，66（3）：695－707.

# 第二章
## 褪黑素对桃果实品质的影响

### 一、材料与方法

#### （一）试验材料

供试桃品种为'早蜜'，4年生，其砧木为毛桃，种植于成都市农林科学院果园内。桃树种植方式为高垄栽培，垄宽为2 m，垄高为0.5 m，沟宽0.5 m，种植间距为3.5 m；修剪方式为开心形，树高2 m，冠幅为3 m。

果园土壤为潮土，其基本理化性质为：pH为7.71、有机质含量为15.29 g/kg、全氮含量为0.85 g/kg、全磷含量为11.88 g/kg、全钾含量为15.38 g/kg、碱解氮含量为87.99 mg/kg、有效磷含量为55.78 mg/kg、速效钾含量为41.96 mg/kg、有效硼含量为7.85 mg/kg、水溶性钙含量为21.32 mg/kg、水溶性镁含量为2.85 mg/kg和水溶性钠含量为2.94 mg/kg。

#### （二）试验设计

试验于2019年5～6月在成都市农林科学院果园进行。2019年5月，待桃果实进入第二次膨大期，选取树势和结果量一致的20株桃树进行处理，对整株桃树喷施不同浓度的褪黑素 [0（对照组）、50 μmol/L、100 μmol/L、150 μmol/L、200 μmol/L] 溶液，以叶片滴液为准，每组处理重复4次（4株）。每株树一次喷施用量约为1.5 L，连续喷施4次，间隔时间为7天，对照喷清水处理。2019年6月，桃果实达到商业成熟度80%时进行取样测定。从桃树不同分枝采取大小和成熟度较一致的桃果实，每棵树采6个果实，每个采取处理24个果实备用。

（三）测定项目与方法

**1. 桃果实外观品质**

用电子秤称取果实单果重，用数显卡尺测定果实纵横径，并计算果形指数（果实横径/果实纵径）。用 CYHD-1 型硬度计测定果实硬度。

**2. 桃果实内在品质**

用 2,6-二氯酚靛酚滴定法测定维生素 C 含量，用手持式折光仪测定可溶性固形物含量，用氢氧化钠滴定法测定可滴定酸含量，用乙醇提取法测定可溶性糖（可溶性总糖、蔗糖、葡萄糖、果糖和山梨醇）含量。

**3. 桃果实酶活性**

用聚乙烯吡咯烷酮比色法测定苯丙氨酸解氨酶（PAL）活性，用 EDTA 氧化比色法测定抗坏血酸过氧化物酶（APX）活性，用愈创木酚比色法测定过氧化物（POD）活性，用领苯二酚比色法测定多酚氧化酶（PPO）活性，用亚油酸钠比色法测定脂氧合酶（LOX）活性（熊庆娥，2003；陈昆松等，2003）。

**4. 桃果实养分含量**

将桃果肉置于烘箱中，于 105 ℃下杀青 15 min，于 75 ℃下烘干至恒重用，粉碎后用于养分含量的测定。用凯氏定氮法测定全氮含量，用钒钼酸铵比色法测定全磷含量，用火焰分光光度计测定全钾和全钠含量，用三乙醇胺－氢氧化钠比色法测定全钙和全镁含量，用姜黄素比色法测定全硼含量（张韬，2011）。

（四）数据处理与统计方法

所有数据均采用 SPSS 软件进行方差分析（用新复极差法进行多重比较）。

## 二、结果与分析

（一）褪黑素对桃果实外观品质的影响

褪黑素浓度为 100、150 μmol/L 时，桃果实单果重均高于对照组，较对照组分别增加了 13.57% 和 14.62%，其余各处理均降低了桃果实单果重（表 2-1）。桃果实纵径和横径的变化趋势与单果重相似，均在褪黑素浓度为 100 μmol/L 时最大。桃果实硬度随褪黑素浓度的增加呈先增后减再增趋势，在褪黑素浓度为 150 μmol/L 时最小。各组处理间的桃果形指数无显著差异。

表 2-1　桃果实外观品质

| 褪黑素浓度/<br>（μmol/L） | 单果重/g | 纵径/<br>mm | 横径/<br>mm | 硬度/<br>（kg/cm²） | 果形指数/ |
|---|---|---|---|---|---|
| 0 | 218.9±8.6b | 70.39±2.53b | 81.78±2.49b | 97.38±0.75c | 0.861±0.124a |
| 50 | 190.7±6.2c | 68.70±0.75b | 77.15±0.69c | 115.8±3.7a | 0.891±0.118a |
| 100 | 248.6±1.1a | 74.81±2.02a | 85.71±2.16a | 94.78±3.26c | 0.873±0.127a |
| 150 | 250.9±7.3a | 74.41±1.51a | 82.26±1.40b | 77.59±1.66d | 0.905±0.125a |
| 200 | 157.7±7.3d | 65.39±1.65c | 72.30±0.91d | 110.3±4.2b | 0.904±0.132a |

注：同一列中不同小写字母代表处理间差异显著（$P < 0.05$），下同。果形指数 = 果实横径/果实纵径。

## （二）褪黑素对桃果实内在品质的影响

桃果实维生素 C 含量随褪黑素浓度的增加呈先增后减趋势（表 2-2）。桃果实维生素 C 含量在褪黑素浓度为 100 μmol/L 时最大，较对照组增加了 31.40%；在褪黑素浓度为 200 μmol/L 时最小，较对照组减少了 38.00%。褪黑素浓度为 100 μmol/L、150 μmol/L 时，桃果实可溶性固形物含量均高于对照组，较对照组分别增加了 18.83% 和 21.37%，其余处理与对照组无显著差异。褪黑素浓度为 50 μmol/L、200 μmol/L 时，桃果实可滴定酸含量均低于对照组，较对照组分别减少了 25.28% 和 19.06%，其余处理与对照组无显著差异。

表 2-2　桃果实内在品质含量

| 褪黑素浓度/<br>（μmol/L） | 维生素 C 含量/<br>（mg/100 g） | 可溶性固形物含量/% | 可滴定酸含量/<br>（mmol/mL） |
|---|---|---|---|
| 0 | 7.587±0.060c | 8.363±0.415b | 4.434±0.134a |
| 50 | 7.665±0.677c | 9.075±0.426b | 3.313±0.163b |
| 100 | 9.969±0.669a | 9.938±0.273a | 4.601±0.324a |
| 150 | 9.081±0.282b | 10.15±0.60a | 4.639±0.093a |
| 200 | 4.704±0.096d | 9.013±0.227b | 3.589±0.412b |

## （三）褪黑素对桃果实可溶性糖含量的影响

除浓度为 150 μmol/L 的褪黑素处理外，其余各组处理的桃果实可溶性总糖含量较对照均减少（图 2-1）。褪黑素浓度为 100、150 μmol/L 时，桃果实蔗糖含量均高于对照组，较对照组分别增加了 10.11% 和 17.04%，其余各组处理均低于对照组。桃果实果糖含量随褪黑素浓度的增加呈先增后减趋势，在褪黑素浓度为 100 μmol/L 时最大。

经褪黑素处理后，桃果实山梨醇含量变化趋势与果糖含量相似，但均高于对照组，也在褪黑素浓度为 100 μmol/L 时最大。褪黑素浓度为 100 μmol/L、150 μmol/L 时，桃果实葡萄糖含量均低于对照组，较对照组分别减少了 37.25% 和 26.16%，其余各处理与对照组无显著差异。

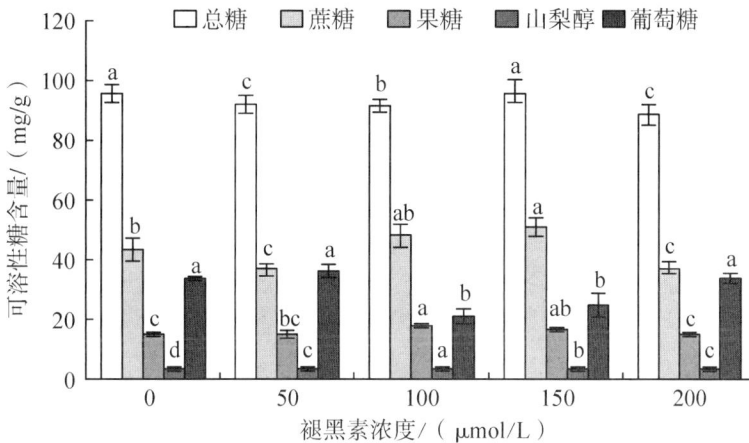

图 2-1　桃果实可溶性糖含量

### （四）褪黑素对桃果实酶活性的影响

经褪黑素处理后，桃果实 PAL 活性均高于对照组，且在褪黑素浓度为 200 μmol/L 时最大，较对照组提高了 42.00%（表 2-3）。桃果实 APX 活性大小为：150 μmol/L > 100 μmol/L > 50 μmol/L > 200 μmol/L > 对照组。褪黑素浓度为 150 μmol/L 时，桃果实 APX 活性较对照组提高了 65.78%。经褪黑素处理后，桃果实 POD 活性较对照组均提高。桃果实 PPO 活性均低于对照组，在褪黑素浓度为 50 μmol/L 时最小。经褪黑素处理后，桃果实 LOX 活性均高于对照组，在褪黑素浓度为 150 μmol/L 时最大，较对照组提高了 44.71%。

表 2-3　桃果实酶活性

| 褪黑素浓度/<br>（μmol/L） | PAL 活性/<br>[U/（h·g）] | APX 活性/<br>[U/（min·g）] | POD 活性/<br>[U/（min·g）] | PPO 活性/<br>[U/（min·g）] | LOX 活性/<br>[U/（min·g）] |
|---|---|---|---|---|---|
| 0 | 30.24±1.62c | 56.96±1.96e | 7.341±0.393b | 32.54±1.17a | 45.67±0.92c |
| 50 | 32.59±0.31b | 78.77±1.31c | 8.332±0.467a | 23.06±0.10d | 55.94±2.88b |
| 100 | 32.49±0.92b | 83.08±2.05b | 8.321±0.301a | 24.96±1.24b | 64.04±1.28a |
| 150 | 34.33±1.43b | 94.43±3.86a | 9.040±0.524a | 23.75±0.26c | 66.09±2.54a |
| 200 | 42.94±0.87a | 69.54±1.72d | 8.430±0.256a | 25.45±0.49b | 55.28±1.46b |

## （五）褪黑素对桃果实大量元素含量的影响

桃果实全氮含量随褪黑素浓度的增加呈先增后减趋势（表 2-4）。桃果实全氮含量在褪黑素浓度为 150 μmol/L 时最大，较对照组增加了 71.57%；在褪黑素浓度为 200 μmol/L 时最小，较对照组减少了 25.84%。桃果实全磷和全钾含量变化趋势相似，仅在褪黑素浓度为 150 μmol/L 时高于对照组，较对照组分别增加了 54.28% 和 44.45%，其余各组处理与对照均无显著差异。

表 2-4　桃果实全氮、全磷和全钾含量

| 褪黑素浓度/<br>（μmol/L） | 全氮/<br>（mg/g） | 全磷/<br>（mg/g） | 全钾/<br>（mg/g） |
| --- | --- | --- | --- |
| 0 | 1.041±0.087c | 3.224±0.292b | 2.200±0.200b |
| 50 | 1.092±0.096c | 3.390±0.373b | 2.522±0.186b |
| 100 | 1.478±0.020b | 4.974±0.144b | 3.178±0.280b |
| 150 | 1.786±0.056a | 3.454±0.132a | 2.346±0.134a |
| 200 | 0.772±0.057d | 3.064±0.385b | 2.274±0.230b |

## （六）褪黑素对桃果实中微量元素含量的影响

褪黑素浓度为 150 μmol/L 时，桃果实全钠含量高于对照组，较对照组增加了 51.61%，其余各组处理与对照组无显著差异（表 2-5）。在褪黑素浓度为 200 μmol/L 时，桃果实全钙含量高于对照组，较对照组增加了 22.55%，其余各组处理与对照组无显著差异。桃果实全镁含量大小为：150 μmol/L ＞ 200 μmol/L ＞ 100 μmol/L ＞ 50 μmol/L ＞对照组。经褪黑素处理后，桃果实全硼含量均高于对照组，在褪黑素浓度为 150 μmol/L 时最大，较对照组增加了 74.34%。

表 2-5　桃果实全钠、全钙、全镁和全硼含量

| 褪黑素浓度/<br>（μmol/L） | 全钠/<br>（mg/g） | 全钙/<br>（mg/g） | 全镁/<br>（mg/g） | 全硼/<br>（mg/kg） |
| --- | --- | --- | --- | --- |
| 0 | 0.217±0.018b | 8.886±0.045b | 1.499±0.093e | 24.51±2.383d |
| 50 | 0.235±0.014b | 8.962±0.419b | 2.07±0.156d | 27.8±1.589c |
| 100 | 0.249±0.026b | 9.167±0.387b | 3.102±0.074c | 37.64±1.239b |
| 150 | 0.329±0.014a | 9.479±0.506b | 5.648±0.037a | 42.73±0.901a |
| 200 | 0.236±0.01b | 10.89±0.717a | 3.368±0.121b | 26.05±1.181cd |

## 三、讨论

PPO 主要与果蔬酶促褐变有关，LOX 影响着植物生长发育和成熟衰老，POD、PPO、PAL、APX 和 LOX 均与果实代谢有关（宋晓雪等，2013）。本试验中，褪黑素处理对桃果实 PAL、APX、POD 和 LOX 活性均表现为促进作用，APX、POD 和 LOX 活性均在褪黑素浓度为 150 μmol/L 时最大，而 PAL 活性在褪黑素浓度为 200 μmol/L 时最大。褪黑素处理对桃果实 PPO 活性则表现为抑制作用。本试验中，经 50 ～ 150 μmol/L 褪黑素处理后，桃果实单果重、纵径和横径均出现了不同程度的提高，但浓度高于 150 μmol/L 后较对照组均降低，这在葡萄的研究中也得到相似的结果（许丽丽等，2017）。在刘建龙（2019）的研究中，褪黑素对梨果核直径没有影响，但果实横径和纵径增加，果实单果重也增加。本试验中，经褪黑素处理后，桃果实硬度有降低也有提高，在浓度为 150 μmol/L 时最低，各组处理间的果实果形指数之间无显著差异。张承等（2016）发现采前喷施壳聚糖复合膜能有效维持猕猴桃贮存时的果实硬度，从而降低果实质量损失率和营养物质的损失，提高了猕猴桃耐贮性。也有研究发现，采前喷施赤霉素可以提高葡萄的果实硬度，增加其耐贮藏特性（Byulhana et al.，2013）。在跃变型果实上，褪黑素处理可以增加番茄果实内乙烯（ETH）的产生，加速跃变峰的出现，进而促进番茄果实着色和软化（Sun et al.，2015）；张婷婷等（2019）在杏果实上的研究也有此发现。本试验中，可能是因为褪黑素处理促进了桃果实的成熟，使得果实硬度有所降低。

维生素 C 是果蔬中重要的抗氧化物质，可溶性固形物、可溶性糖和可滴定酸含量是评价果蔬风味品质的重要指标（Dumas et al.，2003）。浓度为 100 ～ 150 μmol/L 的褪黑素处理能促进西瓜果实可溶性总糖、可溶性固形物、维生素 C 以及番茄红素的积累，而高浓度褪黑素处理的西瓜品质欠佳（高文华，2019）。本试验中，桃果实维生素 C 和可溶性固形物含量均随褪黑素浓度的增加先增后减。这与前人在番茄上的研究不一致（Liu et al.，2016），这可能是由于桃果实本身酸含量较低，便携式测定仪精确度无法更进一步区分之间的差异。果实品质在很大程度上取决于糖的种类和含量（Teixeira et al.，2005）。桃果实中的可溶性糖主要是蔗糖、葡萄糖、果糖和山梨醇，其种类、含量及比例是影响桃内在品质和商品价值的重要因素（郭雪峰等，2004）。成熟桃果实中蔗糖含量可达总糖含量的 40% ～ 85%，其次为葡萄糖和果糖，占 10% ～ 25%，山梨醇一般少于 10%，其他糖组分含量随桃品种不同有差异（Monti et al.，2016）。本试验中，经褪黑素处理后，桃果实可溶性总糖含量较对照组有所减少或无显著差异，但其果糖和山梨醇糖含量均高于对照组，浓度为 100 μmol/L、150 μmol/L 的褪黑素处理的桃果实蔗糖含量也高于对照组。在低果糖型桃中研究也发现，此类桃蔗糖含量相对较高，可能与果糖激酶活性高、中性转移酶活性低相关（叶正文等，2019）。这可能是因为桃果实糖代谢途径主要是山梨醇途径，亦受光合作用的影响，大量转化为葡萄糖和果糖，造成山梨醇、葡萄糖和果糖含量在果实发育过程中不稳定。水果是人体摄入必需元素的重要来源，大量元素和中微量元素也是果实重要的自然组分，可以起到维持果实品质和提高果实营养价值的作用（夏国京，2015）。本试验中，桃果实全氮含量随褪黑素浓度的增加呈先增后减趋势，但其全磷和全钾含量均仅在褪黑素浓度为 150 μmol/L 时高于对照组，其余各处理与对照均无显著差异。褪黑素处理对桃果实中微量元素（钠、钙、镁、硼）含量均表现为促进作用，其中全钙含量在褪黑素浓度为 200 μmol/L 时最大，而全钠、全镁和全硼含量均在褪黑素浓度为 150 μmol/L 时最大。这说明一定浓度的褪黑素处理能够促进桃果实的养分吸收，将果实营养元素维持在一个较高的水平，这有可能是因为褪黑素处理提高了树体向土壤吸收养分的能力，并提高了树体向果实转运养分的能力。

## 四、结论

（1）浓度为 50 ～ 150 μmol/L 的褪黑素处理增加了桃果实单果重、纵径和横径，但浓度高于 150 μmol/L 后较对照组均降低。浓度为 100 μmol/L、150 μmol/L 的褪黑素处理降低了桃果实硬度。浓度为 50 ～ 150 μmol/L 的褪黑素处理增加了桃果实的维生素 C 和可溶性固形物含量。桃果实可滴定酸含量在褪黑素浓度为 50 μmol/L、200 μmol/L 时低于对照组，而浓度为 100 μmol/L、150 μmol/L 的褪黑素处理后则与对照组无显著差异。

（2）经褪黑素处理后，桃果实可溶性总糖含量较对照组有所减少或无显著差异，但其果糖和山梨醇含量均高于对照组。在褪黑素浓度为 100 μmol/L、150 μmol/L 时桃果实蔗糖含量也高于对照组。褪黑素处理对桃果实 PAL、APX、POD 和 LOX 活性均表现为促进作用，且 APX、POD 和 LOX 活性均在褪黑素浓度为 150 μmol/L 时最大，而对桃果实 PPO 活性均表现为抑制作用。除此之外，褪黑素处理提高了桃果实养分含量。

# 参考文献

［1］陈昆松，徐昌杰，许文平，等. 猕猴桃和桃果实脂氧合酶活性测定方法的建立［J］. 果树学报，2003，20（6）：436-438.

［2］高文华. 外源褪黑素处理对西瓜生长及产量和品质的影响［D］. 咸阳：西北农林科技大学，2019.

［3］郭雪峰，李绍华，刘国杰，等. 桃果实和叶片中糖分的季节变化及其与碳代谢酶活性的关系研究［J］. 果树学报，2004，21（3）：196-200.

［4］刘建龙. 外源褪黑素对梨果实发育、采后品质和抗轮纹病的影响及其调控机制研究［D］. 咸阳：西北农林科技大学，2019.

［5］宋晓雪，胡文忠，毕阳，等. 鲜切果蔬酶促褐变关键酶的研究进展［J］. 食品工业科技，2013，（15）：390-393.

［6］夏国京. 水果营养与健康［M］. 北京：化学工业出版社，2015.

［7］熊庆娥. 植物生理学实验教程［M］. 成都：四川科学技术出版社，2003.

［8］许丽丽，岳倩宇，卞凤娥，等. 褪黑素对葡萄果实成熟及乙烯和 ABA 含量的影响［J］. 植物生理学报，2017，53（12）：2181-2188.

［9］叶正文，李雄伟，马亚萍，等. 桃果实糖代谢研究进展［J］. 上海农业学报，2019，35（4）：144-150.

［10］张承，李明，龙友华，等. 采前喷施壳聚糖复合膜对猕猴桃软腐病的防控及其保鲜作用［J］. 食品科学，2016，37（22）：274-281.

［11］张婷婷，李永才，毕阳，等. 采后褪黑素处理对杏果实成熟的影响［J］. 中国果树，2019（1）：27-31.

［12］张韫. 土壤·水·植物理化分析教程［M］. 北京：中国农业出版社，2011.

［13］BYULHANA L, YONGHEE K, YOSUP P, et al. Effect of GA3 and thidiazuron on seed lessness and fruit quality of 'kyoho' grapes［J］. Korean Journal of Horticultural Science and Technology, 2013, 31（2）：135-140.

［14］DUMAS Y, DADOMO M, LUCCA G, et al. Effects of environmental factors and agricultural techniques on antioxidant content of tomatoes［J］. Journal of the Science of Food and Agriculture, 2003, 83（5）：369-382.

[15] LIU T, ZHAO F, LIU Z, et al. Identification of melatonin in *Trichoderma spp.* and detection of melatonin content under controlled-stress growth conditions from *T. asperellum* [J]. Journal of Basic Microbiology, 2016, 56（7）：838-843.

[16] MONTI L L, BUSTAMANTE C A, OSORIO S, et al. Metabolic profiling of a range of peach fruit varieties reveals high metabolic diversity and commonalities and differences during ripening [J]. Food Chemistry, 2016, 190：879-888.

[17] SUN Q Q, ZHANG N, WANG J, et al. Melatonin promotes ripening and im-proves quality of tomato fruit during postharvest life [J]. Journal of Experimental Botany, 2015, 66（3）：657-668.

[18] TEIXEIRA R T, KNORPP C, GLIMELIUS K. Modified sucrose, starch, and ATP levels in two alloplastic male-sterile lines of *B. napus* [J]. Journal of Experimental Botany, 2005, 56（414）：1245-1253.

# 第三章
# 褪黑素对桃铁代谢的影响

## 第一节  褪黑素对桃苗铁吸收的影响

### 一、材料与方法

#### (一) 试验材料

供试桃苗材料为山桃，山桃种子于天府花城花木交易中心购买。试验中使用的褪黑素为北京索莱宝科技有限公司生产。

供试土壤为潮土，取自成都市温江区附近农田。土壤基本理化性质：pH 为 7.62，有机质含量为 19.38 g/kg，全氮含量为 1.050 g/kg，全磷含量为 11.88 g/kg，全钾含量为 15.38 g/kg，全铁含量为 1.84 g/kg，碱解氮含量为 87.99 mg/kg，有效磷含量为 55.78 mg/kg，速效钾含量为 41.96 mg/kg，有效铁含量为 85.3 mg/kg。

#### (二) 试验设计

试验于 2020 年 5～6 月在四川农业大学成都校区进行。用 50 孔穴盘装珍珠岩配合霍格兰营养液进行育苗，育苗所用珍珠岩为含水量为 2%～6% 的浮石状灰白色珍珠岩，每 3 天换一次霍格兰营养液，在人工气候室 (白天为 23 ℃、14 h，光照强度为 10,000 Lux；夜晚为 21 ℃、10 h，) 中培养。出苗后，根据珍珠岩的水分状况，适时浇灌霍格兰营养液。

将土壤风干压碎，过 5 mm 筛，用 15 cm × 18 cm (直径×高) 塑料花盆装入土 3.0 kg。待桃苗长出 6～8 片真叶 (株高 8～9 cm) 时，选取生长健壮且大小一致的桃苗移栽至盆中，每盆栽植 4 株，共 30 盆。经过 10 天培养后，用不同浓度的褪黑素 [0 (对照组)、50 μmol/L、100 μmol/L、150 μmol/L、200 μmol/L] 对桃苗叶面进行喷施处理 (以叶面凝成水滴，又不滴下为准)，以喷施清水为对照，每天浇水以保持土壤湿润。一盆为一个重复，每组处理 6 个重复，每组处理喷施不同浓度褪黑素溶液或清水 40 mL，之后每 7 天喷施一次，共喷施 4 次。从第一次喷施褪黑素开始计算，待桃苗生长一个月后收获。

### （三）测定项目与方法

#### 1. 生物量

将桃苗分为根系、茎秆和叶片 3 部分，分别用自来水洗净材料上附着的泥土，然后用蒸馏水冲洗 3 次，分别装入牛皮纸袋于 110 ℃杀青 15 min，于 75 ℃下烘干至恒重，用电子天平称量各部分的干重（生物量），并计算地上部分生物量（茎秆生物量+叶片生物量）。

#### 2. 高铁还原酶活性

高铁还原酶活性参考左元梅等（2004）的方法进行测定，但稍作修改。取根系 0.1 g，在 0.2 mmol/L $CaSO_4$ 中浸没 5 min，取出吸干水分后，加入 8 mL 的高铁还原酶活性测定反应液（包含 0.2 mmol/L 的 $CaSO_4$、5 mmol/L 的 MES、0.1 mmol/L 的 Fe（Ⅲ）-EDTA 和 0.4 mmol/Lr 的 2,2-二联吡啶，pH = 5.5），置于摇床中，于 23 ℃、100 r/min 在暗处振荡反应 2 h。之后，用紫外分光光度计在 520 nm 测定溶液吸光值并计算高铁还原酶活性。

#### 3. 活性铁含量

取粉碎后过 100 目筛的桃苗干样，用 1 mol/L 盐酸按 1:10（质量体积比）的比例浸提 24 h，过滤后用电感耦合等离子体质谱法（ICP-MS）测定其铁含量即为活性铁含量（刘东臣等，2001）。

#### 4. 总铁含量

取粉碎后过 100 目筛的桃苗干样，用优级纯硝酸在 120 ℃条件下消煮至无氮氧化物释放后，再用优级纯 $HNO_3$ 和 $HClO_4$ 混合液在 180 ℃条件下消煮至液体澄清透明，再用电感耦合等离子体质谱法（ICP-MS）测定其铁含量即为总铁含量（刘东臣等，2001）。

#### 5. 基因相对表达量

RNA 的提取采用北京聚合美生物科技有限公司的 M5 Plant RNeasy Complex Mini Kit 试剂盒进行，并按照说明书上的步骤进行操作。用北京聚合美生物科技有限公司的 M5 Super plus qPCR RT kit with gDNA remover 试剂盒进行反转录合成 cDNA。根据反应体系加入试剂：10x gDNA plus remover mix（1 μL），RNA 模板（0.01~1 μg），用 DEPC-ddH$_2$O 补足至 10 μL（最后加入 RNA），反应体系总体积为 10 μL。将反应液轻轻搅拌均匀，短暂离心使管壁上的溶液收集到管底，于 42 ℃下温育 2 min，然后置于冰上冷却。接着进行反转录反应，在冰上加入下列成分：上述反应液（10 μL）、5x M5 RT Super plus mix（4 μL），DEPC-ddH$_2$O（6 μL），轻轻混匀，短暂离心；于 37 ℃下孵育 15 min；于 85 ℃下加热 5 s 使酶失活；置于冰上进行后续试验或冷冻保存。

根据 NCBI 上的桃全基因组测序结果，利用 Primer Premier 5.0 设计定量引物，内参基因 TEF2 引物序列参考李凡（2014）和张春华等人（2014）的报告见表 3-1 所列。引物的合成由擎科生物技术（成都）有限公司完成。采用北京聚合美生物科技有限公司的 2X M5 HiPer SYBR Premix EsTaq（with Tli RNaseH）试剂盒在 CFX Connect 型实时定量 PCR 仪（Bio-Rad，USA）上进行扩增反应。反应总体积为 10 μL，包含 2X M5 HiPer SYBR Premix EsTaq（with Tli RNaseH）（5 μL）、10 μM 上下游引物（各 0.4 μL）、cDNA 模板（1 μL）和 dd H$_2$O（3.2 μL）。基因表达水平采用相对表达量 $2^{-\Delta\Delta Ct}$ 表示。

表 3-1　RT-qPCR 引物序列表

| 序号 | 基因名称 | 前引物序列（5′-3′） | 后引物序列（5′-3′） |
| --- | --- | --- | --- |
| 1 | VIT1 | GAGCCGTACAGAGTGCAATGAC | AAGCCACGATGGTTAGGATGAC |
| 2 | VITH4 | CAAACGACCTAGAACACCAACA | TGAGCCACCTCTATGTCCAACT |
| 3 | FRO7 | TTTCACAATGGCTGCTGGAGGA | CACATGGAAGGCACTTCGCTGA |
| 4 | FRO4 | AGGCTCCTCTGGGAATTGTTAC | TCATACACTTTCTCGCCATCTT |
| 5 | NRAMP3 | ATCTTCTGCTGGATTTCTTCTC | TTGAGGTTGTGGCAATTACACT |
| 6 | TEF2 | GGTGTGACGATGAAGAGTGATG | TGAAGGAGAGGGAAGGTGAAAG |

**6. 土壤 pH 中及土壤中不同形态的铁含量**

土壤风干、过 1 mm 筛后用于相关指标分析。土壤 pH 采用土壤 pH 计测定。土壤中不同形态的铁（水溶态铁、吸附态铁、碳酸盐及强吸附态铁、金属有机物络合态铁、铁锰氧化物结合态铁、有机结合态铁和残渣态铁）含量采用 Tessier et al.（1979）的方法提取，再用电感耦合等离子体质谱法（ICP-MS）测定。

（四）数据处理与统计方法

所有数据均采用 SPSS 软件进行方差分析（用新复极差法进行多重比较）。

## 二、结果与分析

（一）褪黑素对桃苗生物量的影响

褪黑素处理在一定程度上提高了桃苗各部分生物量（表 3-2）。浓度为 100 μmol/L、

150 μmol/L 的褪黑素提高了桃苗根系生物量，较对照组分别提高了 18.80% 和 24.02%，而浓度为 50 μmol/L、200 μmol/L 的褪黑素对桃苗根系生物量的影响不显著。褪黑素处理均提高了桃苗茎秆、叶片和地上部分生物量，且在浓度为 150 μmol/L 时最大。与对照组相比，浓度为 50 μmol/L、100 μmol/L、150 μmol/L、200 μmol/L 的褪黑素使桃苗茎秆生物量分别提高了 22.57%、39.73%、50.79% 和 34.31%，使桃苗叶片生物量分别提高了 48.06%、74.16%、80.02% 和 31.81%，使桃苗地上部分生物量分别提高了 38.99%、61.82%、69.61% 和 32.72%。

表 3-2　桃苗生物量

| 褪黑素浓度/（μmol/L） | 根系/（g/株） | 茎秆/（g/株） | 叶片/（g/株） | 地上部分/（g/株） |
|---|---|---|---|---|
| 0 | 0.383±0.021b | 0.443±0.017c | 0.801±0.052d | 1.244±0.035c |
| 50 | 0.430±0.022ab | 0.543±0.052b | 1.186±0.121bc | 1.729±0.069b |
| 100 | 0.455±0.020a | 0.619±0.047ab | 1.395±0.114ab | 2.013±0.066a |
| 150 | 0.475±0.021a | 0.668±0.002a | 1.442±0.028a | 2.110±0.026a |
| 200 | 0.402±0.010b | 0.595±0.005ab | 1.056±0.071c | 1.651±0.067b |

注：同一列中不同小写字母代表处理间差异显著（$P < 0.05$），下同。

### (三) 褪黑素对桃苗高铁还原酶活性的影响

由图 3-1 可知，随着褪黑素浓度增加，桃苗高铁还原酶活性呈先升后降的趋势。浓度为 50 μmol/L 的褪黑素对桃苗高铁还原酶活性的影响不显著。浓度为 100 μmol/L、150 μmol/L 的褪黑素提高了桃苗高铁还原酶活性，较对照组分别提高了 37.04% 和 31.58%。浓度为 200 μmol/L 的褪黑素降低了桃苗高铁还原酶活性，较对照组降低了 21.10%。

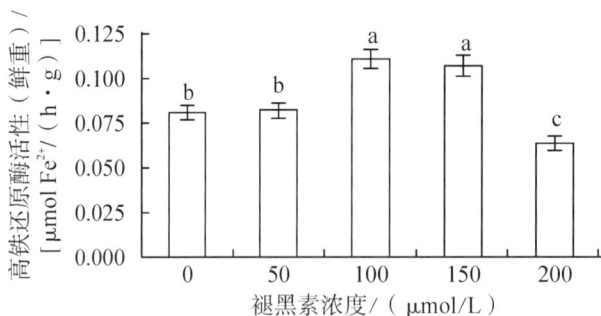

图 3-1　桃苗高铁还原酶活性

### (三) 褪黑素对桃苗活性铁含量的影响

由表 3-3 可知，褪黑素处理在一定程度上提高了桃苗各组织活性铁含量。随着褪黑素浓度的增加，桃苗各组织活性铁含量呈先增加后降低的趋势。褪黑素浓度为50 μmol/L、100 μmol/L、150 μmol/L、200 μmol/L 时，桃苗根系活性铁的含量较对照组分别提高了 17.67%、33.20%、49.79% 和 46.75%。浓度为 50 μmol/L 的褪黑素对桃苗茎秆活性铁含量无显著影响，而浓度为 100 μmol/L、150 μmol/L、200 μmol/L 的褪黑素使桃苗茎秆活性铁含量较对照组分别提高了 26.71%、60.13% 和 41.32%。浓度为100 μmol/L、150 μmol/L 的褪黑素对桃苗叶片和地上部分活性铁含量的影响不显著；而浓度为 100 μmol/L、150 μmol/L 的褪黑素使桃苗叶片活性铁含量较对照分别提高了11.89% 和 8.42%，使地上部分活性铁含量较对照组分别提高了 18.90% 和 19.55%。

表 3-3 桃苗活性铁含量

| 褪黑素浓度/<br>（μmol/L） | 根系/<br>（mg/kg） | 茎秆/<br>（mg/kg） | 叶片/<br>（mg/kg） | 地上部分/<br>（mg/kg） |
| --- | --- | --- | --- | --- |
| 0 | 121.7±1.81d | 58.59±1.63d | 204.7±9.07c | 152.4±9.80b |
| 50 | 143.2±9.34c | 61.49±1.52d | 208.3±10.24bc | 162.1±0.50b |
| 100 | 162.1±8.53b | 74.24±3.29c | 229.1±1.41a | 181.2±7.60a |
| 150 | 182.3±6.46a | 93.82±4.79a | 222.0±0.01ab | 182.2±0.20a |
| 200 | 178.6±5.92a | 82.80±4.50b | 206.0±0.55bc | 162.4±2.80b |

## （四）褪黑素对桃苗总铁含量的影响

褪黑素处理在一定程度上提高了桃苗各组织总铁含量（表 3-4）。随着褪黑素浓度增加，桃苗各组织总铁含量呈增加的趋势。褪黑素浓度为 50 μmol/L、100 μmol/L、150 μmol/L、2000 μmol/L 时，桃苗根系总铁含量较对照组分别提高了 30.44%、36.20%、42.42% 和 44.49%，叶片总铁含量较对照组分别提高了 14.04%、26.37%、3611% 和 33.46%，地上部分总铁含量较对照组分别提高了 15.50%、19.18%、31.80% 和 30.96%。

表 3-4 桃苗总铁含量

| 褪黑素浓度/<br>（μmol/L） | 根系/<br>（mg/kg） | 茎秆/<br>（mg/kg） | 叶片/<br>（mg/kg） | 地上部分/<br>（mg/kg） |
| --- | --- | --- | --- | --- |
| 0 | 429.3±20.66c | 438.3±12.62c | 396.6±12.34c | 413.5±0.30c |
| 50 | 560.0±38.73b | 469.7±34.28bc | 452.3±38.28b | 477.6±15.60b |
| 100 | 584.7±14.40ab | 478.5±8.14b | 501.2±22.21ab | 492.8±21.60b |
| 150 | 611.4±23.43a | 564.5±17.19a | 539.8±2.96a | 545.0±8.40a |
| 200 | 620.3±18.00a | 527.1±21.28a | 529.3±40.47a | 541.5±24.40a |

## （五）褪黑素对桃苗铁代谢相关基因相对表达量的影响

通过前面对相关指标的综合分析，浓度为 100 μmol/L、150 μmol/L 的褪黑素对桃苗生长及铁吸收的促进效果最好，故对这两个浓度褪黑素的处理的桃苗铁代谢相关基因相对表达量进行了测定。由图 3-2 可知，浓度为 100 μmol/L、150 μmol/L 的褪黑素上调了桃苗 *FRO7*、*VIT1* 和 *FRO4* 的相对表达量，但下调了 *VITH4*、*NRAMP3* 的相对表达量。

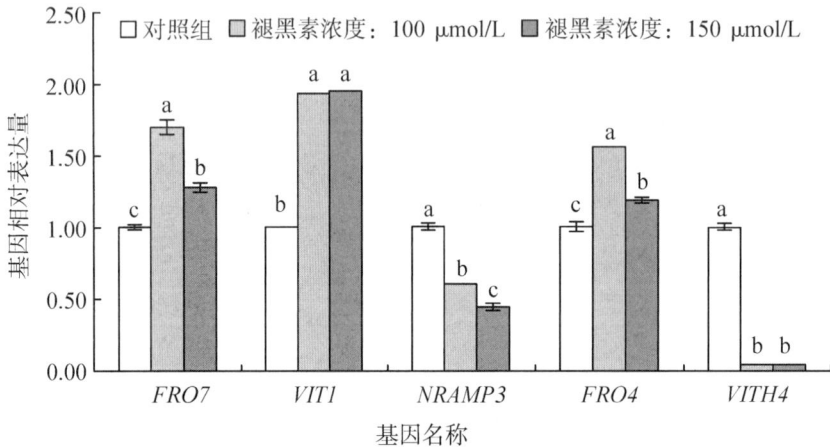

图 3-2　桃苗铁代谢相关基因相对表达量

## （六）褪黑素对土壤 pH 的影响

从图 3-3 可以看出，随着褪黑素浓度增高，土壤 pH 呈先降低后升高的趋势。与对照组相比，浓度为 100 μmol/L、150 μmol/L、200 μmol/L 的褪黑素处理降低了土壤 pH，而浓度为 50 μmol/L 的褪黑素处理对土壤 pH 的影响不显著。

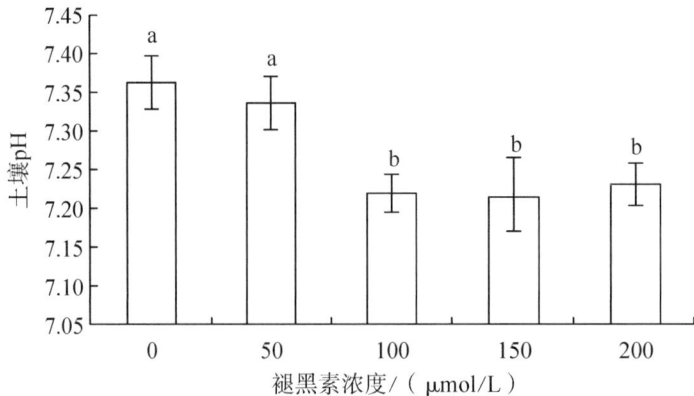

图 3-3　土壤 pH

## （七）褐黑素对土壤不同形态铁含量的影响

褐黑素处理对土壤不同形态铁含量的影响变化趋势不同（表3-5）。随着褐黑素浓度增高，土壤水溶性铁含量呈增加的趋势。褐黑素浓度为 100 μmol/L、150 μmol/L、200 μmol/L 时，土壤水溶性铁含量较对照组分别提高了 115.66%、196.32% 和 187.90%。浓度为 50 μmol/L 的褐黑素对土壤水溶性铁含量的影响不显著。与对照组相比，浓度为 50 μmol/L、100 μmol/L、150 μmol/L、200 μmol/L 的褐黑素提高了土壤吸附态铁和碳酸盐及强吸附态铁含量，对土壤吸附态铁含量分别提高了 38.86%、82.90%、113.47% 和 94.58%，对土壤碳酸盐及强吸附态铁含量分别提高了 37.07%、52.60%、63.87% 和 59.07%。浓度为 100 μmol/L、150 μmol/L、200 μmol/L 的褐黑素降低了土壤金属有机物络合态铁含量，而浓度为 50 μmol/L 的褐黑素对土壤金属有机物络合态铁含量的影响不显著。浓度为 50 μmol/L、100 μmol/L 的褐黑素对土壤铁锰氧化物结合态铁和残渣态铁含量的影响不显著，而浓度为 150 μmol/L、200 μmol/L 的褐黑素提高了土壤铁锰氧化物结合态铁含量，降低了土壤残渣态铁含量。褐黑素处理对土壤有机结合态铁含量的影响不显著。

表 3-5　土壤不同形态铁含量

| 褐黑素浓度/（μmol/L） | 水溶态铁/（mg/kg） | 吸附态铁/（mg/kg） | 碳酸盐及强吸附态铁/（mg/kg） | 金属有机物络合态铁/（mg/kg） | 铁锰氧化物结合态铁/（mg/kg） | 有机结合态铁/（mg/kg） | 残渣态铁/（mg/kg） |
|---|---|---|---|---|---|---|---|
| 0 | 3.422±0.605c | 2.509±0.092e | 4.276±0.046d | 102.0±2.02a | 49.08±0.87b | 184.1±6.42a | 1469±12.19a |
| 50 | 4.465±0.351c | 3.484±0.112d | 5.861±0.150c | 100.2±2.04a | 51.75±1.68b | 181.1±2.23a | 1462±27.31ab |
| 100 | 7.380±0.260b | 4.589±0.080c | 6.525±0.146b | 87.37±1.53b | 50.66±2.99b | 183.6±2.43a | 1452±24.38ab |
| 150 | 10.14±1.549a | 5.356±0.186a | 7.007±0.301a | 85.74±1.35bc | 58.42±1.56a | 173.5±5.65a | 1403±11.57c |
| 200 | 9.852±0.615a | 4.882±0.057b | 6.802±0.095ab | 83.61±1.93c | 60.12±3.99a | 179.6±7.23a | 1426±13.27bc |

## 三、讨论

在自然条件下，缺铁是一种常见的非生物胁迫，严重限制了农作物的生长和产量（Kin et al.，2016）。研究表明，褐黑素能够降镉胁迫对小麦和番茄的毒性，并提高它们的叶绿素含量、光合作用以及生物量（Ni et al.，2018；Hasan et al.，2015）。此外，在盐胁迫、低温胁迫和水分胁迫下，褐黑素还可以加速植物体内活性氧的清除，抑制叶绿素的降解，并促进植物种子的萌发和生长（Chen et al.，2020；Han et al.，2017；Zhang et al.，2013）。在本研究中，褐黑素在不同程度上提高了桃苗不同组织的生物量，且效果最好的褐黑素浓度为 150 μmol/L。这些结果与前人的研究结果一致（Chen et al.，2020；Ni et al.，2018），表明褪黑素促进了桃苗的生长，这可能与褪黑素参与改善植物养分吸收以及调节植物生理和生长有关（Zhang et al.，2014；Erdal，2019）。

位于植物根系质膜上的高铁还原酶通常被认为是机制 I 中植物吸收铁的限速酶（Curie et al.，2003）。高铁还原酶可以将铁还原为亚铁离子，从而使介质中的铁离子被还原为亚铁离子并被吸收进入植物根系细胞质中（Moog et al. 1994）。已有研究表明，生长素参与了拟南芥高铁还原酶活性的诱导过程（陈微微，2012）。褪黑素作为一种低分子量的吲哚胺，不仅具有与生长素相似的结构，而且具有相同的合成前体色氨酸，在植物生长发育方面也具有与生长素相似的功能（庄维兵等，2018；Pelagio-Flores et al.，2012）。在本研究中，100 µmol/L、150 µmol/L 的褪黑素提高了桃苗的高铁还原酶活性，而其他浓度的褪黑素对其没有显著影响或使其降低。因此，特定浓度的褪黑素可以诱导桃苗高铁还原酶活性，这是因为褪黑素与生长素具有相似的结构和功能（陈微微，2012；庄维兵等，2018；Pelagio-Flores et al.，2012）。此外，不同浓度的褪黑素提高了桃苗总铁和活性铁含量，这与前人的研究结果一致（Liu et al.，2016；Turk et al.，2015）。有研究发现，一氧化氮不仅可以调节植物中与铁吸收相关的基因，还可以提高植物对铁的利用率（叶义全，2015）。另一项研究表明，在缺铁条件下，褪黑素可以迅速诱导拟南芥根系一氧化氮含量的增加（Zhou et al.，2016）。以上研究结果表明，褪黑素可能通过影响桃苗一氧化氮含量间接影响其对铁的吸收，其作用机理还有待进一步研究。

研究表明，一些转录因子作为植物缺铁响应信号转导途径中的关键基因，参与了植物对缺铁耐受性的调控，其中，*NRAMP* 基因主要功能是吸收和转运亚铁离子，缺铁会诱导其表达上调，并促进铁从液泡向外转运（Thomine et al.，2003；Kim et al.，2006）。*AtVIT1* 基因位于液泡膜上，主要负责将铁从细胞质转运到液泡中（Kim et al.，2006）。在缺铁胁迫下，葡萄叶片 *FRO4* 基因的表达受到抑制（宗亚奇，2021）。褪黑素可以调节黄瓜中与铁转运相关基因（*FRO2* 和 *IRT1*）的表达水平，这些基因在缺铁时表达上调，在高铁条件下表达下调（Ahammed et al.，2020）。在本研究中，100 µmol/L、150 µmol/L 的褪黑素上调了 *FRO7*、*VIT1* 和 *FRO4* 基因的表达水平，并下调了 *NRAMP3* 和 *VITH4* 基因的表达水平，这表明褪黑素可以促进叶绿体中铁的积累，并减少液泡中螯合态铁的含量（Jeong et al.，2009；Cao et al.，2019）。

植物通过根系从土壤中吸收铁，并通过长距离运输将铁转运到植物的各组织中（Zhang et al.，2020）。土壤中铁的有效性是影响植物对铁吸收的一个重要指标，而土壤酸碱度是影响土壤中铁有效性的关键因素。一般来说，土壤 pH 每升高一个单位，土壤中有效铁的浓度就会降低到0.1%（王明元，2008）。因此，适当降低土壤pH以增加土壤有效铁含量是促进植物对铁吸收的一项重要措施。在本试验中，100 μmol/L、150 μmol/L、200 μmol/L 的褪黑素降低了土壤 pH。此外，褪黑素还降低了金属有机物络合态铁和残渣态铁含量，并增加了水溶态铁、吸附态铁、碳酸盐及强吸附态铁和铁锰氧化物结合态铁含量。这些结果表明，褪黑素可以提高土壤铁的有效性。有研究表明，褪黑素可以通过调节植物体内的激素代谢、氨基酸代谢、胁迫响应以及铁转运等过程来调控植物根系的生长（Yang et al.，2021），并且能够刺激植物根系分泌苹果酸和柠檬酸等有机酸，从而降低土壤 pH（Zhang et al.，2017a）。因此，褪黑素可以通过影响根系分泌物的产生来影响土壤 pH 和土壤中铁的存在形态。

## 四、结论

褪黑素通过增加生物量促进了桃树的生长。褪黑素还通过上调与铁吸收相关的基因 *FRO7*、*VIT1* 和 *FRO4*，降低土壤 pH，增加土壤中可吸收形态铁（水溶性铁、吸附态铁、碳酸盐结合态铁和易还原态铁）含量，提高了桃苗总铁和活性铁含量。

# 第二节　褪黑素对桃苗缺铁胁迫的影响

## 一、材料与方法

### （一）试验材料

供试桃苗材料为山桃，山桃种子于天府花城花木交易中心购买。试验中使用的褪黑素为北京索莱宝科技有限公司生产。

### （二）试验设计

试验于 2020 年 6 ～ 8 月在四川农业大学成都校区进行。用 50 孔穴盘装珍珠岩配合霍格兰营养液进行育苗，育苗所用珍珠岩为含水量为 2% ～ 6% 的浮石状灰白色珍珠岩，每 3 天换一次霍格兰营养液，在人工气候室（白天为 23 ℃、14 h，光照强度为 10,000 Lux；夜晚为 21 ℃、10 h，）中培养。出苗后，根据珍珠岩的水分状况，适时浇灌霍格兰营养液。

待桃苗长出 6 ～ 8 片真叶（株高 8 ～ 9 cm）时，将生长健壮且大小一致的植株移栽至装有珍珠岩的穴盘中，先进行铁饥饿处理至幼嫩叶片缺呈黄白色，再浇灌含铁（10 mg/L）的霍格兰营养液，同时喷施褪黑素（100 μmol/L），每组处理喷施 40 mL，对照喷施对应体积的蒸馏水，之后每 7 天喷施一次，共喷施 4 次。试验共 4 组处理：Fe、-Fe、MT+Fe 和 MT-Fe，每组处理进行 3 个重复，每个重复包含 6 株桃苗，每 3 天换一次霍格兰营养液。

从第一次喷施褪黑素处理开始计算，一个月后，采集桃苗叶片（从上往下数第二至第三片功能叶），用液氮处理后，立即放入 -80 ℃ 超低温冰箱中保存，用于转录组测序。随后，采样测定相关指标，并将另一部分桃苗根系、茎秆、上部叶（嫩叶）和下部叶（成熟叶）用液氮处理后，立即放入 -80 ℃ 超低温冰箱中保存，用于相关代谢酶及 RNA 提取。

### （三）测定项目与方法

**1. 光合色素含量**

采集 0.1 g 成熟叶片，用 10 mL 乙醇-丙酮混合液（体积比为 1 : 1）进行提取，于 663nn、645nm、652nm、470 nm 波长条件下比色，计算叶绿素 a、叶绿素 b、总叶绿素和类胡萝卜素含量（熊庆娥，2003）。

**2. 高铁还原酶活性**

高铁还原酶活性参考左元梅等（左元梅等，2004）的方法进行测定，但稍作修改。取根系 0.1 g，在 0.2 mmol/L 的 $CaSO_4$ 中浸没 5 min，取出吸干水分后，加入 8 mL 的高铁还原酶活性测定反应液 [包含 0.2 mmol/L 的 $CaSO_4$、5 mmol/L 的 MES、0.1 mmol/L 的 Fe（Ⅲ）-EDTA 和 0.4 mmol/L 的 2,2-二联吡啶，pH = 5.5]，置于摇床中，于下 23 ℃、100 r/min 在暗处振荡反应 2 h。然后用紫外分光光度计在 520 nm 测定溶液吸光值并计算高铁还原酶活性。

**3. 活性铁含量**

取粉碎后过 100 目筛的桃苗各部分干样，用 1 mol/L 盐酸按 1 : 10（质量体积比）的比例浸提 24 h，过滤后用电感耦合等离子体质谱法（ICP-MS）测定其铁含量即为活性铁含量（刘东臣等，2001）。

**4. 总铁含量**

取粉碎后过 100 目筛的桃苗各部分干样，用优级纯硝酸在 120 ℃ 条件下消煮至无氮氧化物释放后，再用优级纯 $HNO_3$ 和 $HClO_4$ 混合液在 180 ℃ 条件下消煮至液体澄清透明，再用电感耦合等离子体质谱法（ICP-MS）测定其铁含量即为总铁含量（刘东臣等，2001）。

**5. 细胞壁成分的分级提取及细胞壁组分铁**

细胞壁成分的分级提取及细胞壁组分铁的测定参照雷贵杰（2014）和吴启等（2019）的方法，略有修改。

细胞壁的提取：用液氮将根系、茎秆、上部叶和下部叶充分研磨成粉末，称取 1～2 g 样品加入 10 mL 的 75% 乙醇，转移至 15 mL 离心管中，放在漩涡振荡仪上使之充分混匀，静置 20 min 后于 5000 r/min 下离心 10 min 后倒掉上清液。然后依次加入 10 mL 丙酮、甲醇和氯仿（1∶1），在漩涡震荡仪上震荡数分钟使提取液充分混匀，静置 20 min 后离心倒掉上清液，最终将细胞壁粗提物放入冷冻干燥机干燥，于 4 ℃ 下保存备用。

细胞壁铁的提取：称取约 20 mg 粗提细胞壁于 15 mL 离心管中，加入 10 mL 2 mol/L 的 HCl 后放人摇床室温震荡 3 天，于 12,000 r/min 下离心 10 min，取上清液测定细胞壁的铁含量。

果胶的提取：称取 6 mg 细胞壁粗提物放在 5 mL 离心管中，加入 3 mL 去离子水后在 100 ℃ 沸水中水浴 1 h，然后在 12,000 r/min 下离心 10 min，吸取上清液至 10 mL 容量瓶，再重复以上步骤 2 遍，最后用去离子水定容至 10 mL，即为需提取的果胶溶液。

半纤维素的提取：在提取果胶后的残渣中加入 2.5 mL 24% 的 KOH，于室温下静置 12 h 后，于 12,000 r/min 下离心 10 min，取上清液于 5 mL 离心管中，再重复一次上述步骤，将两次所得的上清液合并在一起，用去离子水定容至 5 mL，即为半纤维素溶液。

分别取细胞壁、果胶和半纤维素溶液，采用电感耦合等离子体质谱法（ICP-MS）测定其铁含量。

**6. 果胶和半纤维素含量**

果胶含量的测定：取上述果胶提取液，采用咔唑比色法测定果胶含量，方法参考曹建康等（2007）。

半纤维素含量的测定：半纤维素含量一般用总糖的含量来表示。取上述的半纤维素提取液，采用苯酚-硫酸法测半纤维素含量，具体方法参考吴启等（2019）。

**7. 多聚半乳糖醛酸酶（PG）和纤维素酶（Cx）活性**

制备酶液：参考李欢（2017）的方法，略有改动。用液氮将叶片（上下两部分）充分研磨成粉末，称取 1 g 样品组织于 15 mL 离心管中，加入 10 mL 预冷的 95% 乙醇，摇匀，并在低温放置 10 min，于 4 ℃、13,000 r/min 下离心 10 min。弃上清液，向沉淀物加入 10 mL 预冷的 80% 乙醇，摇匀，并在低温放置 10 min，于 4 ℃、13,000 r/min 下离心 10 min。再弃上清液，向沉淀物加入 10mL 预冷的 50 mmol/L 的乙酸-乙酸钠缓冲液（pH=5.5），低温放置 20 min，离心后收集上清液，即为酶液。PG 活性采用比色法测定，Cx 活性采用 DNS 还原法测定（曹建康等，2007）。

**8. 木质素相关酶活性**

木质素相关酶活性的测定采用试剂盒进行操作：采用南京建成试剂盒测定苯丙氨酸解氨酶（PAL）；采用 ELISA 检测试剂盒测定肉桂酸-4-羟化酶（C4H）、植物肉桂酰辅酶 A 还原酶（CCR）、4-香豆酸辅酶 A 连接酶（4CL）和肉桂醇脱氢酶（CAD）活性。

用液氮将叶（上、下两部分）充分研磨成粉末，称取约 0.1 g 样品，加入对应酶测定试剂盒中的提取液 1 mL，摇匀，于 4 ℃、10,000 r/min 下离心 10 min，取上清液待测。反应液的配置及反应的操作程序根据相对应试剂盒进行。

**9. 转录组文库测序与数据分析**

（1）cDNA 文库构建

对 RNA 样品的纯度、浓度和完整性进行检测，样品检测合格后，由北京百迈客生物科技有限公司完成桃苗叶片的转录组测序分析。用带有 Oligo（dT）的磁珠，通过 A-T 互补配对与 mRNA 的 ployA 尾结合的方式富集真核生物的 mRNA。随后加入片断化缓冲液将 mRNA 打断成短片段，以 mRNA 为模板，用六碱基随机引物合成一链 cDNA，然后加入缓冲液、dNTPs 和 DNA 聚合Ⅰ合成二链 cDNA，随后利用 AMPure XP 磁珠纯化双链 cDNA。纯化的双链 cDNA 再进行末端修复、加 A 尾并连接测序接头，然后用 AMPure XP 磁珠进行片段大小选择，最后进行 PCR 富集得到最终的 cDNA 文库。

文库构建完成后，使用 Agilent 2100 对文库的插入片段大小进行检测，插入片段大小符合预期后，使用 Q-PCR 方法对文库的有效浓度进行准确定量，以保证文库质量。随后使用 Illumina HiSeq 2500 进行测序及分析。

（2）原始读段的过滤

测序得到的原始序列按照下列要求进行处理：去除带接头的读段；去除 N 比例大于 10% 的读段；去除质量不合格的读段（质量值 Q 的碱基数占整条读段的 50% 以上），最终过滤得到高质量有效读段。

（3）基因表达量的计算和样品间差异基因表达筛选

采用 RPKM（Fragments Per Kilobase of transcript per Million fragments mapped，每百万映射片段中每千碱基转录本的片段数）值来反应基因的表达水平。采用 R 语言的 DESeq 包进行差异表达（DEGs）筛选。利用 FDR（False iscovery rate，假发现率）

对 P-value 作多重假设检验校正，以 FDR≤0.001、差异倍数≥1.5 且 $P < 0.01$ 作为筛选标准。根据差异倍数（Fold Change），使用维恩图、表达水平聚类等方式展示差异基因。

（4）Unigene 功能注释

利用 Trinity 软件对各样品数据分别进行 Unigenes 组装，对最终获得的 Unigene 序列结合 COG、GO、KEGG、KOGNR、Pfam、Swiss-Prot 和 eggNOG 等数据库，用 Blast 软件比对分析相应的 Unigenes 注释信息。

（5）差异基因的富集分析

GO 富集分析：差异表达基因（DEGs）的基因本体（GO）富集分析是通过基于 GOseq R 包的 Wallenius 非中心超几何分布（Young et. al，2010）实现的，它可以调整 DEGs 中的基因长度偏差。GO 功能显著富集分析的目的是找出 DEGs 主要富集在 GO 本体中的哪些子条目中，进而得知这些 DEGs 与哪些生物学功能显著相关。该分析方法是先将所有 DEGs 向 GO 数据库的各个 term 映射，算出每个 term 的基因数目，接着应用超几何检验，筛选出在 DEGs 中显著富集的 GO 条目。

KEGG 途径富集分析：KEGG 是一个数据库，用于从分子水平信息了解生物系统的高级功能和效用，如细胞、有机体和生态系统，尤其是基因组测序高通量实验技术产生的大规模分子数据集。本试验使用 KOBAS 软件测试 KEGG 通路中差异表达基因的统计富集。

Pathway 显著富集分析：可以得知 DEGs 主要参与了哪些细胞代谢途径和信号传递途径。本研究中规定 $P$ 值小于 0.05 才算被 DEGs 显著富集的 Pathway。

（6）差异基因的聚类分析

使用 Cluster 软件，以欧氏距离为距离矩阵计算公式，取显著 DEGs 差异倍数的进行聚类，对 DEGs 进行聚类分析以便更好地了解在特定条件或特定组织中这些基因的表达模式，有利于基因功能的分析。

（7）实时荧光定量 PCR 验证差异表达基因

从差异表达基因中选取若干条 Unigene 序列进行实时荧光定量 PCR 分析。RNA 的提取参照北京聚合美生物科技有限公司的 M5 Plant RNeasy Complex Mini Kit 试剂盒的说明书进行操作。基因根据 NCBI 上桃的全基因组测序结果，利用 Primer Premier 5.0 设计定量引物，内参基因 *TEF2* 引物序列参考李凡（2014）和张春华等（2014）的报告（表 3-6）。引物的合成由擎科生物技术（成都）有限公司完成。

采用北京聚合美生物科技有限公司的 2X M5 HiPer SYBR Premix EsTaq（with Tli

RNaseH）试剂盒在 CFX Connect 型实时定量 PCR 仪（Bio-Rad，USA）上进行扩增反应。反应总体积为 10 μL，包含 2X M5 HiPer SYBR Premix EsTaq（with Tli RNaseH）（5 μL），10 μM 上下游引物（各 0.4 μL），cDNA 模板（1 μL）和 dd $H_2O$（3.2 μL）。基因表达水平采用相对表达量 $2^{-\Delta\Delta Ct}$ 表示。以上所有试验均设 3 次重复，每次试验均设阴性对照组。

表 3-6    RT-qPCR 引物序列表

| 序号 | 基因名称 | F（序列 5′-3′） | R（序列 5′-3′） |
|---|---|---|---|
| 1 | VITH4 | CAAACGACCTAGAACACCAACA | TGAGCCACCTCTATGTCCAACT |
| 2 | FRO7 | TTTCACAATGGCTGCTGGAGGA | CACATGGAAGGCACTTCGCTGA |
| 3 | FRO4 | AGGCTCCTCTGGGAATTGTTAC | TCATACACTTTCTCGCCATCTT |
| 4 | GS | ACCAATAAGAGGGCTAATGCTG | CTCCTGCTCTAATCCAAACCTG |
| 5 | CslASc | TATGGGCATCGCATCACATTCA | GTCGCCAACTTTGCCTCTTTCA |
| 6 | ICS2 | TGACCAGATTCAATCGGAACAC | TAAGTGCGAATAAGCGGACATT |
| 7 | PG | TTGTTGGAATGCTTATGGGACT | AGATAAATGGCTCTTGGGCTCT |
| 8 | 4CL | GCCAGTGATTAAGCAGCAAGAC | GCGACAACCCGTAGATATGAAA |
| 9 | CCR1 | TGACTAATGACAAGCCCTACCT | CTTTCCCATAGCAGTACCAGTT |
| 10 | TEF2 | GGTGTGACGATGAAGAGTGATG | TGAAGGAGAGGGAAGGTGAAAG |

（四）数据处理与统计方法

所有数据均采用 SPSS 软件进行方差分析（用新复极差法进行多重比较）。

## 二、结果与分析

（一）褪黑素对缺铁桃苗光合色素含量的影响

从表 3-7 可以看出，与 Fe 相比，MT+Fe 提高了桃苗上部叶叶绿素 a、叶绿素 b、总叶绿素含量，对上部叶类胡萝卜素含量影响不显著。与-Fe 相比，MT-Fe 提高了叶桃苗上部叶叶绿素 b、总叶绿素和类胡萝卜素含量，对上部叶叶绿素 a 含量的影响不显著。就桃苗下部叶而言，与 Fe 相比，MT+Fe 提高了对下部叶各个光合色素含量的影响不显著。与-Fe 相比，MT-Fe 提高了下部叶总叶绿素总含量，对下部叶叶绿素 a、叶绿素 b 和类胡萝卜素含量的影响不显著。

表 3-7 桃苗光合色素含量

| 叶片部位 | 处理方法 | 叶绿素 a 含量/（mg/g） | 叶绿素 b 含量/（mg/g） | 总叶绿素含量/（mg/g） | 类胡萝卜素含量/（mg/g） |
|---|---|---|---|---|---|
| 上部叶 | Fe | 1.075±0.062b | 0.647±0.069b | 1.721±0.007b | 0.246±0.032a |
|  | −Fe | 0.964±0.008b | 0.509±0.005c | 1.472±0.003c | 0.120±0.001c |
|  | MT+Fe | 1.261±0.041a | 0.769±0.018a | 2.030±0.023a | 0.291±0.007a |
|  | MT−Fe | 0.988±0.102b | 0.642±0.029b | 1.629±0.073b | 0.179±0.010b |
| 下部叶 | Fe | 0.941±0.005ab | 0.675±0.031a | 1.616±0.036a | 0.205±0.010a |
|  | −Fe | 0.670±0.012c | 0.287±0.005b | 0.957±0.008c | 0.127±0.000b |
|  | MT+Fe | 0.988±0.068a | 0.711±0.013a | 1.699±0.055a | 0.247±0.050a |
|  | MT−Fe | 0.814±0.083bc | 0.358±0.039b | 1.171±0.044b | 0.175±0.003ab |

## （二）褪黑素对桃苗细胞壁、果胶和半纤维素铁含量分布情况的影响

从表 3-8 可知，与 Fe 相比，MT+Fe 降低了桃苗茎秆、上部叶和下部叶细胞壁铁含量，对根系细胞壁铁含量的影响不显著。与−Fe 相比，MT−Fe 降低了桃苗根系、茎秆和下部叶细胞壁铁含量，对上部叶细胞壁铁含量的影响不显著。就果胶铁含量而言，与 Fe 相比，Γc 提高了桃苗根系、茎秆、上部叶和下部叶果胶铁含量，而 MT+Fe 降低了桃苗根系、茎秆和上部叶果胶铁含量，对下部叶果胶铁含量的影响不显著。与−Fe 相比，MT−Fe 降低了桃苗根系和下部叶果胶铁含量，对茎秆和上部叶果胶铁含量的影响不显著。

从半纤维素铁含量来看，与 Fe 相比，MT+Fe 提高了桃苗茎秆半纤维素铁含量，但对根系、上部叶和下部叶半纤维素铁含量的影响不显著。与−Fe 相比，MT−Fe 降低了桃苗根系半纤维素铁含量，提高了茎秆半纤维素铁含量，但对上部叶与下部叶半纤维素铁含量的影响不显著。

表 3-8 桃苗细胞壁、果胶和半纤维素铁含量

| 部位 | 处理方法 | 根系/（mg/kg） | 茎秆/（mg/kg） | 上部叶/（mg/kg） | 下部叶/（mg/kg） |
|---|---|---|---|---|---|
| 细胞壁 | Fe | 11.63±1.59b | 12.42±0.25b | 11.52±0.3.8a | 12.02±0.32ab |
|  | −Fe | 16.05±0.72a | 15.26±0.55a | 12.23±0.6.2a | 13.09±0.96a |
|  | MT+Fe | 11.10±0.59b | 9.89±0.42c | 9.57±0.4.64b | 8.89±0.16c |
|  | MT−Fe | 12.23±0.62b | 11.42±0.49b | 11.67±0.4.7a | 10.44±0.95bc |

续表

| 部位 | 处理方法 | 根系/ (mg/kg) | 茎秆/ (mg/kg) | 上部叶/ (mg/kg) | 下部叶/ (mg/kg) |
|---|---|---|---|---|---|
| 果胶 | Fe | 32.84±0.98b | 41.71±0.40b | 61.58±2.2.3b | 46.89±0.75c |
| | −Fe | 39.28±2.51a | 48.88±0.88a | 68.49±1.40a | 60.07±1.67a |
| | MT+Fe | 26.95±0.07c | 37.53±1.92c | 47.88±1.05c | 47.02±0.80c |
| | MT−Fe | 28.84±0.06c | 47.71±1.06a | 64.73±1.39ab | 55.04±1.48b |
| 半纤维素 | Fe | 48.75±0.00b | 63.70±1.84c | 147.6±0.71b | 146.4±0.64b |
| | −Fe | 66.63±2.30a | 113.6±4.80b | 168.5±0.84a | 167.5±0.83a |
| | MT+Fe | 42.92±3.65b | 108.2±9.99b | 140.2±1.36b | 146.2±2.47b |
| | MT−Fe | 45.07±2.45b | 143.3±1.15a | 152.1±8.21ab | 154.3±2.40ab |

**（三）褪黑素对桃苗总铁含量的影响**

从表3-9可以看出，与Fe相比，−Fe降低了桃苗根系、上部叶和上部叶总铁含量，对茎秆总铁含量的影响不显著；MT+Fe对桃苗根系、上部叶和下部叶总铁含量无显著影响，但提高了茎秆总铁含量。与−Fe相比，MT−Fe对桃苗茎秆总铁含量无显著影响，但提高了根系、上部叶和下部叶总铁含量。

表3-9　桃苗总铁含量

| 处理方法 | 根系/ (mg/kg) | 茎秆/ (mg/kg) | 上部叶 (mg/kg) | 下部叶/ (mg/kg) |
|---|---|---|---|---|
| Fe | 466.0±7.2a | 400.8±9.9b | 513.7±8.1a | 507.0±2.9a |
| −Fe | 367.5±5.1c | 385.9±5.3b | 453.5±6.8c | 469.4±8.0b |
| MT+Fe | 476.9±8.1a | 465.0±4.5a | 512.5±11.8a | 520.6±7.1a |
| MT−Fe | 414.9±13.0b | 403.7±20.5b | 485.4±9.9b | 509.0±0.1a |

**（四）褪黑素对桃苗活性铁含量的影响**

从表3-10可以看出，与Fe相比，−Fe降低了桃苗根系、茎秆、上部叶和下部叶活性铁含量；MT+Fe提高了桃苗根系和茎秆活性铁含量，对上部叶和下部叶活性铁含量无显著影响。与−Fe相比，MT−Fe提高了桃苗茎秆、上部叶和下部叶活性铁含量，对根系活性铁含量无显著影响。

表3-10　桃苗活性铁含量

| 处理方法 | 根系/ (mg/kg) | 茎秆/ (mg/kg) | 上部叶/ (mg/kg) | 下部叶/ (mg/kg) |
|---|---|---|---|---|
| Fe | 29.20±2.09b | 28.90±0.02b | 43.63±2.99a | 52.88±0.42a |

续表

| 处理方法 | 根系/（mg/kg） | 茎秆/（mg/kg） | 上部叶/（mg/kg） | 下部叶/（mg/kg） |
|---|---|---|---|---|
| −Fe | 18.05±0.02c | 15.30±0.42c | 33.69±2.25b | 38.61±0.23c |
| MT+Fe | 64.05±4.22a | 33.97±1.35a | 44.90±0.50a | 52.50±1.58a |
| MT−Fe | 21.86±2.29c | 27.88±0.70b | 41.70±2.01a | 44.95±1.52b |

（五）褪黑素对桃苗高铁还原酶活性的影响

从图 3-4 可以看出，与 Fe 相比，−Fe 降低了桃苗高铁还原酶活性，MT+Fe 则提高了桃苗高铁还原酶活性。与−Fe 相比，MT−Fe 提高了桃苗高铁还原酶活性。

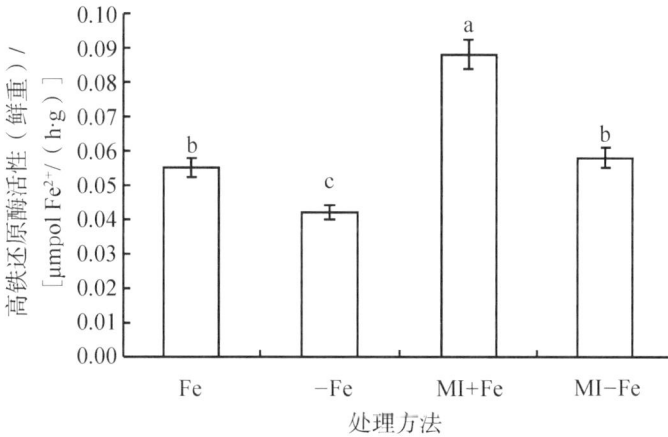

图 3-4　桃苗高铁还原酶活性

（六）褪黑素对桃苗果胶含量的影响

从图 3-5 可得。与 Fe 相比，−Fe 提高了桃苗根系、茎秆、上部叶和下部叶果胶含量，MT+Fe 则降低了桃苗各个器官果胶含量。与−Fe 相比，MT−Fe 降低了桃苗根系、茎秆、上部叶和下部叶果胶含量。果胶含量大小排序为：−Fe > Fe > MT−Fe > MT+Fe。

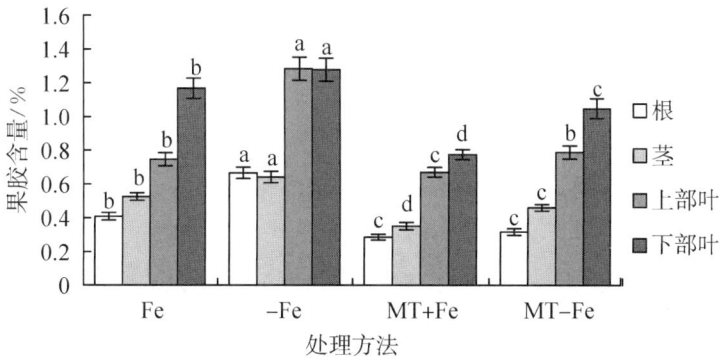

图 3-5　桃苗果胶含量

## （七）褐黑素对桃苗半纤维素含量的影响

由图 3-6 可知，与 Fe 相比，-Fe 提高了桃苗根系、茎秆、上部叶和下部叶半纤维素含量；MT+Fe 降低了桃苗根系、茎秆和下部叶半纤维素含量，对上部叶半纤维素含量的影响不显著。与-Fe 相比，MT-Fe 降低了桃苗根系、茎秆、上部叶和下部叶半纤维素含量。半纤维素含量大小排序为：-Fe > MT-Fe > Fe > MT+Fe。

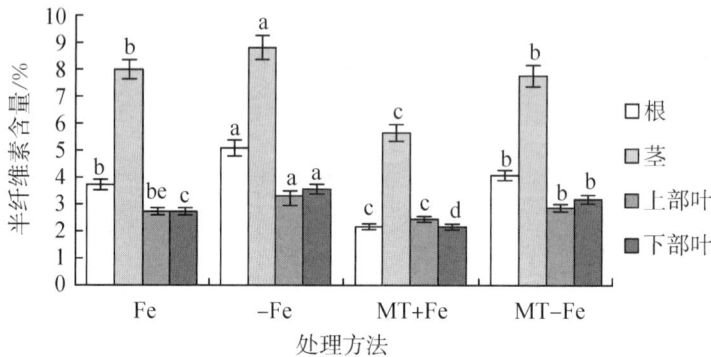

图 3-6  桃苗半纤维素含量

## （八）褐黑素对桃苗 PG 和 Cx 活性的影响

从图 3-7 可以看出，与 Fe 相比，-Fe 提高了桃苗 PG 和 Cx 活性，MT+Fe 则降低了桃苗 PG 和 Cx 活性。与-Fe 相比，MT-Fe 降低了桃苗 PG 和 Cx 活性。PG 和 Cx 活性的大小顺序为：-Fe > MT-Fe > Fe > MT+Fe。

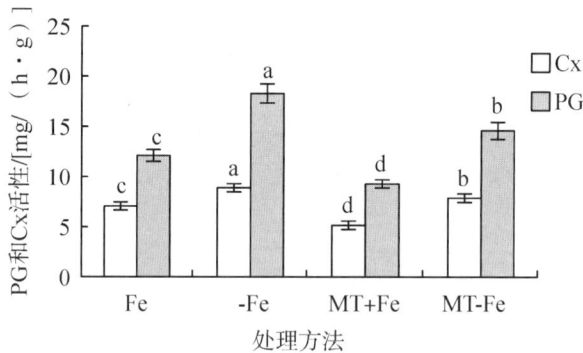

图 3-7  桃苗 PG 和 Cx 活性

## （九）褐黑素对桃苗木质素代谢相关酶活性的影响

从表 3-11 可以看出，与 Fe 相比，MT+Fe 降低了桃苗 PAL 活性，提高了 C4H 活性。与-Fe 相比，MT-Fe 也降低了桃苗 PAL 活性，提高了 C4H 活性。C4H 活性大小排序为：MT-Fe > MT+Fe > -Fe > Fe。与 Fe 相比，MT+Fe 对桃苗 CCR、4CL 和 CAD
活性的影响不显著。与-Fe 相比，MT-Fe 降低了桃苗 CCR 活性，但对 4CL 和 CAD 活
性的影响不显著。

表 3-11　桃苗木质素代谢相关酶活性

| 处理方法 | PAL 活性/<br>[U/（h·g）] | C4H 活性/<br>（U/g） | CCR 活性/<br>（U/g） | 4CL 活性/<br>（U/g） | CAD 活性/<br>（U/g） |
|---|---|---|---|---|---|
| Fe | 131.1±2.2a | 0.686±0.043d | 0.353±0.012c | 1.243±0.038b | 1.127±0.064b |
| -Fe | 119.6±7.8ab | 0.901±0.027c | 0.511±0.038a | 1.434±0.021a | 1.589±0.061a |
| MT+Fe | 108.7±0.9b | 1.076±0.084b | 0.359±0.011c | 1.180±0.035b | 1.211±0.052b |
| MT-Fe | 82.47±3.51c | 1.340±0.085a | 0.466±0.021b | 1.393±0.004a | 1.440±0.141a |

## （十）转录组分析

### 1. 测序数据总体情况

4 个表达文库的原始测序数据经过筛选共获得 80.05 GB 高质量有效数据，各样品
的高质量有效数据均达到 5.88 GB，各样品的 GC% 含量均超过 45.90%，Q30 碱基百分
比不低于 94.38%。分别将各样品的高质量有效读段与指定的参考基因组进行序列比
对，唯一比对读段的比对效率为从 89.36% 到 92.42% 不等（表 3-12）。

表 3-12　转录组测序总体情况

| 处理方法 | 样品 | 高质量<br>有效读段 | 高质量碱基 | GC 含量 | Q30 碱基<br>百分比（≥） | 唯一比对读段 |
|---|---|---|---|---|---|---|
| -Fe | L1 | 22296037 | 6657681632 | 46.53% | 94.72% | 40313286（90.40%） |
| | L2 | 22093332 | 6607886750 | 46.24% | 94.68% | 40603369（91.89%） |
| | L3 | 19655658 | 5881580050 | 46.61% | 94.83% | 35127426（89.36%） |
| Fe | L4 | 22239870 | 6653422782 | 46.32% | 94.93% | 40482490（91.01%） |
| | L5 | 22359991 | 6690569206 | 46.33% | 94.61% | 41032379（91.75%） |
| | L6 | 23061311 | 6903089838 | 46.26% | 94.68% | 42141782（91.37%） |
| MT-Fe | L7 | 22044405 | 6600437636 | 46.03% | 94.72% | 40494465（91.85%） |
| | L8 | 20197150 | 6043681710 | 46.34% | 94.38% | 37331684（92.42%） |
| | L9 | 20655026 | 6174947918 | 46.20% | 94.70% | 37916742（91.79%） |
| MT+Fe | L10 | 23357724 | 6993911864 | 45.90% | 95.00% | 42639318（91.27%） |
| | L11 | 22996584 | 6872284286 | 46.28% | 94.82% | 42416812（92.22%） |
| | L12 | 26662117 | 7965873248 | 46.27% | 94.91% | 48899447（91.70%） |

**2. 样品间的差异基因筛选及表达分析**

将差异倍数≥ 1.5 且 $P < 0.01$ 作为差异表达基因检测过程中筛选标准，两样品（组）间表达量的比值用差异倍数表示，详见图 3-8 所示。通过不同处理之间-Fe 和 Fe 的比较，共获得 810 个差异表达基因，其中，上调基因有 414 个，下调基因有 396 个。MT-Fe 和-Fe 比较，共有 154 个差异表达基因，其中，上调基因有 97 个，下调基因有 57 个。MT+Fe 与 Fe 的差异基因最少，共有 149 个，其中，上调基因有 60 个，下调基因有 89 个。MT+Fe 与 MT-Fe 比较，共获得 408 个差异表达基因，其中，上调基因有 196 个，下调基因有 212 个。

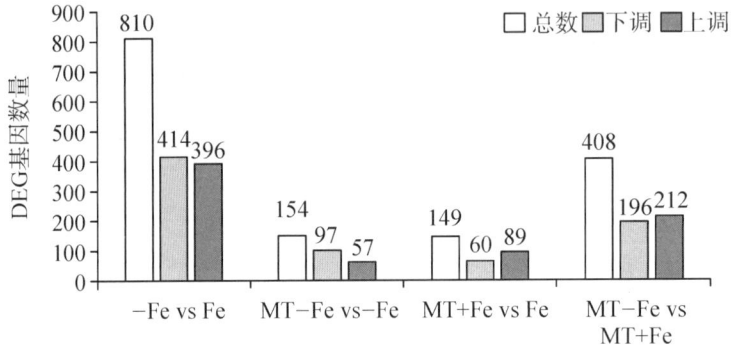

图 3-8　差异表达基因数量图

**3. 组间差异基因比较及差异基因的聚类分析**

通过总差异基因的韦恩图分析发现（图 3-9），4 组处理共有的差异基因为 5 个，-Fe 与 Fe 比较和 MT-Fe 与 MT+Fe 比较共有 245 个差异基因，其他处理组间共有差异基因均不超过 35 个。

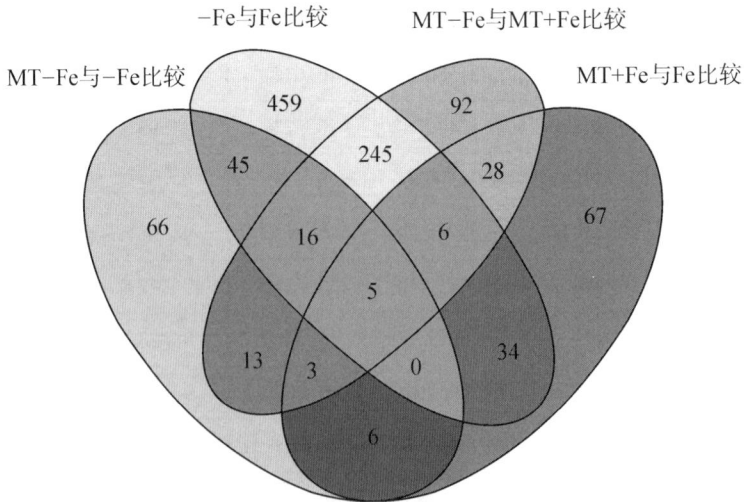

图 3-9　差异表达基因的韦恩图

### 4. Unigene 功能注释

结合 COG、GO、KEGG、KOG、NR、Pfam、Swiss－Prot 和 EggNOG 等数据库，用 Blast 软件比对分析相应的 Unigenes 注释信息（表 3-13）。4 个处理比较组分别共有 806、154、147、406 条差异基因获得功能注释。–Fe 与 Fe 的比较被注释到 8 个数据库的 Unigene 分别有 356、560、338、437、806、693、637 和 764 条。MT+Fe 与 Fe 比较被注释到 8 个数据库的 Unigene 分别有 57、95、49、82、154、119、114、36 条。MT-Fe 与–Fe 比较被注释到 8 个数据库的 Unigene 分别有 68、81、57、80、147、118、118、130 条。MT+Fe 与 MT-Fe 比较被注释到 8 个数据库的 Unigene 分别有 184、282、153、192、406、348、321、375 条。–Fe 与 Fe 比较和 MT+Fe 与 MT-Fe 比较被注释到 8 个数据库的 Unigene 数量高于 MT+Fe 与 Fe 比较和 MT-Fe 与–Fe 比较。

表 3-13 注释的差异表达基因数量统计表

| 差异表述基因集合 | 总量 | COG | GO | KEGG | KOG | NR | Pfam | Swiss－Prot | EggNOG |
|---|---|---|---|---|---|---|---|---|---|
| –Fe 与 Fe 比较 | 806 | 356 | 560 | 338 | 437 | 806 | 693 | 637 | 764 |
| MT-Fe 与–Fe 比较 | 154 | 57 | 95 | 49 | 82 | 154 | 119 | 114 | 136 |
| MT+Fe 与 Fe 比较 | 147 | 68 | 81 | 57 | 80 | 147 | 118 | 118 | 130 |
| MT+Fe 与 MT-Fe 比较 | 406 | 184 | 282 | 153 | 192 | 406 | 348 | 321 | 375 |

### 5. 差异基因的 GO 富集分析

GO 注释系统是一个有向无环图，包含三个主要分支，即：生物学过程，分子功能和细胞组分（图 3-10、图 3-11、图 3-12 和图 3-13）。–Fe 与 Fe 比较、MT-Fe 与–Fe 比较、MT+Fe 与 Fe 比较和 MT+Fe 与 MT-Fe 比较在生物学过程大类中，基因频率较高的 GO 注释小类分别为代谢过程、细胞过程和单个组织过程。在细胞组分大类中，基因频率较高的 GO 注释小类分别为细胞、细胞部分和细胞膜等。在分子功能大类中，基因频率较高的 GO 注释小类分别为催化活性和结合。

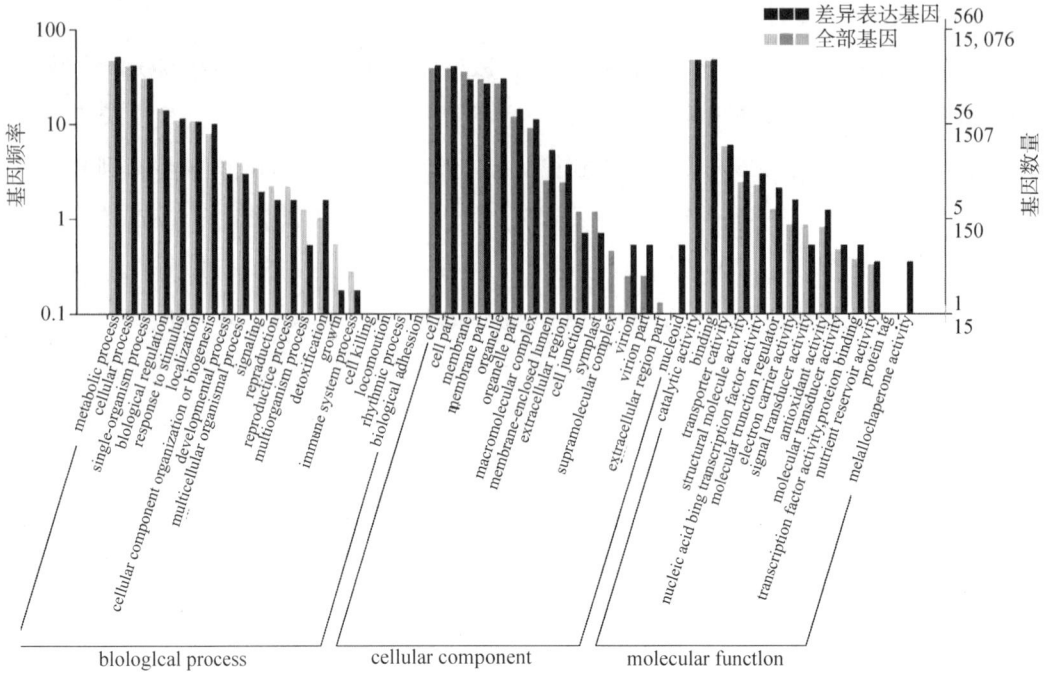

图 3-10 −Fe 与 Fe 比较的差异表达基因 GO 注释分类统计图

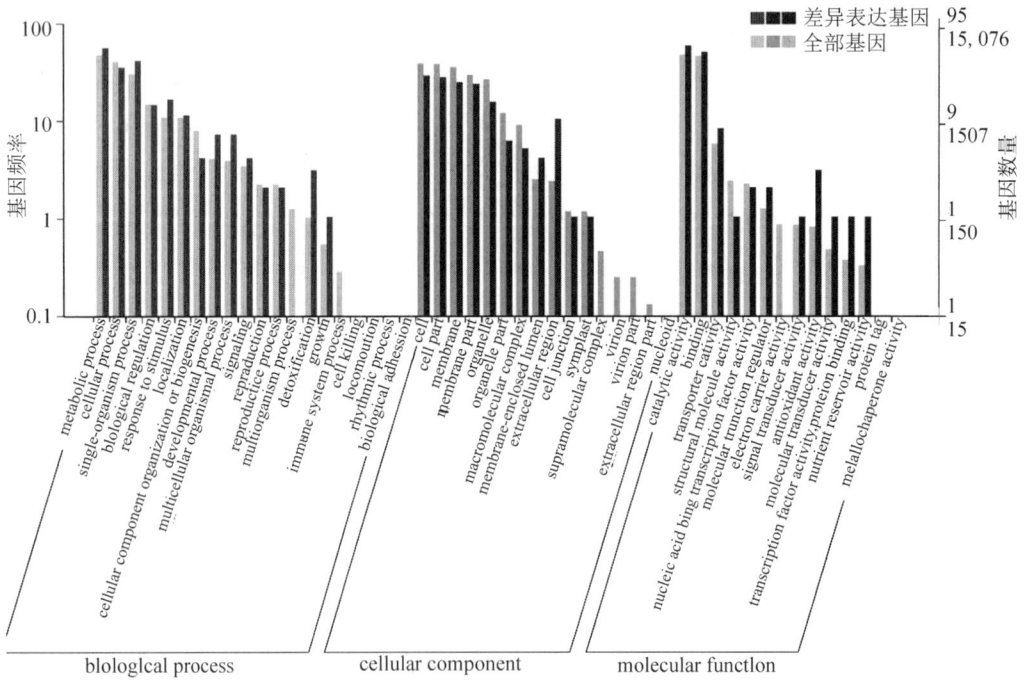

图 3-11 MT−Fe 与−Fe 比较的差异表达基因 GO 注释分类统计图

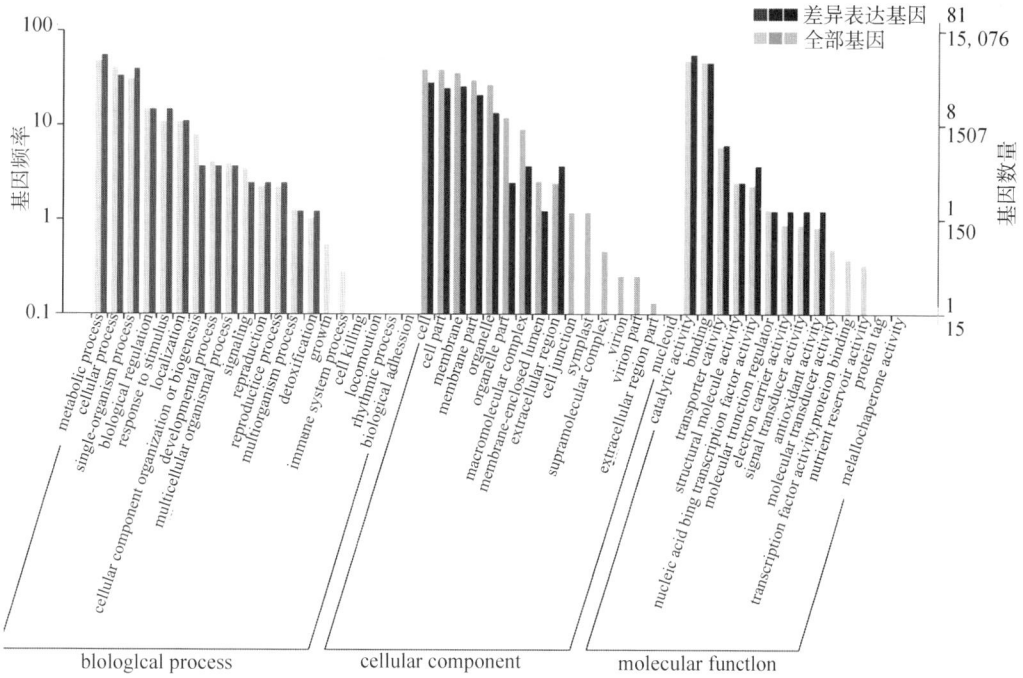

图 3-12　MT+Fe 与 Fe 比较的差异表达基因 GO 注释分类统计图

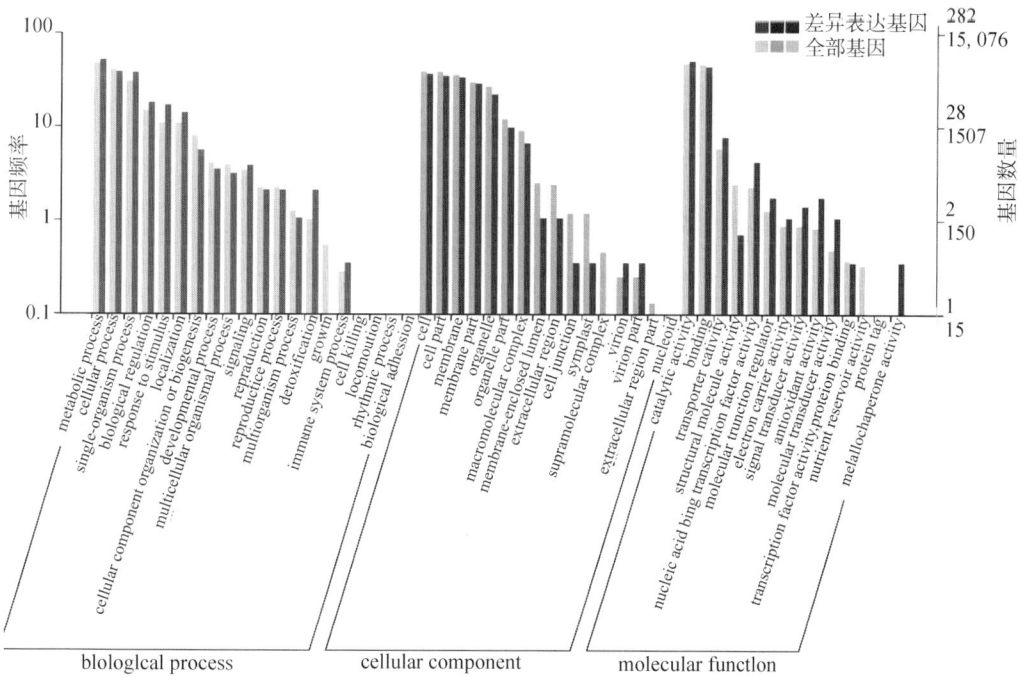

图 3-13　MT+Fe 与 MT-Fe 的比较差异表达基因 GO 注释分类统计图

## 6. 差异表达基因 KEGG 注释及 KEGG 通路富集

如图 3-14 所示，在 -Fe 与 Fe 比较的 810 个差异表达基因中，共有 192 个基因被注释到 84 条 KEGG 通路中，其中，显著富集通路有 10 条，主要参与真核生物核糖体的生物合成、光合作用和光合天线蛋白等通路（表 3-14）。真核生物核糖体的生物合成注释到 19 个差异表达基因（19 个下调），光合天线蛋白注释到 14 个差异表达基因（1 个下调，13 个上调），光合作用注释到 12 个差异表达基因（12 个下调）。由图 3-15 可知，MT-Fe 与 -Fe 比较的 154 个差异表达基因中，共有 31 个基因被注释到 38 条 KEGG 途径，其中，显著富集通路为氨酰 tRNA 生物合成通路，注释到 3 个差异表达基因（1 个下调，2 个上调）。由图 3-16 可知，在 MT+Fe 与 Fe 比较的 149 个差异表达基因中，共有 39 个基因被注释到 25 条 KEGG 途径，其中，显著富集通路为内质网的蛋白质加工和单萜生物合成通路，而内质网的蛋白质加工注释到 11 个差异表达基因（1 个下调，10 个上调），单萜生物合成注释到 3 个差异表达基因（1 个下调，2 个上调）。由图 3-17 可知，在 MT+Fe 与 MT-Fe 比较的 408 个差异表达基因中，共有 96 个基因被注释到 69 条 KEGG 通路，其中，显著富集通路有 1 条，主要参与光合作用天线蛋白通路，注释到 6 个差异表达基因（6 个下调）。

### 表 3-14　差异表达基因 KEGG 代谢途径分类

| 差异表述基因集合 | KEGG 通路 | ko 编号 | 基因数量 | 下调数量 | 上调数量 | P 值 |
|---|---|---|---|---|---|---|
| -Fe 与 Fe 比较 | Photosynthesis - antenna proteins | ko00196 | 12 | 12 | 0 | 1.00E-12 |
| | Photosynthesis | ko00195 | 14 | 1 | 13 | 3.61E-10 |
| | Ribosome biogenesis in eukaryotes | ko03008 | 19 | 19 | 0 | 2.11E-09 |
| | Fatty acid degradation | ko00071 | 6 | 2 | 4 | 0.008106 |
| | Porphyrin and chlorophyll metabolism | ko00860 | 6 | 3 | 3 | 0.008106 |
| | Tyrosine metabolism | ko00350 | 6 | 3 | 3 | 0.016900 |
| | Zeatin biosynthesis | ko00908 | 3 | 1 | 2 | 0.023795 |
| | alpha-Linolenic acid metabolism | ko00592 | 5 | 2 | 3 | 0.044578 |
| | Arginine and proline metabolism | ko00330 | 5 | 1 | 4 | 0.044578 |
| | Monoterpenoid biosynthesis | ko00902 | 3 | 2 | 1 | 0.044749 |
| MT-Fe 与 -Fe | Aminoacyl-tRNA biosynthesis | ko00970 | 3 | 1 | 2 | 0.009281 |
| MT+Fe 与 Fe | Protein processing in endoplasmic reticulum | ko04141 | 11 | 1 | 10 | 9.75E-07 |
| | Monoterpenoid biosynthesis | ko00902 | 3 | 1 | 2 | 0.000530 |

续表

| 差异表述基因集合 | KEGG 通路 | ko 编号 | 基因数量 | 下调数量 | 上调数量 | P 值 |
|---|---|---|---|---|---|---|
| MT+Fe 与 MT-Fe | Photosynthesis - antenna proteins | ko00196 | 6 | 6 | 0 | 1.745E-06 |
| | Photosynthesis | ko00195 | 5 | 5 | 0 | 0.001448 |
| | Ubiquinone and other terpenoid-quinone biosynthesis | ko00130 | 4 | 3 | 1 | 0.009028 |
| | Porphyrin and chlorophyll metabolism | ko00860 | 4 | 2 | 2 | 0.011704 |
| | Tyrosine metabolism | ko00350 | 4 | 3 | 1 | 0.019792 |
| | Taurine and hypotaurine metabolism | ko00430 | 2 | 1 | 1 | 0.025855 |
| | Glycolysis / Gluconeogenesis | ko00010 | 6 | 4 | 2 | 0.039150 |

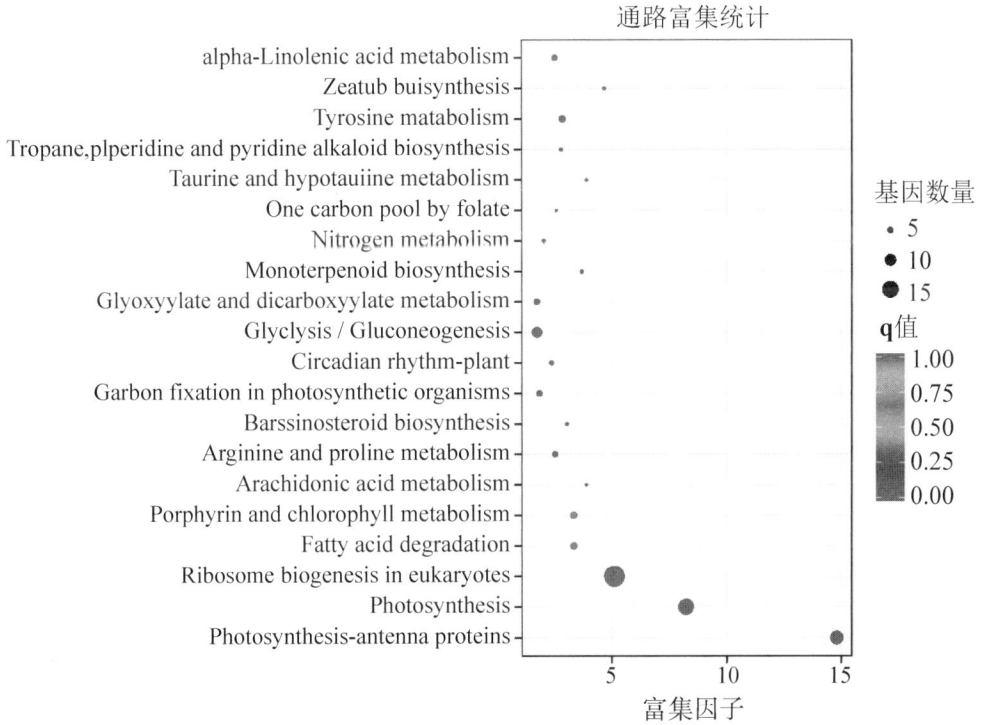

图 3-14　-Fe 与 Fe 比较的差异表达基因 KEGG 通路富集散点图

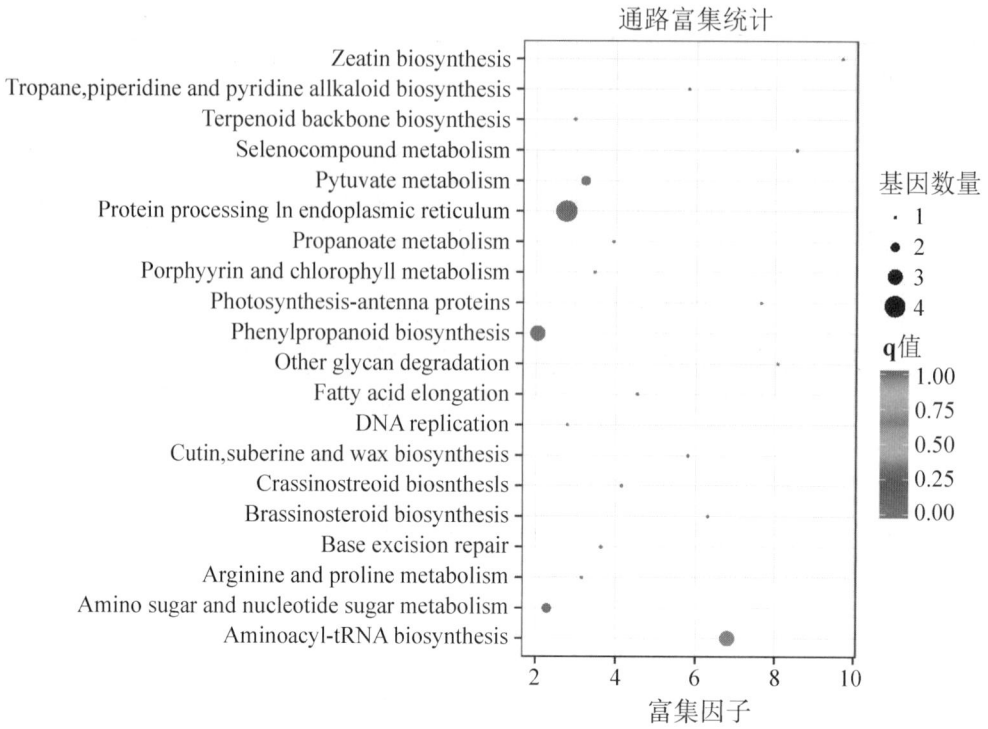

图 3-15　MT－Fe 与－Fe 比较的差异表达基因 KEGG 通路富集散点图

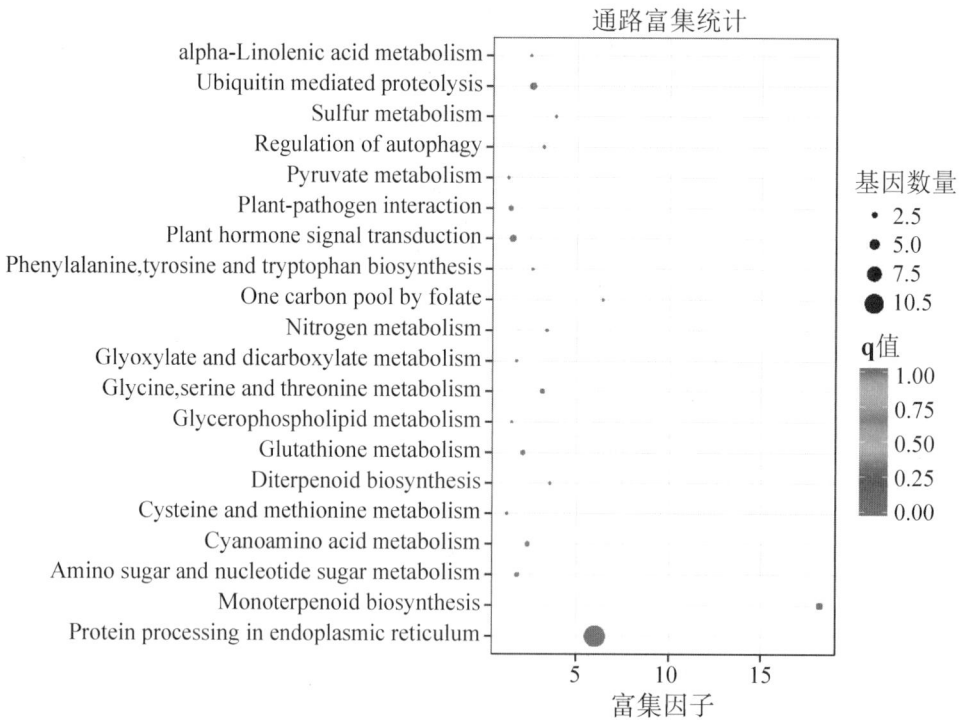

图 3-16　MT+Fe 与 Fe 比较的差异表达基因 KEGG 通路富集散点图

通路富集统计

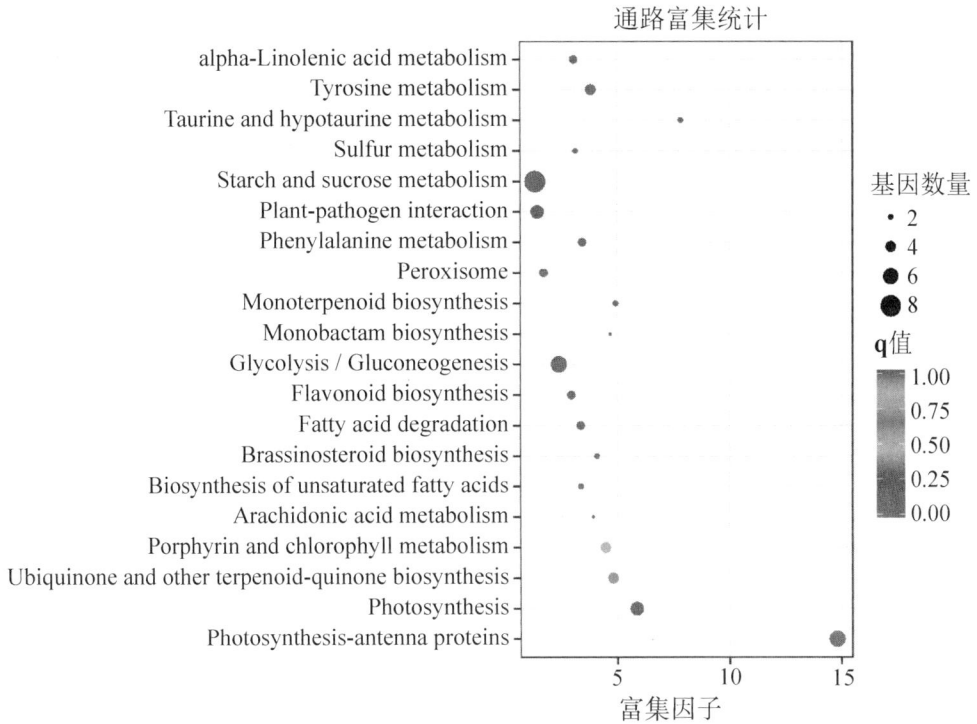

图 3-17 MT+Fe 与 MT-Fe 比较的差异表达基因 KEGG 通路富集散点图

## 7. 差异表达的转录因子分析

通过表达谱文库-Fe 与 Fe 比较、MT-Fe 与-Fe 比较、MT+Fe 与 Fe 比较和 MT+Fe 与 MT-Fe 比较中筛选出一些差异转录因子（表 3-15）。这些转录因子家族主要包括 Trihelix、TCP、RAP、RADIALIS、PIF、NAC、MYB、IFH、ICE1、HY5、HSP、GATA、ERF、EF、bHLH、AP2、WRK 等 17 种不同家族的转录因子。对这些转录因子进行分析发现，MYB（7 个）WRKY（7 个）、bHLH（5）、ERF（4 个）和 HSP（4 个）家族是注释信息较多的种类，这些转录因子的家族成员也都参与植物对非生物逆境胁迫的应答。

表 3-15 差异基因转录因子分析

| 基因编号 | $P$ 值 | log2FC | 转录因子家族 | NR 注释 |
|---|---|---|---|---|
| 基因 3903 | 9.97E-03 | -0.58797 | Trihelix | trihelix transcription factor GTL2 |
| 基因 12799 | 1.56E-04 | -0.58876 | TCP | transcription factor TCP2 |
| 基因 19160 | 2.44E-09 | -0.69178 | RAP | ethylene-responsive transcription factor RAP2-4 |
| 基因 24513 | 8.44E-06 | 1.07499 | RADIALIS | transcription factor RADIALIS |
| 基因 20320 | 8.84E-12 | -0.83518 | PIF | transcription factor PIF3 isoform X1 |
| 基因 13809 | 3.01E-03 | -0.84145 | NAC | NAC domain-containing protein 72 |

| 基因编号 | P 值 | log2FC | 转录因子家族 | NR 注释 |
|---|---|---|---|---|
| 基因 4334 | 4.93E-04 | -0.59185 | MYB | transcription factor MYB3R-1 |
| 基因 3908 | 9.31E-03 | -1.06674 | MYB | transcription factor MYB6 |
| 基因 2530 | 7.35E-06 | 0.73483 | MYB | transcription factor MYB1R1 |
| 基因 22870 | 1.67E-06 | -1.06405 | MYB | transcription factor MYB6 |
| 基因 13985 | 5.16E-04 | 1.05636 | MYB | transcription factor TT2 isoform X1 |
| 基因 10551 | 9.54E-05 | 1.89694 | MYB | transcription factor MYB114 |
| 基因 13869 | 6.65E-03 | 0.70715 | IFH | transcriptional regulator IFH1 |
| 基因 8214 | 5.76E-05 | 0.70881 | ICE1 | transcription factor ICE1 isoform X1 |
| 基因 4595 | 1.99E-07 | 0.59439 | HY5 | transcription factor HY5 |
| 基因 8513 | 8.85E-04 | -0.95029 | HSP | heat stress transcription factor B-2a |
| 基因 3957 | 4.67E-03 | 0.78700 | HSP | heat shock factor protein HSF30 isoform X2 |
| 基因 23145 | 2.01E-05 | -0.69709 | HSP | heat stress transcription factor C-1 |
| 基因 22233 | 4.95E-03 | 0.71842 | HSP | heat stress transcription factor B-1 |
| 基因 18345 | 7.06E-03 | -0.82542 | GATA | GATA transcription factor 11 isoform X1 |
| 基因 343 | 2.12E-03 | 1.38468 | ERF | ethylene-responsive transcription factor 1B [*Prunus avium*] |
| 基因 16074 | 2.27E-05 | -0.68557 | ERF | ethylene-responsive transcription factor CRF2 |
| 基因 15540 | 6.00E-03 | -0.96760 | EF | ethylene-responsive transcription factor 1A |
| 基因 4875 | 7.77E-03 | 0.67635 | bZIP | transcription factor TGA7 isoform X1 |
| 基因 16798 | 1.07E-20 | 2.52974 | bHLH | transcription factor bHLH47 |
| 基因 15277 | 7.79E-05 | -1.56733 | bHLH | transcription factor bHLH71 |
| 基因 12740 | 1.22E-05 | 1.00272 | bHLH | transcription factor bHLH144 isoform X1 |
| 基因 16285 | 6.39E-03 | -0.90251 | AP2 | AP2-like ethylene-responsive transcription factor PLT1 |
| 基因 8614 | 4.17E-06 | -2.08404 | WRKY | LOW QUALITY PROTEIN：probable WRKY transcription factor 27 |
| 基因 8260 | 5.83E-03 | -1.20454 | WRKY | probable WRKY transcription factor 70 |
| 基因 3867 | 1.09E-09 | -0.70795 | WRKY | probable WRKY transcription factor protein 1 isoform X3 |
| 基因 26136 | 4.64E-06 | -0.66771 | WRKY | probable WRKY transcription factor 69 isoform X1 |
| 基因 20240 | 4.82E-03 | -1.05808 | WRKY | probable WRKY transcription factor 70 |

## （十一）实时荧光定量 PCR 验证差异表达基因

如图 3-18 所示，左侧是表达谱文库计算出的 RPKM 值，右侧是用 RT-qPCR 测定的基因表达量。结果表明，挑选的 8 个差异基因无论是 RPKM 值，还是 RT-qPCR 测定的表达量，它们的变化趋势均相似，说明基因表达与文库计算的结果一致，数据可靠。

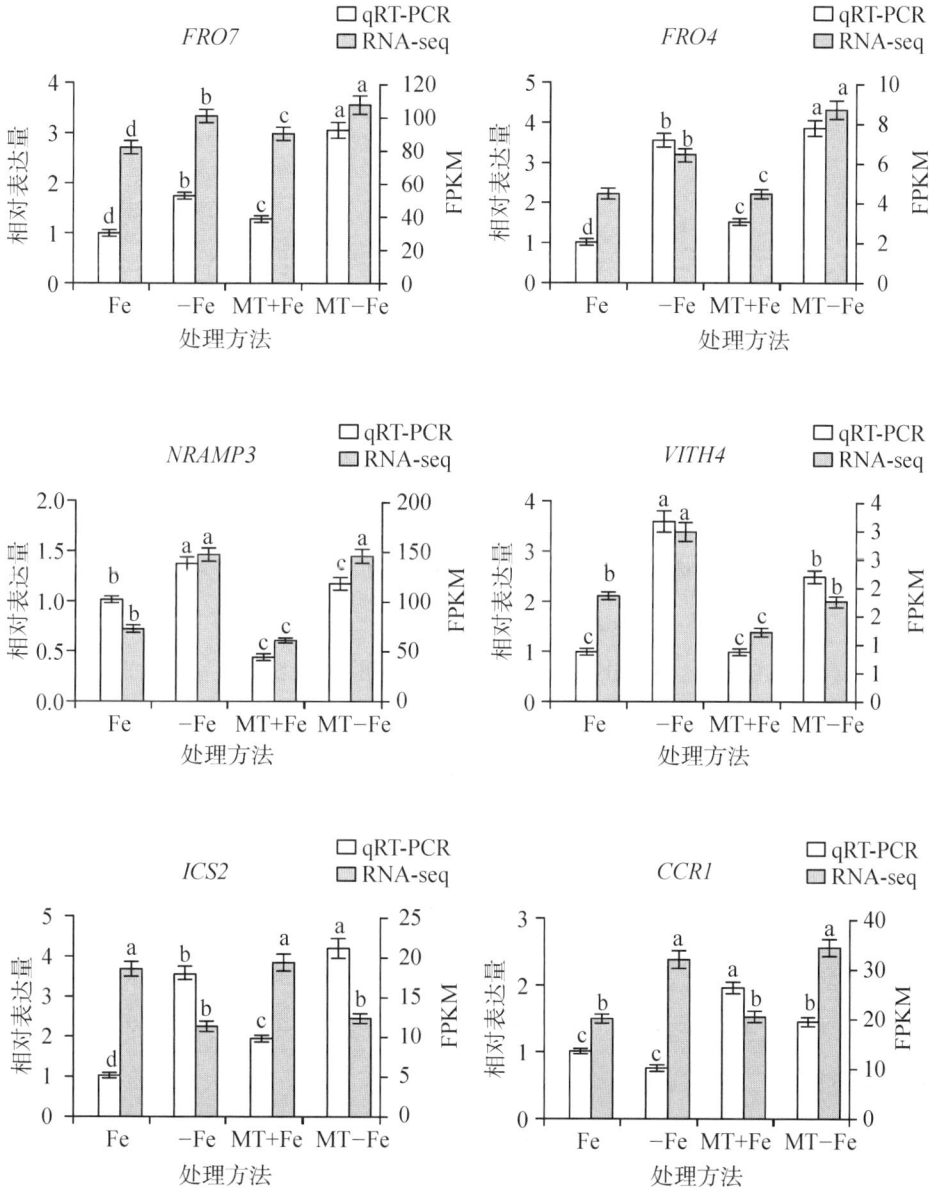

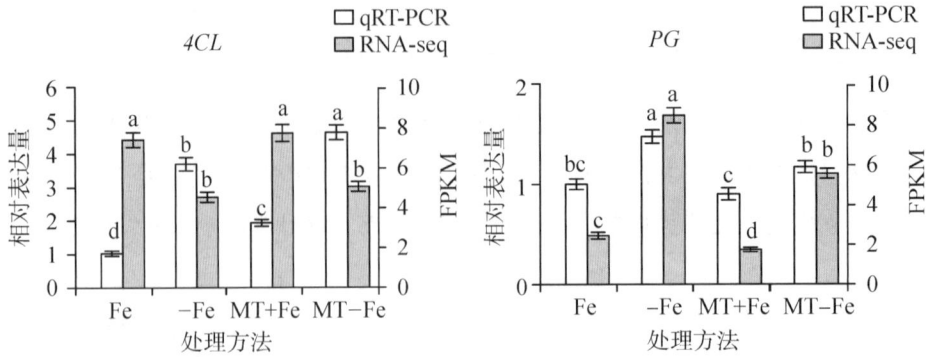

图 3-18　RT-qPCR 验证

## 三、讨论

在缺铁时，吡咯环和卟啉环的形成受到抑制，导致叶绿素合成被抑制（邹邦基等，1985；Miller et al.，1983）。缺铁时，叶绿体片层结构发生很大变化，类囊体排列紊乱，叶绿体不稳定，叶绿素含量降低（Zhou et al.，2016）。研究表明，褪黑素能够改善植物的光合作用，保持细胞膜完整性和防止叶绿素降解（徐向东等，2011）。在本试验中，褪黑素显著提高了桃苗上部叶和下部叶光合色素含量，经 Fe 条件下的褪黑素处理的桃苗植株的光合色素含量高于−Fe 条件下的褪黑素处理的植株。

当植物缺铁时，植物根系质外体铁（占根中总铁量的 75% 左右）可被植物重新利用（Bienfait et al.，1985；Zhang et al.，1991）。细胞壁是由纤维素、果胶和半纤维素等组成的聚合物（Cosgrove，2005），是根系质外体的主要组成部分，细胞壁上具有许多阳离子结合位点，可以结合大量金属阳离子，因此，根系对铁的再利用在植物耐缺铁胁迫中具有重要作用（Jin et al.，2007；Jian et al.，2008；Yang et al.，2011）。研究发现，褪黑素能够促进植物对矿质元素的吸收（Zhang et al.，2017b），主要是通过促进细胞壁铁的再活化，以提高根系和叶片的活性铁含量（Zhou et al.，2016）。在本试验中，褪黑素通过抑制桃苗 PG 和 Cx 活性，降低果胶和半纤维素含量，促进桃苗细胞壁铁、果胶铁和半纤维素铁的再活化。PAL 活性下降时伴随着植物体内的木质素含量的降低，CCR 能够将生成的三种羟基肉桂酸的 CoA 酯还原成相应的肉桂醛，然后 CAD 将其还原成三种肉桂醇（叶义全，2015；宋洪明，2015；Shen et al.，2006；Zhou et al.，2009）。本试验中，褪黑素处理较−Fe 显著降低了桃苗 PAL 和 CCR 活性，提高了 C4H 活性，对 4CL 和 CAD 活性影响不显著。这些结果表明，在缺铁情况下，褪黑素通过对细胞组分相关酶活性的调控来调节桃苗细胞壁组分释放铁。高铁还原酶能将铁还原成 $Fe^{2+}$，使介质中的 $Fe^{3+}$ 被还原为 $Fe^{2+}$ 从而被吸收进入根系细胞质中（Moog et al.，1994）。缺铁时，褪黑素提高了高铁还原酶活性，进而提高桃苗对铁的吸收效率，最终桃苗活性铁量和总铁含量显著升高，满足桃苗生长对铁的需求。

近年来 RNA-seq 技术在桃研究中应用广泛，有助于挖掘更多的新基因，揭示不同处理对桃调控机制奠定基础；（李凡，2014；何平，2016；何平等，2017；何平等，2019；王雁等，2018）。为深入了解桃吸收铁的分子机理，挖掘桃苗在不同缺铁条件下起调控作用的基因，分析转录组数据发现，Fe、-Fe、MT+Fe、MT-Fe 这 4 个表达文库的原始测序数据经过筛选共获得 80.05 GB 高质量有效数据，各样品高质量有效数据的均达到 5.88 GB，各样品的 GC% 含量均超过 45.90%，Q30 碱基百分比不低于 94.38%。通过比对分析，数据显示测序结果较好，可用于后续生物信息分析。通过对差异基因进行聚类分析发现，4 个处理样品比较组间，大多数显著差异基因的表达趋势一致，有少数基因表达趋势相反，且上调基因数量多于下调基因。将差异基因进行功能注释后发现，4 个处理比较组分别共有 806、154、147、406 条差异基因获得功能注释。在生物学过程大类中，-Fe 与 Fe 比较、MT-Fe 与-Fe 比较、MT+Fe 与 Fe 比较和 MT+Fe 与 MT-Fe 比较的基因频率较高的注释别为：代谢过程、细胞过程、单个组织过程、细胞、细胞部分、细胞膜、催化活性和结合等。该结果表明，缺铁及褪黑素处理对桃苗正常的遗传信息传递加工过程、细胞组分等产生影响，对调控细胞组分铁的存储和再利用具有重要作用。KEGG 数据分析表明，-Fe 与 Fe 比较主要参与真核生物核糖体的生物合成、光合作用和光合大线蛋白等显著富集通路，MT-Fe 与-Fe 比较主要参与氨酰 tRNA 生物合成通路，MT+Fe 与 Fe 比较主要参与内质网中的蛋白质加工和单萜生物合成等通路，而 MT+Fe 与 MT-Fe 比较主要参与光合作用天线蛋白、光合作用、泛醌和其他萜醌生物合成等通路。以上数据说明，桃苗在受到缺铁胁迫时，其应答机制复杂，且涉及多个复杂的生理过程和代谢途径，其中桃苗光合作用和光合天线蛋白通路受到严重影响，富集的差异基因多。近来的研究表明，一些转录因子作为缺铁响应信号转导路径的关键基因参与植物耐缺铁响应的调控。在表达谱文库-Fe 与 Fe、MT-Fe 与-Fe、MT+Fe 与 Fe 和 MT+Fe 与 MT-Fe 中筛选出一些差异转录因子，这些转录因子家族主要来自于 Trihelix、TCP、RAP、RADIALIS、PIF、NAC、MYB、IFH、ICE1、HY5、HSP、GATA、ERF、EF、bHLH、AP2、WRK 这 17 种不同家族。对这些转录因子进行分析，注释信息较多的有 MYB、WRKY、bHLH 等家族，表明这些转录因子家族成员参与植物铁胁迫（刘仁泽，2018）。

经过长期的进化，植物拥有一套完整的生理响应和分子调控机制来适应低铁生长环境（陈微微，2012）。有研究报道，储存于液泡内的铁元素是植物再利用铁的重要的来源，NRAMP 在植物上的主要功能是吸收转运铁离子，能受缺铁胁迫诱导而加强表达，将铁运出液泡（Curie et al.，2000；Thomine et al.，2000；Kim et al.，2006；

褪黑素与桃李生产研究

Thomine et al.，2010）；拟南芥 *AtVIT1* 位于液泡膜上，主要负责将铁从细胞质向液泡内转运，*AtVIT1* 在植物的根和地上部分均有表达（Kim et al.，2006），而 *VITH4* 基因下调意味着液泡中铁的固存减少（Cao et al.，2019）。*FRO7* 是植物在铁限制条件下获得叶绿体铁的必要条件，*FRO7* 缺陷植株在叶绿体中积累的铁较少，导致光合性能下降，严重抑制植物的生长（Jeong，2008）。*MtFRO4* 在铁充足条件下只在地上部分表达，但在铁缺乏条件下，地上部分和地下部分的表达量均升高（乔孟欣等，2019）。在本试验中，褪黑素下调了基因 *VITH4* 和 *NRAMP3* 的相对表达量，提高了基因 *FRO7* 和 *FRO4* 的相对表达量，下调了果胶代谢相关基因 PG 的相对表达量，上调了木质素代谢相关基因 *ICS2*、*CCR1* 和 *4CL* 的相对表达量。以上研究结果表明，褪黑素处理对桃苗铁吸收代谢具有调节作用，通过存储和再利用等来维持植物体内铁的稳态平衡，将桃苗体内铁离子浓度维持在最佳水平。

## 四、结论

（1）褪黑素通过降低 PG 和 Cx 活性，抑制果胶和半纤维素含量，促进桃苗细胞壁铁、果胶铁和半纤维素铁的再活化。在缺铁情况下，褪黑素通过对 PAL、CCR 和 C4H 等木质素相关酶活性的调控来调节桃苗细胞壁组分释放铁。褪黑素通过提高高铁还原酶活性进而提高桃苗对铁的吸收，最终使桃苗活性铁和总铁含量升高，提高了桃苗的光合色素含量。

（2）转录组测序研究表明，Fe、–Fe、MT+Fe、MT-Fe 这 4 个表达文库的原始测序数据经过筛选共获得 80.05 GB 高质量有效，各样品的高质量有效均达到 5.88 GB，各样品的 GC% 含量均超过 45.90%，Q30 碱基百分比不低于 94.38%。将已知序列结合 COG、GO、KEGG、KOG、NR、Pfam、Swiss-Prot 和 EggNOG 等数据库，用 Blast 软件比对分析相应的 Unigenes 注释信息。–Fe 与 Fe、MT-Fe 与 –Fe、MT+Fe 与 Fe 和 MT+Fe 与 MT-Fe 分别共有 806、154、147、406 条差异基因获得功能注释。KEGG 分析发现，这些差异基因主要集中在真核生物核糖体的生物合成、光合作用和光合天线蛋白、氨酰 tRNA 生物合成、内质网中的蛋白质加工、单萜生物合成、泛醌和其他萜醌生物合成等作用通路上。

（3）转录组测序分析表明，在表达谱文库中筛选出一些差异转录因子，发现 MYB、WRKY、bHLH、ERF、HSP 家族是注释信息较多的种类，这些转录因子家族成员也都参与植物对非生物逆境胁迫的应答。褪黑素通过降低 *NRAMP3* 和 *VITH4* 基因相对表达量、提高 *FRO7* 和 *FRO4* 基因相对表达量，来调节根系质外体铁和液泡中的铁释放与再利用。

# 第三节 褪黑素对桃结果树铁吸收的影响

## 一、材料与方法

### （一）试验材料

供试桃品种为'早蜜'，5 年生，其砧木为毛桃，种植于成都市农林科学院果园内。桃树种植方式为高垄栽培，垄宽 2 m，垄高 0.5 m，沟宽 0.5 m，种植间距为 3.5 m；修剪方式为开心形，树高 2 m，冠幅为 3 m。

果园土壤为潮土，其基本理化性质为：pH 为 7.62，有机质为 19.38 g/kg，全氮含量为 1.050 g/kg，全磷含量为 11.88 g/kg，全钾含量为 15.38 g/kg，全铁含量为 1.84 g/kg，碱解氮含量为 87.99 mg/kg，有效磷含量为 55.78 mg/kg，速效钾含量为 41.96 mg/kg，有效铁含量为 85.3 mg/kg。

### （二）试验设计

本试验于 2020 年 5～6 月在成都市农林科学院果园进行。在桃果实第一次迅速生长期（果肉细胞分裂可持续到花后 3～4 周才趋缓慢），果实硬核期（1～2 周）和果实迅速膨大期（4～5 周）期间，即约在谢花后 20、40 和 60 天对整棵桃树喷施（以滴液为度）不同浓度褪黑素 [0（对照组）、50 μmol/L、100 μmol/L、150 μmol/L、200 μmol/L] 溶液，每棵树每次喷施量为 1 L，以喷施清水作为对照组，每组处理重复 6 次（6 株）。其余管理方式按常规栽培措施进行。2020 年 6 月中旬，桃果实达到商业成熟度 80%时，对相似位置长势相对一致的当年生新梢从基部进行取样，对树体东、南、西和北 4 个方向高大小相似的果实（每个重复采 6 个果）进行采样。将采回的样品烘干用于测定铁含量。

### （三）测定项目与方法

#### 1. 新梢铁含量

以 8～10 片叶为长度将当年新梢分为基部、中部和顶部 3 部分，并将对应的 3 部分新梢分为茎秆和叶片两部分。将材料置于 105 ℃下杀青 15 min，于 75 ℃下烘干至恒重，粉碎后过 0.149 mm 筛，用于测定新梢铁含量。取粉碎后过 100 目筛的桃苗干样，用优级纯硝酸在 120 ℃ 条件下消煮至无氮氧化物释放后，再用优级纯 $HNO_3$ 和 $HClO_4$ 混合液在 180 ℃ 条件下消煮至液体澄清透明，再用电感耦合等离子体质谱法（ICP-MS）测定其铁含量即为铁含量（刘东臣等，2001）。

**2. 果实铁含量**

将果实样品切碎后置于 105 ℃ 于杀青 15 min，于 75 ℃ 下烘干至恒重，粉碎后过 0.149 mm 筛备用，用于测定果实铁含量。取粉碎后过 100 目筛的桃苗干样，用优级纯硝酸在 120 ℃ 条件下消煮至无氮氧化物释放后，再用优级纯 $HNO_3$ 和 $HClO_4$ 混合液在 180 ℃ 条件下消煮至液体澄清透明，再用电感耦合等离子体质谱法（ICP-MS）测定其铁含量即为铁含量（刘东臣等，2001）。

## （四）数据处理与统计方法

所有数据均采用 SPSS 软件进行方差分析（用新复极差法进行多重比较）。

## 二、结果与分析

### （一）桃结果树新梢铁含量

从表 3-16 可知，浓度为 100 μmol/L 的褪黑素降低了桃结果树基部茎秆铁含量，较对照降低了 15.60%，而对中部茎秆铁含量的影响不显著。浓度为 50 μmol/L、150 μmol/L、200 μmol/L 的褪黑素降对桃结果树基部茎秆铁含量的影响不显著，但提高了中部茎秆铁含量，较对照组分别提高了 16.00%、22.86% 和 20.22%。就顶部茎秆铁含量而言，浓度为 50 μmol/L、100 μmol/L、150 μmol/L、200 μmol/L 的褪黑素均提高了桃结果树顶部茎秆铁含量，较对照组分别提高了 97.41%、103.69%、131.18% 和 48.41%。

从表 3-16 还可以看出，浓度为 50 μmol/L、200 μmol/L 的褪黑素提高了桃结果树基部叶片铁含量，较对照组分别提高了 24.98%、14.36%；而浓度为 100、150 μmol/L 的褪黑素则降低了桃结果树基部叶片铁含量，较对照组分别降低了 16.31% 和 8.51%。浓度为 50 μmol/L、100 μmol/L、150 μmol/L、200 μmol/L 的褪黑素均提高了桃结果树顶部叶片铁含量，较对照组分别提高了 6.35%、17.68%、39.32% 和 7.09%。就顶部叶片铁含量而言，浓度为 50 μmol/L、150 μmol/L 的褪黑素均提高了桃结果树顶部叶片铁含量，较对照组分别提高了 8.51% 和 12.30%，而浓度为 100 μmol/L、200 μmol/L 的褪黑素对桃结果树顶部叶片铁含量的影响不显著。

表 3-16　桃结果树铁含量

| 褪黑素浓度（μmol/L） | 茎秆/（mg/kg） | | | 叶片/（mg/kg） | | |
|---|---|---|---|---|---|---|
| | 基部 | 中部 | 顶部 | 基部 | 中部 | 顶部 |
| 0 | 106.1±3.431a | 80.40±2.788b | 100.4±0.589e | 109.3±3.694c | 108.6±3.097d | 105.7±2.399cd |
| 50 | 105.3±2.826a | 93.26±2.107a | 198.2±1.694c | 136.6±3.047a | 115.5±3.358c | 114.7±0.835ab |
| 100 | 89.55±2.138b | 80.93±3.363b | 204.5±2.965b | 91.47±2.691e | 127.8±0.196b | 102.5±5.981d |
| 150 | 101.4±3.447a | 98.78±3.375a | 232.1±2.461a | 100.0±2.814d | 151.3±5.473a | 118.7±4.443a |
| 200 | 105.1±2.756a | 96.66±3.103a | 149.0±6.026d | 125.0±5.314b | 116.3±2.122c | 110.4±2.993bc |

## （二）桃果实铁含量

从图 3-19 可以看出，不同浓度的褪黑素对桃果实铁含量的影响不同。从总体上看，对桃果实铁含量影响从大到小的褪黑素浓度大小顺序为：150 μmol/L > 100 μmol/L > 0 μmol/L > 50 μmol/L > 200 μmol/L。浓度为 100 μmol/L、150 μmol/L 的褪黑素提高了桃果实铁含量，较对照组分别提高了 5.34% 和 25.32%。浓度为 50 μmol/L、200 μmol/L 的褪黑素降低了桃果实铁含量，较对照组分别降低了 8.20% 和 10.73%。

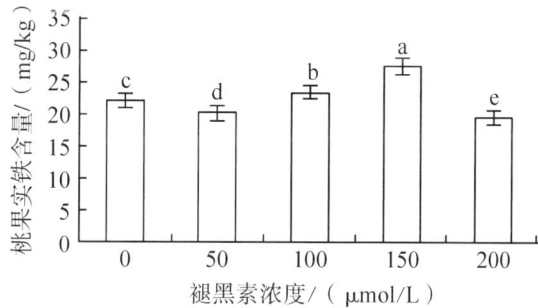

图 3-19　桃果实铁含量

# 三、讨论

在缺铁胁迫条件下，叶面喷施浓度为 100 mg/kg 的褪黑素可以缓解干旱对苹果幼苗的影响，提高苹果幼桃苗抗旱性（厉恩茂等，2019），而浓度为 100 μmol/L 褪黑素能够缓解氯化钠胁迫对宝岛蕉幼苗的伤害（刘跃威等，2020）。目前，外源褪黑对桃果实的研究主要集中在桃果实采后冷害的机理方面，100 μmol/L 的外源褪黑素可有效延缓果实衰老，提高果实抵御低温胁迫的能力和贮藏品质（Gao et al.，2016）。在本试验中，不同浓度的褪黑素处理在总体上促进桃基部茎秆和叶片中铁向桃中部和顶部茎秆运输，且均在浓度为 150 μmol/L 时褪黑素转移效果最好。不同浓度的褪黑素处理对桃果实与桃苗铁吸收效果相似，其中，浓度为 100 μmol/L、150 μmol/L 的褪黑素提高了桃果实铁含量累。因此，褪黑素可用于桃生产，促进桃对铁的吸收与积累。

## 四、结论

不同浓度的褪黑素处理在总体上促进桃基部茎秆和叶片中铁向桃中部和顶部茎秆运输，且均在浓度为 150 μmol/L 时褪黑素转移效果最好。浓度为 100 μmol/L、150 μmol/L 的褪黑素促进了桃果实铁的积累。

# 参考文献

［1］曹建康，姜微波，赵玉梅. 果蔬采后生理生化实验指导［M］. 北京：中国轻工业出版社，2007.

［2］陈微微. 拟南芥缺铁响应细胞信号转导调控因子研究［D］. 杭州：浙江大学，2012.

［3］何平，李林光，王海波，等. 桃（*Prunus persica*［L.］Batch）转录组 SSR 信息分析及其分子标记开发［J］. 分子植物育种，2016，14（11）：3130-3135.

［4］何平，李林光，王海波，等. 遮光性套袋对桃果实转录组的影响［J］. 中国农业科学，2017，50（6）：1088-1097.

［5］何平，李林光，王海波，等. 基于转录组分析不同着色桃果皮花青苷表达模式与转录因子［J］. 植物生理学报，2019，55（3）：310-318.

［6］雷贵杰. 脱落酸在拟南芥内源铁再利用中的作用［D］. 杭州：浙江大学，2014.

［7］李凡. 观赏桃"金陵锦桃"的间色机制初步研究［D］. 南京：南京农业大学，2014.

［8］李欢. 枣果实成熟软化的细胞壁物质代谢及其基因表达研究［D］. 咸阳：西北农林科技大学，2017.

［9］厉恩茂，李敏，安秀红，等. 叶面喷施褪黑素对干旱胁迫下苹果抗旱生理生化指标的影响［J］. 中国南方果树，2019，48（4）：95-98.

［10］刘东臣，刘藏珍，谭俊璞，等. 苹果花中活性铁与树体铁营养状况相关性研究［J］. 河北农业大学学报，2001，24（3）：31-34.

［11］刘仁泽. 铁胁迫下紫花苜蓿转录组分析及关键功能基因的挖掘［D］. 哈尔

滨：哈尔滨师范大学，2018.

[12] 刘跃威，吴俊琛，程石，等. 不同浓度褪黑素对氯化钠胁迫下宝岛蕉幼苗的影响 [J]. 中国南方果树，2020，49（2）：49-53.

[13] 乔孟欣，李素贞，陈景堂. 植物铁还原酶基因 FRO 的研究进展 [J]. 生物技术通报，2019，35（7）：162-171.

[14] 宋洪明. 一氧化氮（NO）介导根尖木质素代谢响应水稻耐 Al 的作用机制 [D]. 杭州：浙江师范大学，2015.

[15] 王明元. 丛枝菌根真菌对柑橘铁吸收的效应及其作用机理 [D]. 武汉：华中农业大学，2008.

[16] 王雁，丁义峰，王小贝，等. 桃 PpGLV 家族生物信息学及其多肽参与生长素与乙烯相互作用分析 [C]. 中国园艺学会 2018 年学术年会论文摘要集，2018.

[17] 吴启，朱晓芳，沈仁芳. 硼促进缺铁条件下拟南芥根系细胞壁铁的再利用 [J]. 植物营养与肥料学报，2019，25（2）：264-273.

[18] 熊庆娥. 植物生理学实验教程 [M]. 成都：四川科学技术出版社，2003.

[19] 徐向东，孙艳，郭晓芹，等. 高温胁迫下外源褪黑素对黄瓜幼苗光合作用及叶绿素荧光的影响 [J]. 核农学报，2011，（1）：179-184.

[19] 叶义全. 蔗糖和一氧化氮对植物缺铁响应的调控作用及其机制 [D]. 杭州：浙江大学，2015.

[20] 张春华，俞明亮，马瑞娟，等. 桃不同发育时期主要糖类含量和蔗糖合成酶基因表达水平的动态变化 [J]. 江苏农业学报，2014，30（6）：1456-1463.

[21] 庄维兵，刘天宇，束小春，等. 褪黑素在植物生长发育过程中与植物激素的关系 [J]. 安徽农业科学，2018，46（31）：12-16.

[22] 宗亚奇. 葡萄 Fe 吸收、转运与分配基因的克隆、生物信息学与表达模式分析 [D]. 烟台：烟台大学，2021.

[23] 邹邦基，何雪晖. 植物的营养 [M]. 北京：中国农业出版社，1985.

[24] 左元梅，张福锁. 不同禾本科作物与花生混作对花生根系质外体铁的累积和还原力的影响 [J]. 应用生态学报，2004，15（2）：221-225.

[25] AHAMMED G J, WU M J, WANG Y Q, et al. Melatonin alleviates iron stress by improving iron homeostasis, antioxidant defense and secondary metabolism in cucumber [J]. Scientia Horticulturae, 2020, 265：109205.

[26] BIENFAIT H F, VAN D, MESLAND-MUL N T. Free space iron pools in roots：generation and mobilization [J]. Plant Physiology, 1985, 78（3）：596-600.

[27] CAO Q Q, U C, JIANG Q, et al. Comparative transcriptome analysis reveals

key genes responsible for the homeostasis of iron and other divalent metals in peanut roots under iron deficiency [J]. Plant and Soil, 2019, 445 (1): 513-531.

[28] CHEN L, LIU L, LU B, et al. Exogenous melatonin promotes seed germination and osmotic regulation under salt stress in cotton ( *Gossypium hirsutum L.* ) [J]. PLoS One, 2020, 15 (1): e0228241.

[29] COSGROVE D. Growth of the plant cell wall [J]. Nature reviews, Molecular cell biology, 2005, 6 (11): 850-861.

[30] CURIE C, ALONSO J M, JEAN M L, et al. Involvement of *NRAMP1* from *Arabidopsis thaliana* in iron transport [J]. Biochemical Journal, 2000, 347: 749-755.

[31] CURIE C, BRIAT J F. Iron transport and signaling in plants [J]. Annual Review of Plant Physiology and Plant Molecular Biology, 2003, 54 (1): 183-206.

[32] ERDAL S. Melatonin promotes plant growth by maintaining integration and coordination between carbon and nitrogen metabolisms [J]. Plant Cell Reports, 2019, 38 (8): 1001-1012.

[33] GAO Q H, JIA S S, MIAO Y M, et al. Effects of exogenous melatonin on nitrogen metabolism and osmotic adjustment substances of melon seedlings under sub-low temperature [J]. Journal of Applied Ecology, 2016, 27 (2): 519-24.

[34] HAN Q H, HUANG B, DING C B, et al. Effects of melatonin on anti-oxidative systems and photosystem Ⅱ in cold-stressed rice seedlings [J]. Frontiers in Plant Science, 2017, 8: 785.

[35] HASAN M K, AHAMMED G J, YIN L L, et al. Melatonin mitigates cadmium phytotoxicity through modulation of phytochelatins biosynthesis, vacuolar sequestration, and antioxidant potential in *Solanum lycopersicum L.* [J]. Frontiers in Plant Science, 2015, 6 (8): 601.

[36] JEONG J, COHU C, KERKEB L, et al. Chloroplast Fe ( Ⅲ ) chelate reductase activity is essential for seedling viability under iron limiting conditions [J]. Proceedings of the National Academy of Sciences of the United States of America, 2008, 105 (30): 10619-0624.

[37] JEONG J, GUERINOT M L. Homing in on iron homeostasis in plants [J]. Trends in Plant Science, 2009, 14 (5): 280-285.

[38] JIAN L Y, LI Y Y, YUE J Z, et al. Cell wall polysaccharides are specifically involved in the exclusion of aluminum from the rice root apex [J]. Plant Physiology, 2008, 146 (2): 602-611.

［39］JIN C, YOU G, HE Y, et al. Iron deficiency-induced secretion of phenolics facilitates the reutilization of root apoplastic iron in red clover ［J］. Plant Physiology, 2007, 144（1）: 278-285.

［40］KIM S A, PUNSHON T, LANZIROTTI A, et al. Localization of iron in *Arabidopsis* seed requires the vacuolar membrane transporter *VIT1* ［J］. Science, 2006, 314（5803）: 1295-1298.

［41］KIN D P A, FUENTES M, GARCIA-MINA J, et al. The effect of humic acids and their complexes with iron on the functional status of plants grown under iron deficiency ［J］. Eurasian Soil Science, 2016, 49（10）: 1099-1108.

［42］LIU J L, ZHANG R M, SUN Y K, et al. The beneficial effects of exogenous melatonin on tomato fruit properties ［J］. Scientia Horticulturae, 2016, 207: 14-20.

［43］MILLER G W, PUSHNIK J C. Iron chlorosis: the role of iron in chlorophyll formation ［J］. Utah Science – Utah Agricultural Experiment Station, 1983, 44（4）: 98-103.

［44］MOOG P R, BRÜGGEMANN W. Iron reductase systems on the plant plasma membrane-A review ［J］. Plant and Soil, 1994, 165（2）: 241-260.

［45］NI J, WANG Q J, SHAH F A, et al. Exogenous melatonin confers cadmium tolerance by counterbalancing the hydrogen peroxide homeostasis in wheat seedlings ［J］. Molecules, 2018, 23（4）: 799.

［46］PELAGIO-FLORES R, MUNOZ-PARRA E, ORTIZ-CASTRO R, et al. Melatonin regulates *Arabidopsis* root system architecture likely acting independently of auxin signaling ［J］. Journal of Pineal Research, 2012, 53（3）: 279-288.

［47］SHEN Q, KONG F, WANG Q. Effect of modified atmosphere packaging on the browning and lignification of bamboo shoots ［J］. Journal of Food Engineering, 2006, 77（2）: 348-354.

［48］TESSIER A, CAMPBELL P G C, BISSON M. Sequential extraction procedure for the speciation of particulate trace metals ［J］. Analytical Chemistry, 1979, 51（7）: 844-851.

［49］THOMINE S, LELIÈVRE F, DEBARBIEUX E, et al. *AtNRAMP3*, a multispecific vacuolar metal transporter involved in plant responses to iron deficiency ［J］. The Plant Journal, 2010, 34（5）: 685-695.

［50］THOMINE S, WANG R, WARD J M, et al. Cadmium and iron transport by members of a plant metal transporter family in *Arabidopsis* with homology to *Nramp* genes

[J]. Proceedings of the National Academy of Sciences, 2000, 97 (9): 4991-4996.

[51] TURK H, ERDAL S. Melatonin alleviates cold-induced oxidative damage in maize seedlings by up-regulating mineral elements and enhancing antioxidant activity [J]. Journal of Plant Nutrition and Soil Science, 2015, 178 (3): 433-439.

[52] YANG J L, ZHU X F, PENG Y X, et al. Cell wall hemicellulose contributes significantly to aluminum adsorption and root growth in *Arabidopsis* [J]. Plant Physiology, 2011, 155 (4): 1885-1892.

[53] YANG L, SUN Q, WANG Y, et al. Global transcriptomic network of melatonin regulated root growth in *Arabidopsis* [J]. Gene, 2021, 764: 145082.

[54] ZHANG F S, MARSCHNER V R. Role of the root apoplasm for iron acquisition by wheat plants [J]. Plant Physiology, 1991, 97 (4): 1302-1305.

[55] ZHANG J C, WANG X N, SUN W, et al. Phosphate regulates malate/citrate - mediated iron uptake and transport in apple [J]. Plant Science, 2020, 297: 110526.

[55] ZHANG J R, ZENG B J, MAO Y W, et al. Melatonin alleviates aluminium toxicity through modulating antioxidative enzymes and enhancing organic acid anion exudation in soybean [J]. Functional Plant Biology, 2017a, 44 (10): 961-968.

[56] ZHANG N, ZHANG H J, ZHAO B, et al. The RNA-seq approach to discriminate gene expression profiles in response to melatonin on cucumber lateral root formation [J]. Journal of Pineal Research, 2014, 56 (1): 39-50.

[57] ZHANG N, ZHAO B, ZHANG, H J, et al. Melatonin promotes water-stress tolerance, lateral root formation, and seed germination in cucumber (*Cucumis sativus* L. ) [J]. Journal of Pineal Research, 2013, 54 (1): 15-23.

[58] ZHANG R M, SUN Y K, LIU Z Y, et al. Effects of melatonin on seedling growth, mineral nutrition, and seed germination in cucumber (*Cucumis sativus* L. ) [J]. Journal of Pineal Research, 2017b, 54: 15-23.

[59] ZHOU C, LIU Z, ZHU L, et al. Exogenous melatonin improves plant iron deficiency tolerance via increased accumulation of polyamine-mediated nitric oxide [J]. International Journal of Molecular Sciences, 2016, 17 (11): 1777.

[60] ZHOU J, LEE C, ZHONG R, et al. MYB58 and MYB63 are transcriptional activators of the lignin biosynthetic pathway during secondary cell wall formation in *Arabidopsis* [J]. The Plant cell, 2009, 21 (1): 248-266.

# 第四章
## 褪黑素对李果实细胞壁代谢的影响

## 一、材料与方法

### (一) 试验材料

试验地点位于四川省成都市龙泉驿区西河镇,该地区属亚热带湿润季风气候,年平均气温为 17 ℃,最高气温为 40 ℃,最低气温为 -2 ℃。年平均降水量为 1089 mm,雨量充沛,日照偏少,无霜期较长。试验材料为当地果园种植的 4 年生'羌脆大李',其砧木为毛桃,树高、长势、坐果率基本一致,管理均一、无病虫害、株行距 3 m×4 m。

### (二) 试验设计

本试验于 2022 年 5—6 月开展,选取长势一致的'羌脆大李'结果树,以单棵树作为一个重复,每组处理 3 个生物学重复,于花后 90 天时采用整株喷施的方法,在晴天的傍晚向整株树喷施 100 μmol/L 的褪黑素 (Qu et al., 2022; Cao et al., 2018),直至叶片滴水为止,对照组喷施相应体积的清水,其他按常规管理,一周后喷施第 2 次,共喷施两次。第一次处理当天开始进行采样,每周采样一次,直至李果实成熟。每次采样按照东、南、西、北各个方位随机采取中等大小果实,每次每棵树采果 27 个,其中 12 个用于质构测定,其余 15 个采后立即运回实验室测定相关指标,之后将李果实切碎混匀,立即在液氮中冷冻,储存于 -80 ℃ 超低温冰箱,用于测定后续指标。

### (三) 测定项目与方法

#### 1. 李果实质地结构

从处理组和对照组中各随机选取李果实 12 个用于质构分析,用直径为 10 mm 的打孔器切取李果肉部分,保留果皮以下 9 mm 厚的果肉部分,使用 TA. XTC-18 型质构仪，选用 TA/2R 圆盘探头，进行 TPA 全质构分析，测试类型为下压，测试目标为形变，形变指数为 20%，测试速度为 0.8 mm/s，随机选取 4 个李果实为一组，重复 3 次，测定李果实的弹性、咀嚼性、胶着性和内聚性（孙英杰等，2021）。选用 TA/2N 针型探头对李果实赤道部位进行穿刺分析，测定其果实硬度和果肉硬度，测试类型为下压，测试目标为位移，测试深度为 6 mm，测试速度为 2 mm/s，随机选取 4 个果实为一组，重复 3 次。

**2. 细胞壁物质含量**

（1）细胞壁物质的提取

细胞壁物质的提取参照肖望等（2020）的方法，略有改进：将样品在 75 ℃下烘干，粉碎后过 40 目筛。称取过筛后的干样 1 g 于离心管中，加入 30 mL 80% 的乙醇，煮沸 25 min，冷却后再用 30 mL 80% 的乙醇洗涤、沉淀 1～2 次。真空抽滤，用 80% 的乙醇冲洗滤渣。之后，用 30 mL 90% 的二甲亚砜浸泡过夜。抽滤，用丙酮浸泡滤渣 10～20 min，充分去除二甲亚砜，真空抽滤，用丙酮冲洗滤渣，将滤渣烘干至恒重，即为细胞壁物质。

（2）果胶的提取及含量测定

果胶的提取参照尚海涛（2011）的方法稍作修改：称取 0.05 g 细胞壁物质并加入 5 mL 去离子水，震荡 6 h，之后于 10,000 r/min 下离心，得到含水溶性果胶的上清液。将上清液转移至离心管中待测。向上一步的残渣中加入含 50 mmol/L EDTA、pH 为 6.5 的 50 mmol/L 的醋酸钠缓冲液，震荡 6 h 后，于 10,000 r/min 下离心，得到含离子结合性果胶的上清液。将上清液转移至离心管中，加入活性炭脱色后待测。最后向残渣中加入含 2 mmol/L EDTA 的 50 mmol/L 的碳酸钠溶液，震荡 6 h 后，于 10,000 r/min 下离心，得到含共价结合性果胶的上清液。将上清液转移至离心管中加入活性炭脱色后待测。

果胶含量测定参考曹建康等（2007）的方法，采用咔唑乙醇比色法进行测定。准备玻璃试管若干，加入果胶提取液和超纯水，然后小心地沿管壁加入 6 mL 的优级纯浓硫酸，在沸水浴中加热，然后加入 1.5 g/L 的咔唑乙醇溶液，充分摇匀。避光放置 30 min，于 530 nm 波长处测定吸光光度值，然后分别计算水溶性果胶、离子结合性果胶和共价结合性果胶的含量。

（3）半纤维素和纤维素的提取及含量测定

参考李娇娇（2015）的方法，略加修改。向提取完果胶的残渣中再加入含 100 mmol/L 硼氢化钠的 100 mmol/L 的氢氧化钠溶液，震荡 6 h 后，于 10,000 r/min 下离心，得到含半纤维素的上清液。向半纤维素上清液中加入 2 mol/L 的硫酸，于沸水浴中水解 2 h，得到水解后的半纤维素。提取完半纤维素的残渣即为纤维素，向残渣中加入 80% 的硫酸，放置 2 h 后加入适量活性炭，再加入超纯水，在沸水浴中水解 2 h，过滤后即得到含纤维素的待测液。

半纤维素和纤维素含量测定参考熊庆娥（2002）的方法，采用蒽酮-乙酸乙酯比色法进行测定：取 0.5 mL 样品提取液于试管中，加入 1.5 mL 蒸馏水，再加入 0.5 mL 蒽酮-乙酸乙酯和 5 mL 浓硫酸，充分震荡后于沸水浴中保温一分钟，取出，自然冷却至室温后，于 630 nm 波长处测定吸光值并计算半纤维素和纤维素含量。

（4）木质素含量

参照古湘（2016）的方法并稍作改动：称取烘干并过筛后的干样 10 mg，加入 25% 的乙酸-乙酰溴溶液，置于 70 ℃ 水浴中 30 min。冷却后加入 2 mol/L 的氢氧化钠溶液和 7.5 mol/L 的盐酸羟胺溶液，在 280 nm 波长处测定吸光度值，并计算木质素含量。

### 3. 细胞壁代谢酶活性

（1）果胶甲酯酶（PME）活性

采用 PME 试剂盒（苏州格锐思生物科技有限公司）。称取 0.5 g 新鲜果肉样品，加入 1.5 mL 提取液进行冰浴研磨，于 12,000 r/min、4 ℃ 下离心 15 min，取上清液待测。取 1 mL 上清液于试管中，依次向试管中加入 25 μL 酚酞和 4 mL 果胶，混合均匀，并用氢氧化钠调 pH 至 7.8（粉红色）。之后将试管于 37 ℃ 下保温 60 min，每隔 20 min 用氢氧化钠调节 pH，使其维持在 7.8（粉红色），同时记录所消耗的氢氧化钠的体积，并计算 PME 活性。

（2）果胶裂解酶（PL）活性

采用 PL 试剂盒（苏州格锐思生物科技有限公司）进行测定。称取 0.2 g 新鲜果肉样品，加入 1 mL Tris-HCl 提取液，进行冰浴研磨。然后于 12,000 r/min、4 ℃ 下离心 10 min，吸取上清液待测。向测定管中加入 600 μL 的果胶和 100 μL 的上清液，向对照管中加入 600 μL 的 Tris-HCl 和 100 μL 的上清液。混匀，置于 50 ℃ 水浴中 30 min，取出，冷却至室温后分别向测定管和对照管中加入 300 μL 浓盐酸，充分混匀，在 235 nm 下测定吸光度值，并计算 PL 活性。

（3）多聚半乳糖醛酸酶（PG）活性

采用 PG 试剂盒（苏州格锐思生物科技有限公司）进行测定。称取 1 g 新鲜果肉样品，加入 1 mL 95% 的乙醇进行冰浴研磨，于 4 ℃ 下放置 10 min，然后于 12,000 r/min 下离心 10 min，弃上清，留沉淀，向沉淀中加入 80% 的乙醇，混匀后于 4 ℃ 下放置 10 min，于 12,000 r/min 下离心 5 min，弃上清，留沉淀，最后向沉淀中加入 1 mL 氯化钠+乙酸缓冲液，涡旋混匀后于 4 ℃ 下放置 10 min，然后于 12,000 r/min、4 ℃ 下离心 10 min，上清液即为待测液。向测定管中加入 80 μL 的待测液和 370 μL 的多聚半乳糖醛酸，向对照管中加入 80 μL 的待测液和 370 μL 的乙酸缓冲液，置于 40 ℃水浴中 30 min，之后分别向测定管和对照管中加入 450 μL 的 DNS 显色剂，然后置于沸水浴中 5 min，冷却后在 540 nm 下测定吸光度值，并计算 PG 活性。

（4）β-半乳糖苷酶（β-GAL）活性

采用 β-GAL 试剂盒（苏州格锐思生物科技有限公司）进行测定。称取 0.5 g 新鲜果肉样品，加入 1 mL 柠檬酸-磷酸缓冲液进行冰浴研磨，于 12,000 r/min、4 ℃下离心 15 min，取上清液待测。向测定管中依次加入 10 μL 上清液、25 μL 对硝基苯-β-D 吡喃半乳糖苷和 35 μL 柠檬酸-磷酸缓冲液，向对照管中依次加入 10 μL 上清液、25 μL 蒸馏水和 35 μL 柠檬酸-磷酸缓冲液。迅速混匀，于 37 ℃下保温 30 min，向测定管和对照管分别加入 180 μL 碳酸钠。充分混匀，在 405 nm 下测定吸光度值，并计算 β-GAL 活性。

（5）木葡聚糖内糖基转移/水解酶（XTH）活性

使用 XTH ELISA 试剂盒（江苏酶免实业有限公司）进行测定。将李果实充分研磨后取上清液，将 XTH 抗体和样品分别加入到微孔板中，置于 37 ℃水浴中 30 min，洗涤微孔板 5 次后，加入酶标试剂，置于 37 ℃水浴中 30 min，再次洗涤微孔板 5 次，加入显色液，于 37 ℃下显色 10 min，然后向微孔板中加入反应终止液以停止反应，于 450 nm 处测定吸光度值，并计算 XTH 活性。

（6）α-L-阿拉伯呋喃糖苷酶（α-AF）活性

使用植物 α-AF ELISA 试剂盒（江苏酶免实业有限公司）进行测定。将李果实充分研磨后取上清液，将 α-AF 抗体和样品分别加入到微孔板中，置于 37 ℃水浴中 30 min，洗涤微孔板 5 次后，加入酶标试剂，置于 37 ℃水浴中 30 min，再次洗涤微孔板 5 次，加入显色液，于 37 ℃下显色 10 min，然后向微孔板中加入反应终止液以停止反应，于 450 nm 处测定吸光度值并计算 α-AF 活性。

（7）内切-β-1,4-葡聚糖酶（EG）活性

采用 EG 试剂盒（苏州格锐思生物科技有限公司）进行测定。称取 1 g 新鲜果肉样品，加入 1 mL 95% 的乙醇进行冰浴研磨，于 4 ℃下放置 10 min，然后于 12,000 r/min 下离心，弃上清，留沉淀，再加入 80% 乙醇，冰浴 10 min，于 12,000 r/min 下离心 5 min，弃上清，留沉淀，最后向沉淀中加入 1 mL 氯化钠+乙酸缓冲液，混匀后冰浴 10 min，之后于 12,000 r/min 下离心，上清液即为待测液。向测定管和对照管中分别加入 100 μL 的待测液，向测定管中加入 300 μL 的羧甲基纤维素钠，向对照管中加入 300 μL 的柠檬酸缓冲液，于 37 ℃下保温 30 min，然后向测定管和对照管中加入 300

μL 的 DNS 显色液。置于 95 ℃水浴中 5 min，冷却后在 540 nm 处测定吸光度值，并计算 EG 活性。

**4. 褪黑素含量**

使用植物褪黑素 ELISA 试剂盒（江苏酶免实业有限公司）进行测定。将李果实充分研磨后取上清液，将褪黑素抗体和样品分别加入到微孔板中，置于 37 ℃水浴中 30 min，洗涤微孔板 5 次后，加入酶标试剂，置于 37 ℃水浴中 30 min，再次洗涤微孔板 5 次，加入显色液，于 37 ℃下显色 10 min，然后向微孔板中加入反应终止液以停止反应，于 450 nm 处测定吸光度值并计算褪黑素含量。

**5. 转录组测序及分析**

（1）转录组测序

综合分析前面细胞壁代谢相关指标的情况，经褪黑素处理后第 21 天和 28 天，李果实的质地结构、细胞壁物质含量和细胞壁代谢酶活性差异较大。选择褪黑素处理后第 21 天和 28 天这两个时期的样品进行转录组测序，测序工作委托北京百迈客生物科技有限公司进行，测序实验流程包括总 RNA 检测，mRNA 富集，mRNA 打断、末端修复、加 A 尾和接头，片段选择和 PCR 富集，文库控制以及 Illumina 测序。

（2）差异表达基因（DEGs）数据分析

测序后，对获得的原始数据进行处理，获得高质量有效数据。然后，通过 Hisat2 与参考基因组序列进行比较。随后，使用 DESeq2 进行处理组间的差异表达分析。经校正，$P < 0.01$ 且差异倍数非冗余蛋白质序列数据库 ≥ 2 的基因为差异表达基因。最后，基因功能通过序列比对 NCBI 差异倍数非冗余蛋白质序列数据库、KEGG 正交群数据基因本体论等进行注释和功能富集等分析。

根据李果实转录组中差异表达基因 KEGG 通路富集分析和 GO 富集分析，选择与李果实细胞壁代谢相关的通路，筛选出与细胞壁代谢相关的差异基因。

（3）DEGs 实时荧光定量

参照李鹏鹤（2015）的方法进行 RNA 提取，稍作修改：称取 4 g 左右果肉，向其中加入少量的 PVPP 粉末，用液氮研磨。向离心管中加入半管研磨好的果肉，再向管中加入 1 mL 65 ℃的 CTAB 和 5 μL 巯基乙醇。然后置于 65 ℃水浴中 30 min。冷却后于 16,000 r/min 下离心 5 min，取上清液，向其中加入等体积的三氯甲烷，剧烈摇晃，充分混匀后于 16,000 r/min 下离心 5 min。再取上清液，向其中加入等体积的氯化锂，混匀后于 4 ℃下放置 1 h。于 13,000 r/min、4 ℃下离心 10 min，沉淀即为粗 RNA。加入 75%乙醇洗涤 RNA 沉淀，瞬离后除去乙醇，吹干沉淀，向其中加入 30 μL 的 DEPC-H$_2$O 以使沉淀溶解。用微量蛋白仪检测 RNA 浓度，用琼脂糖凝胶电泳检测 RNA 的完整性。

使用北京聚合美生物科技有限公司 M5 Super plus qPCR RT kit with gDNA remover 试剂盒合成 cDNA。向反应管中加入 10x gDNA plus remover mix 和 RNA 模板，并用 DEPC-ddH$_2$O 补足至 10 μl，于 42 ℃下温育 2 min，再向管中加入 5x M5 RT super plus mix 和 DEPC-ddH$_2$O，混匀后于 37 ℃下保温 15 min，于 85 ℃下加热 5 s 使酶失活后冷冻保存。

使用北京聚合美生物科技有限公司 2X M5 HiPer SYBR Premix EsTaq（with Tli RNaseH）试剂盒进行 RT-qPCR 验证。向反应管中加入 cDNA、2x M5 HiPer SYBR Premix EsTaq（with Tli RNaseH）、引物 1，引物 2 和 ddH$_2$O。根据基因组网站提供的参照基因序列以及荧光定量引物设计原则，使用 Primer primer5.0 软件设计简并引物（表 4-1）。以 CAC 作为内参基因，反应结束后分析扩增曲线和熔解曲线，采用 $2^{-\Delta\Delta CT}$ 法（Livak et al.，2001）计算各样品中相关基因的表达水平，所选择的基因为参与细胞壁代谢的部分差异表达基因，采用 t 检验对数据进行显著性分析。

表 4-1　RT-qPCR 引物序列表

| 基因名称 | 前引物序列（5'-3'） | 后引物序列（5'-3'） | 退火温度／（℃） |
|---|---|---|---|
| PPE8B | TTTCCGACTGCCTTGATT | TTGCCCTTCTGATTCTGG | 52.30 |
| RCA | GCACCGCTGAGCCTAAAT | TTCCACCTCTGCTACAATCCTG | 57.17 |
| XTH23 | GCTTCTTACGCTGTCCCT | GCTCCAATCTGCCTTCAC | 54.36 |
| PME | GCCGCTCTTCACGACTGCT | CATTCTCCGCTCGCTTGGT | 60.43 |
| At4g24780 | GCAGAGGCTGGCAGATTG | CGACCGTCGATGGTCTTG | 56.85 |
| GSVIVT00026920001 | TGGTGGGATTGGTTTAGC | ATAAGGCGACTCTGGAGG | 52.59 |
| BGAL8 | TGGAACAGGAAACGGTAA | CTGAAGCCCAACAGTCAA | 51.31 |
| XTH23d | CAAAGAGCAGCAGTTCTACCT | GCCCAGTCATCAGCGTTC | 56.76 |
| BGAL1 | TGCTCCTGGTGGTGTTGT | TCCTTCCTTGGCTTTCTG | 53.42 |
| PECS-1.1 | GAGAAGCAGAGGTCAGGGT | GAGAAGCAGAGGTCAGGGT | 56.05 |
| Xyl2 | TTTGAGAACCCTTTGGCTGAT | TTGGGAAGAGGTATGACTGGAT | 55.56 |
| GSVIVT00026920001 | AAGGTGAATTGTGGTGGCA | CTGCTGTAAACGGGATGG | 53.48 |
| BGLU41 | AAGTACCAGAACCCTCCG | AAACCGAACAGTGTAGCC | 52.26 |
| BGLU11 | GGACCTGTCAACCCGAAGG | CGTTGTGGCGGAAGAAAT | 54.87 |
| CAC | GGGATACGCTACAAGAAGAATGAG | CTTACACTCTGGCATACCACTCAA | 58.65 |

（四）数据处理与统计方法

使用 SPSS 27.0 进行方差分析，采用 t 检验行显著性分析。使用 Origin 2019 和 Excel 2010 绘图。

## 二、结果与分析

### (一) 褪黑素对李果实质地的影响

由图 4-1 可知，喷施褪黑素前期，李果实硬度变化不显著，到经褪黑素处理后的第 21 天，李果实硬度显著高于对照组，较对照组提高了 4.09%；到处理后的第 28 天，李果实硬度显著降低，较对照组降低了 4.85%。果肉硬度在李果实发育到成熟的过程中呈逐渐降低的趋势，经褪黑素处理后的果肉硬度变化与果实硬度变化一致，处理后第 21 天，果肉硬度极显著高于对照组，较对照组提高了 7.15%；处理后第 28 天，果肉硬度极显著低于对照组，降低了 14.43%。经褪黑素处理后第 7 天、14 天和 21 天，李果实弹性无显著变化；到处理后第 28 天，李果实弹性显著降低，较对照组降低了 5.68%。李果实发育到成熟的过程中，其果实咀嚼性不断降低，经褪黑素处理后第 14 天李果实咀嚼性显著提高，较对照组提高了 19.63%；在处理后第 28 天，李果实咀嚼性显著降低，较对照组降低了 13.66%。与对照组相比，经褪黑素处理后第 21 天和 28 天显著和极显著降低了李果实胶着性，分别降低了 11.75% 和 12.80%。经褪黑素处理后第 0—21 天，李果实内聚性变化不显著，处理后第 28 天，李果实内聚性显著极显著增加，较对照组提高了 17.32%。

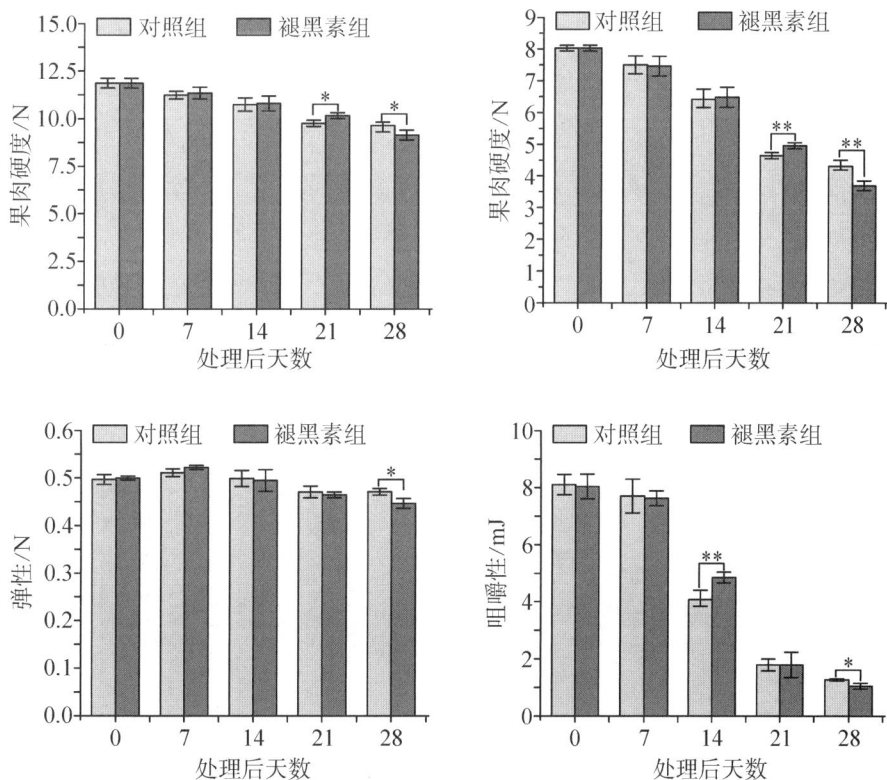

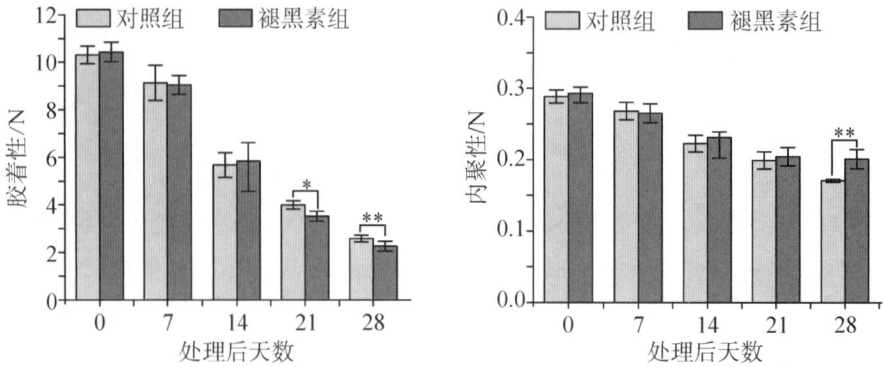

注：标记＊和＊＊分别表示经褪黑素处理与对照组差异显著和极显著（0.01 ≤ P < 0.05 或 P < 0.01），下同。

**图 4-1  李果实的质地结构**

### （二）褪黑素对李果实细胞壁物质含量的影响

随着处理后天数的增加，李果实水溶性果胶含量呈先降低后升高的趋势（图 4-2）。经褪黑素处理的李果实在处理后第 21 天和 28 天，水溶性果胶含量显著高于对照组，分别较对照提高了 10.86% 和 12.27%。离子结合性果胶含量在李果实发育过程中呈先降低后升高再降低的趋势。经褪黑素处理的李果实在处理后第 28 天，离子结合性果胶含量较对照组显著降低了 8.68%。褪黑素处理前期，李果实共价结合性果胶含量变化不显著，在褪黑素处理后第 21 天和 28 天，共价结合性果胶含量较对照组显著降低了 4.56% 和 16.93%。半纤维素在李果实发育过程中呈先升后降的趋势，处理后第 7 天和第 28 天，李果实半纤维素含量显著低于对照组，分别较对照组降低了 8.51% 和 29.08%。处理后第 7 天和 14 天，李果实纤维素含量显著增加，分别较对照组提高了 6.82% 和 9.88%；但在处理后第 14 天后，纤维素含量逐渐降低；到处理后第 28 天，纤维素含量较对照组降低了 7.31%。经褪黑素处理后第 7 天，李果实木质素含量显著降低，较对照组降低了 21.99%；但是在李果实发育后期直至李果实成熟，褪黑素对李果实木质素含量变化影响效果不显著。这些结果表明了褪黑素促进了李果实的细胞壁的降解。

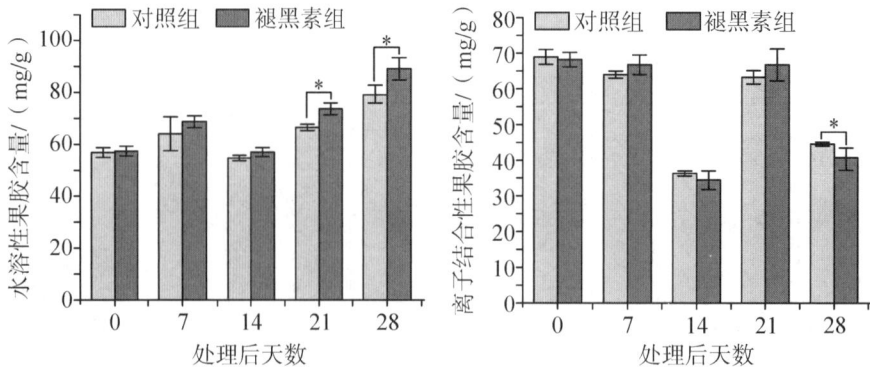

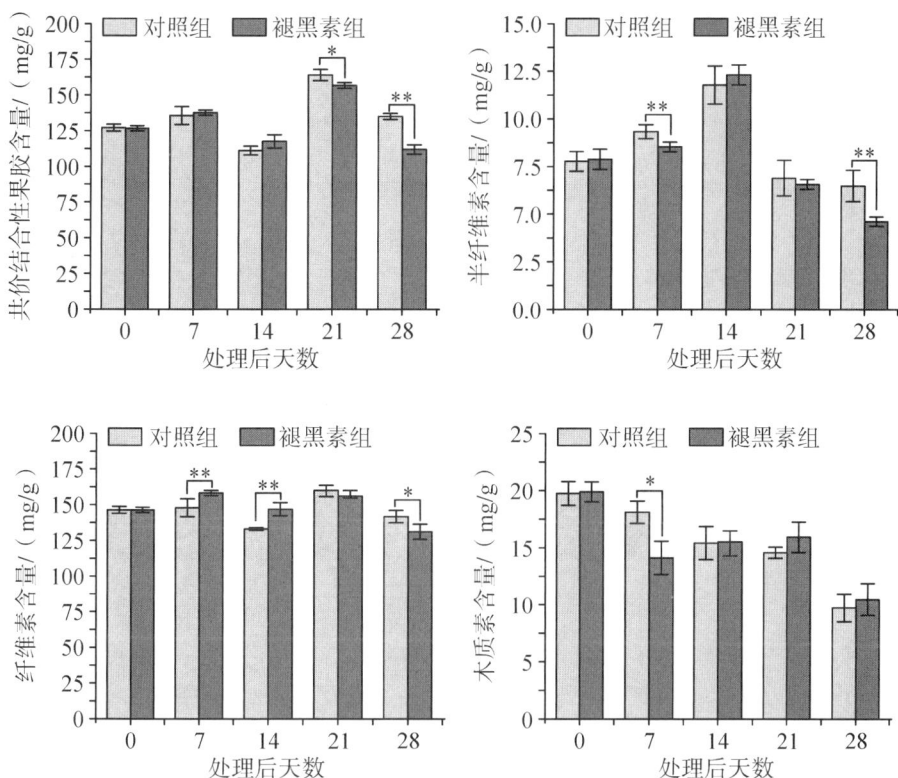

图 4-2 李果实的细胞壁物质含量

## （三）褪黑素对李果实细胞壁代谢酶活性的影响

在李果实发育前期，褪黑素对 PME 活性无显著影响；但是到处理后第 28 天，经褪黑素处理的李果实 PME 活性极显著提高，较对照组提高了 70.76%（图 4-3）。与对照组相比，经褪黑素处理后，李果实 PL 活性呈先降低后升高的趋势；处理后第 14天，PL 活性极显著降低，较对照组降低了 8.26%；在处理后第 28 天，PL 活性显著提高，较对照组提高了 4.88%。经褪黑素处理的李果实 PG 活性均高于对照组，处理后第 7 天和 14 天，PG 活性显著提高，分别较对照组提高了 18.23% 和 29.80%；处理后第 21 天和 28 天，PG 活性极显著提高，分别较对照组提高了 97.41% 和 98.47%。经褪黑素处理后的李果实 β-GAL 活性在处理后第 7、14、21、28 天均显著高于对照组，分别较对照组提高了 29.27%、57.74%、21.41% 和 57.88%。李果实在发育到成熟的过程中，XTH 活性呈先升高后降低的趋势，经褪黑素处理后的第 7 天和 14 天，XTH 活性极显著提高，分别较对照组提高了 22.01% 和 7.51%；处理后第 21 天和 28 天，XHT 活性极显著降低，分别较对照组降低了 2.18% 和 15.61%。与 XTH 活性变化相似，α-AF活性在李果实发育过程中也呈先升高后降低的趋势，经褪黑素处理后的第 7、14 天和

21 天，李果实的 α-AF 活性极显著低于对照组；在处理后的第 28 天，李果实 α-AF 活性极显著增加，较对照组提高了 13.85%。经褐黑素处理的李果实在处理后第 7 天，EG 活性极显著降低，较对照组降低了 35.24%；处理后第 14 天和 21 天，EG 活性与对照组差异不显著，在处理后的第 28 天，EG 活性再次显著低于对照，较对照组降低了 38.32%。

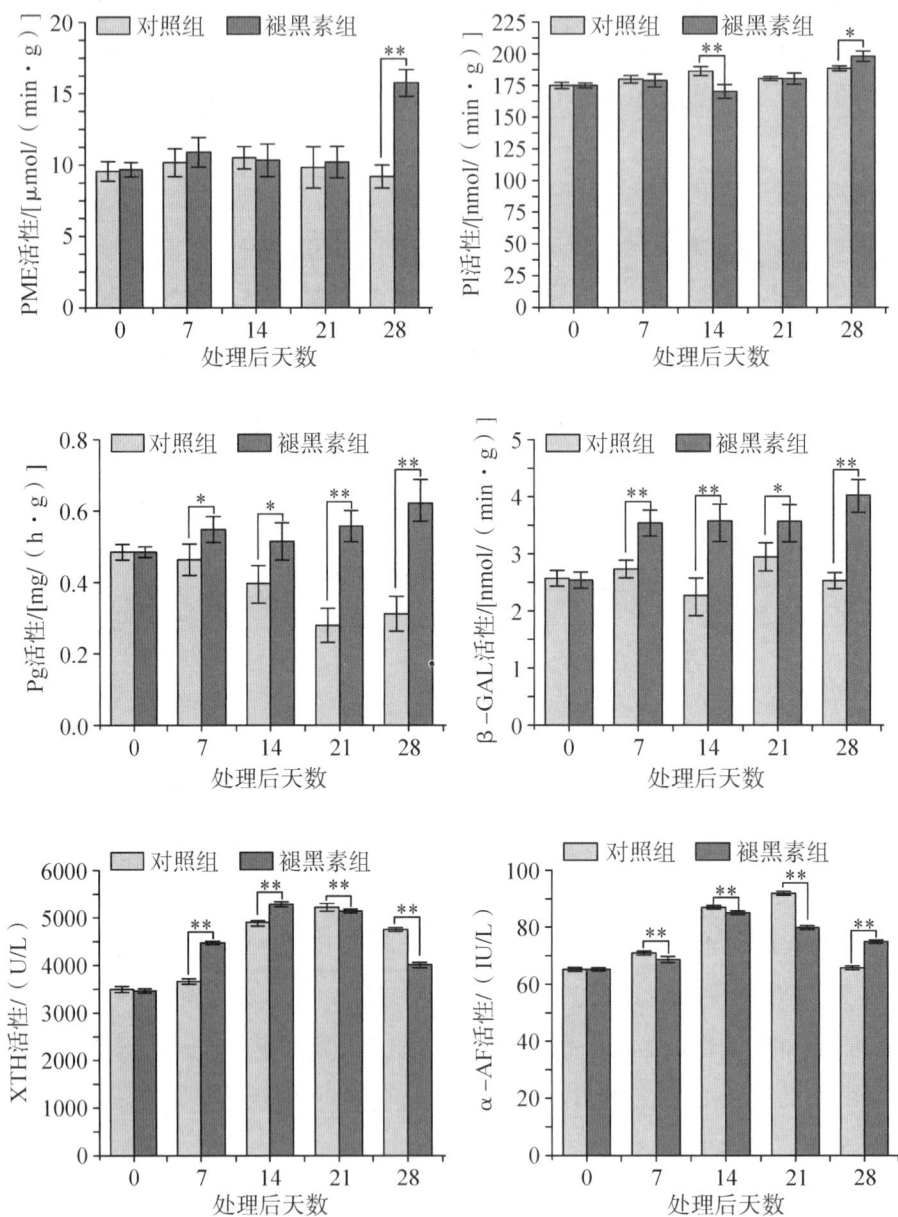

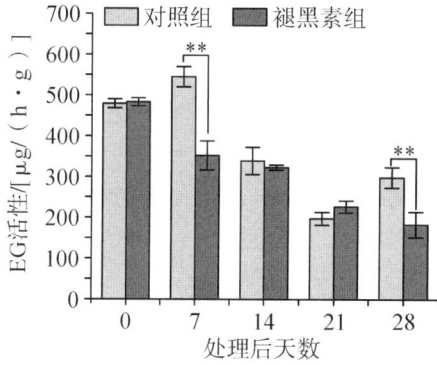

图 4-3 李果实的细胞壁代谢酶活性

## （四）褪黑素对李果实内源褪黑素含量的影响

由图 4-4 可知，经褪黑素处理的李果实在发育到成熟的过程中，李果实内源褪黑素含量呈逐渐升高的趋势，对照组与经褪黑素处理李果实的内源褪黑素含量在处理后第 7 天分别为 1.722 mg/g、1.783 mg/g，在处理后第 14 天分别为 1.827 mg/g、1.915 mg/g，在处理后第 21 天分别为 1.693 mg/g、2.084 mg/g。经褪黑素处理后第 7 天、14 天、21 天，李果实内源褪黑素含量均极显著高于对照组，分别较对照组提高了 3.54%、4.82% 和 23.09%。在处理后第 28 天，经褪黑素处理的李果实内源褪黑素含量与对照组的差异不显著。

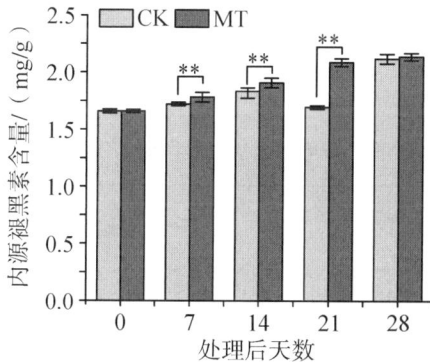

图 4-4 李果实内源褪黑素含量

## （五）李果实测序数据总体情况

为进一步研究褪黑素对李果实成熟及细胞壁代谢方面的影响，对 12 个李果实样品进行了转录组测序分析，分别将经褪黑素处理第 21 天、28 天后的样品命名为 MTc 和 MTd，将对照组的样品命名为 CKc 和 CKd。测序结果指出，质控后得到的高质量有效读段的范围为 19、728、390 ~ 24、216、209，各样品 Q30 碱基百分比均不小于 94.20%，GC 含量在 45.94%~46.27%（表 4-2），表明样品的测序质量和文库构建质量较好。各样品的读段与参考基因组的比对效率在 93.29% ～ 94.61% 之间（表 4-3），皮尔逊相关系数结果也进一步表明，所有样本之间存在较高的相关性（图 4-5）。

表 4-2　转录组测序数据统计表

| 样品名称 | 高质量有效读段 | 高质量碱基 | GC 含量 | Q30 碱基百分比（≥） |
|---|---|---|---|---|
| CK1c | 24, 047, 569 | 7, 195, 641, 968 | 46.25% | 94.31% |
| CK2c | 22, 524, 544 | 6, 738, 533, 176 | 45.96% | 94.35% |
| CK3c | 22, 254, 407 | 6, 658, 967, 860 | 45.96% | 94.39% |
| CK1d | 22, 766, 320 | 6, 811, 703, 926 | 46.03% | 94.57% |
| CK2d | 19, 728, 390 | 5, 892, 366, 136 | 46.27% | 94.89% |
| CK3d | 22, 134, 960 | 6, 623, 316, 176 | 46.08% | 94.47% |
| MT1c | 22, 571, 792 | 6, 754, 964, 140 | 46.13% | 94.27% |
| MT2c | 21, 401, 071 | 6, 404, 898, 452 | 45.95% | 94.61% |
| MT3c | 21, 720, 819 | 6, 501, 062, 054 | 45.94% | 94.62% |
| MT1d | 24, 216, 209 | 7, 245, 015, 474 | 46.14% | 94.45% |
| MT2d | 22, 413, 674 | 6, 708, 954, 516 | 46.04% | 94.20% |
| MT3d | 21, 038, 544 | 6, 297, 492, 174 | 45.95% | 95.00% |

　　注：CK1c、CK2c 和 CK3c 代表处理后第 21 天对照的 3 个重复。CK1d、CK2d 和 CK3d 代表处理后第 28 天对照的 3 个重复。MT1c、MT2c 和 MT3c 代表褪黑素处理后第 21 天的 3 个重复。MT1d、MT2d 和 MT3d 代表褪黑素处理后第 28 天的 3 个重复。下同。

表 4-3　样品测序数据与所选参考基因组的序列比对结果统计表

| 样品 | 总读段 | 比对读段 | 唯比对读段 | 多比对读段 | 比对到正链的读段 | 比对到负链的读段 |
|---|---|---|---|---|---|---|
| CK1c | 48, 095, 138 | 45, 248, 937 （94.08%） | 40, 854, 635 （84.95%） | 4, 394, 302 （9.14%） | 26, 672, 296 （55.46%） | 26, 685, 363 （55.48%） |
| CK2c | 45, 049, 088 | 42, 402, 828 （94.13%） | 39, 140, 794 （86.88%） | 3, 262, 034 （7.24%） | 23, 701, 056 （52.61%） | 23, 697, 471 （52.60%） |
| CK3c | 44, 508, 814 | 41, 746, 240 （93.79%） | 38, 631, 674 （86.80%） | 3, 114, 566 （7.00%） | 23, 243, 929 （52.22%） | 23, 248, 047 （52.23%） |
| CK1d | 45, 532, 640 | 42, 705, 134 （93.79%） | 39, 323, 894 （86.36%） | 3, 381, 240 （7.43%） | 24, 101, 914 （52.93%） | 24, 108, 373 （52.95%） |
| CK2d | 39, 456, 780 | 37, 007, 767 （93.79%） | 33, 478, 908 （84.85%） | 3, 528, 859 （8.94%） | 21, 746, 347 （55.11%） | 21, 749, 992 （55.12%） |
| CK3d | 44, 269, 920 | 41, 299, 332 （93.29%） | 38, 207, 075 （86.30%） | 3, 092, 257 （6.99%） | 23, 034, 074 （52.03%） | 23, 038, 665 （52.04%） |

| 样品 | 总读段 | 比对读段 | 唯比对读段 | 多比对读段 | 比对到<br>正链的读段 | 比对到<br>负链的读段 |
|---|---|---|---|---|---|---|
| MT1c | 45, 143, 584 | 42, 433, 505<br>(94.00%) | 39, 213, 367<br>(86.86%) | 3, 220, 138<br>(7.13%) | 23, 684, 264<br>(52.46%) | 23, 695, 294<br>(52.49%) |
| MT2c | 42, 802, 142 | 40, 335, 705<br>(94.24%) | 37, 342, 807<br>(87.25%) | 2, 992, 898<br>(6.99%) | 22, 441, 527<br>(52.43%) | 22, 441, 944<br>(52.43%) |
| MT3c | 43, 441, 638 | 40, 880, 319<br>(94.10%) | 37, 895, 016<br>(87.23%) | 2, 985, 303<br>(6.87%) | 22, 695, 312<br>(52.24%) | 22, 700, 036<br>(52.25%) |
| MT1d | 48, 432, 418 | 45, 536, 663<br>(94.02%) | 42, 110, 064<br>(86.95%) | 3, 426, 599<br>(7.08%) | 25, 405, 517<br>(52.46%) | 25, 417, 786<br>(52.48%) |
| MT2d | 44, 827, 348 | 42, 115, 270<br>(93.95%) | 38, 933, 242<br>(86.85%) | 3, 182, 028<br>(7.10%) | 23, 467, 777<br>(52.35%) | 23, 486, 024<br>(52.39%) |
| MT3d | 42, 077, 088 | 39, 808, 166<br>(94.61%) | 36, 812, 988<br>(87.49%) | 2, 995, 178<br>(7.12%) | 22, 225, 118<br>(52.82%) | 22, 234, 922<br>(52.84%) |

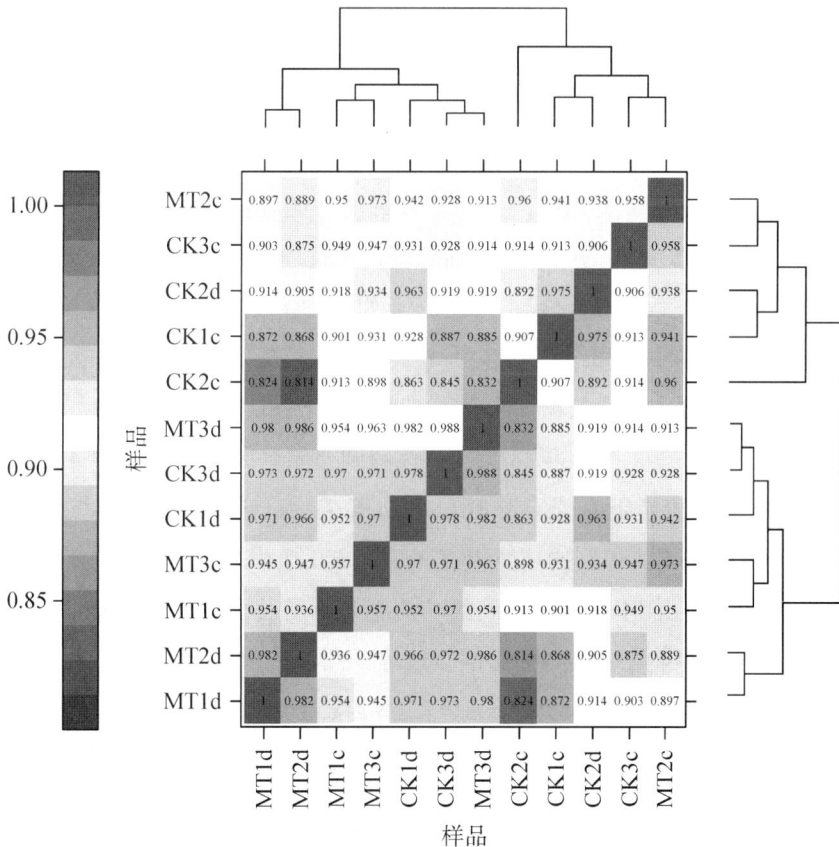

图 4-5　样品的表达量相关性热图

## （六）不同时期之间的差异表达基因

从图 4-6 可以看出，处理后第 21 天共检测到差异表达基因 459 个，其中 157 个基因表达下调，302 个基因表达上调。处理后第 28 天共检测到差异表达基因 380 个，其中 297 个基因表达下调，83 个基因表达上调。两个时期共同的差异基因有 45 个。

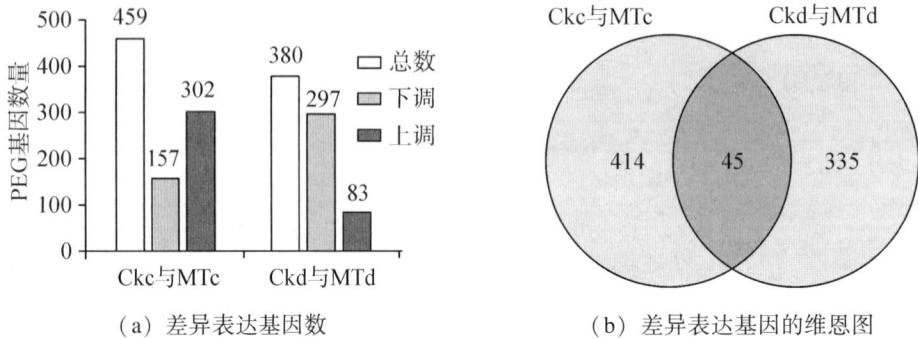

（a）差异表达基因数　　　　　　（b）差异表达基因的维恩图

图 4-6　差异表达基因的统计图

## （七）差异表达基因的 GO 富集分析

通过 GO 数据库对差异基因进行功能鉴定，在处理后第 21 天，共注释差异基因 350 个（表 4-4）。在生物学过程中，主要注释到的功能组包括：光合作用、光系统 Ⅰ 中的光捕获、蛋白质–发色团的联系、木葡聚糖代谢过程、植物型细胞壁组织、细胞壁组织和细胞壁生物发生［图 4-7（a）］。在细胞组分中主要注释到的功能组包括：光系统 Ⅰ、光系统 Ⅱ、质体小球和细胞壁［图 4-7（b）］。在分子功能中主要注释到的功能组包括：叶绿素结合、木葡聚糖：木葡基转移酶活性和纤维素合成酶（UDP–形成）活性［图 4-7（c）］。在处理后第 28 天，共注释到差异基因 306 个（表 4-4），生物学过程中主要注释到的功能组有光合作用、木质素生物合成和脂质代谢过程［图 4-7（d）］，细胞组分中主要注释到的功能组有光系统 Ⅰ 反应中心和膜的整体结构和细胞壁［图 4-7（e）］。分子功能中主要注释到的功能组包括转移酶活性、转移酶活性、转移氨基酰基以外的酰基和果胶甲酯酶抑制剂活性等［图 4-7（f）］。

表 4-4　注释的差异表达基因数量统计表

| 差异表达基因基合 | 总数 | COG | GO | KEGG | KOG | NR | Pfam | Swiss-Prot | eggNOG |
|---|---|---|---|---|---|---|---|---|---|
| CKc 与 MTc | 436 | 123 | 350 | 302 | 174 | 436 | 353 | 329 | 396 |
| CKd 与 MTd | 369 | 128 | 306 | 260 | 154 | 367 | 297 | 283 | 349 |

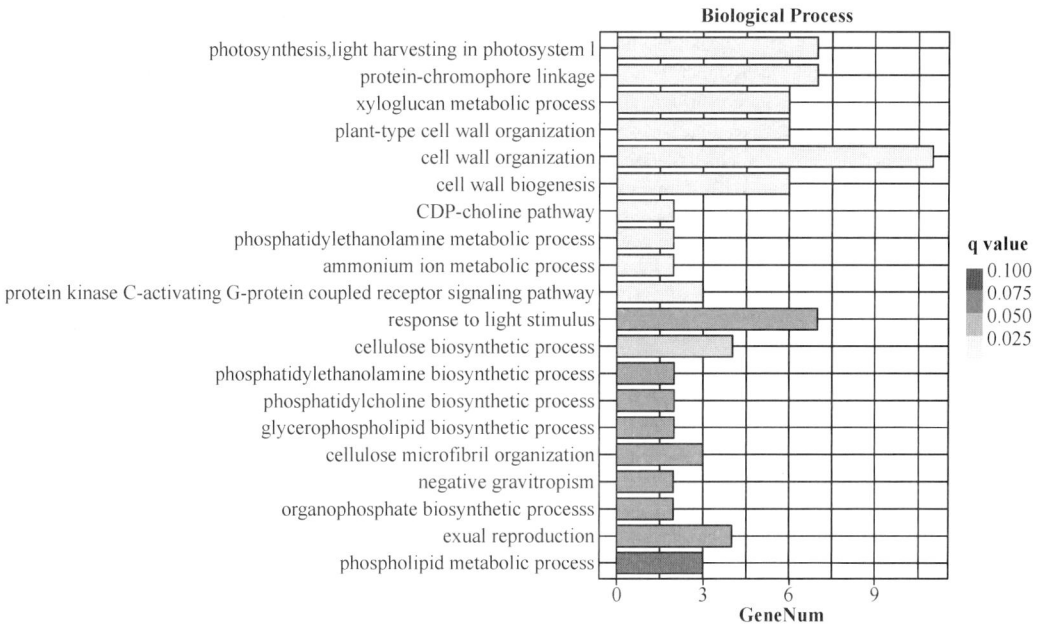

（a）处理后第 21 天李果实生物学过程差异表达基因 GO 富集柱状图

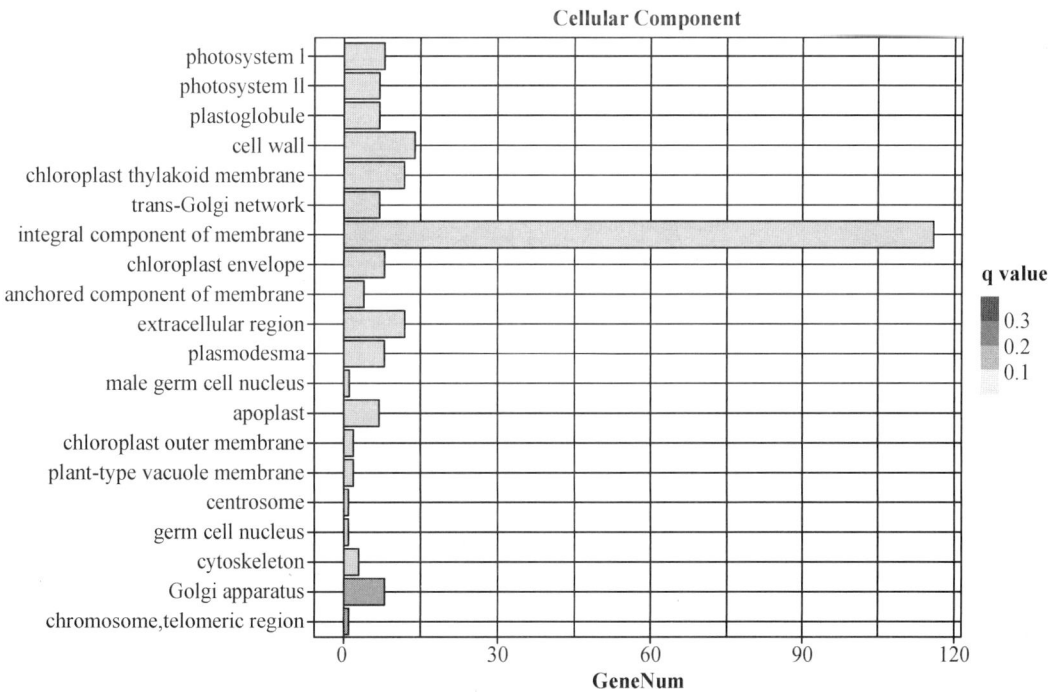

（b）处理后第 21 天李果实细胞组分差异表达基因 GO 富集柱状图

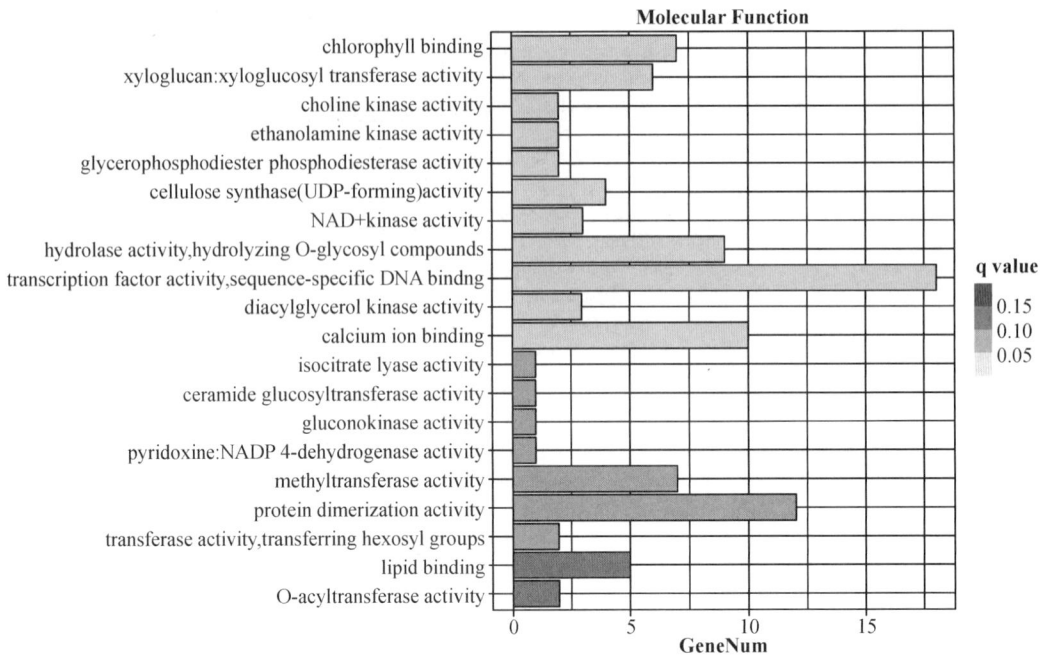

（c）处理后第 21 天李果实分子功能差异表达基因 GO 富集柱状图

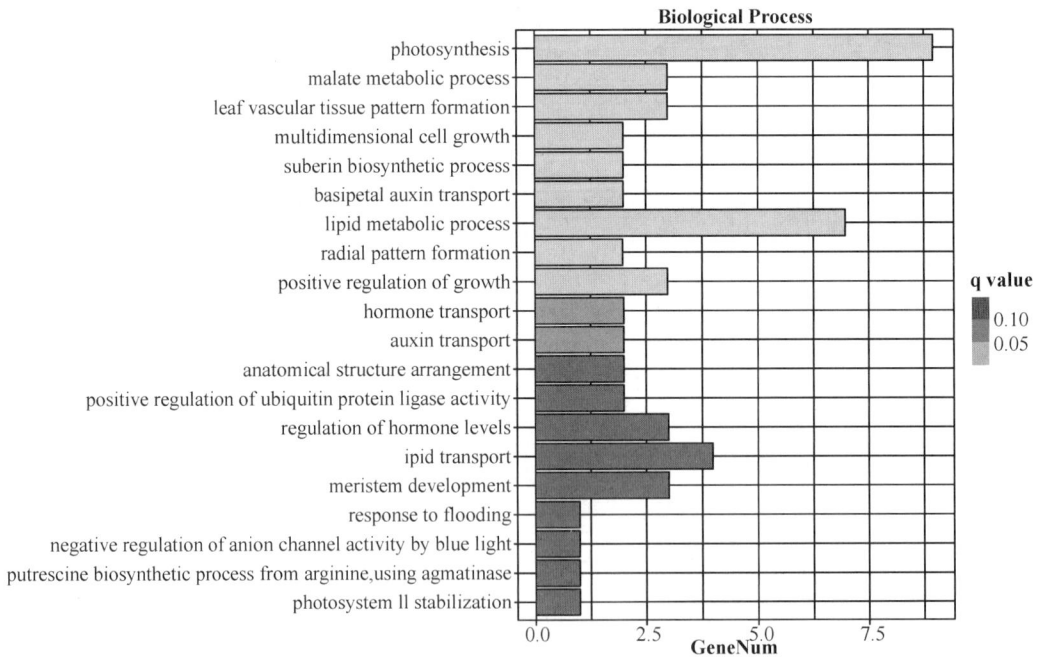

（d）处理后第 28 天李果实生物学过程差异表达基因 GO 富集柱状图

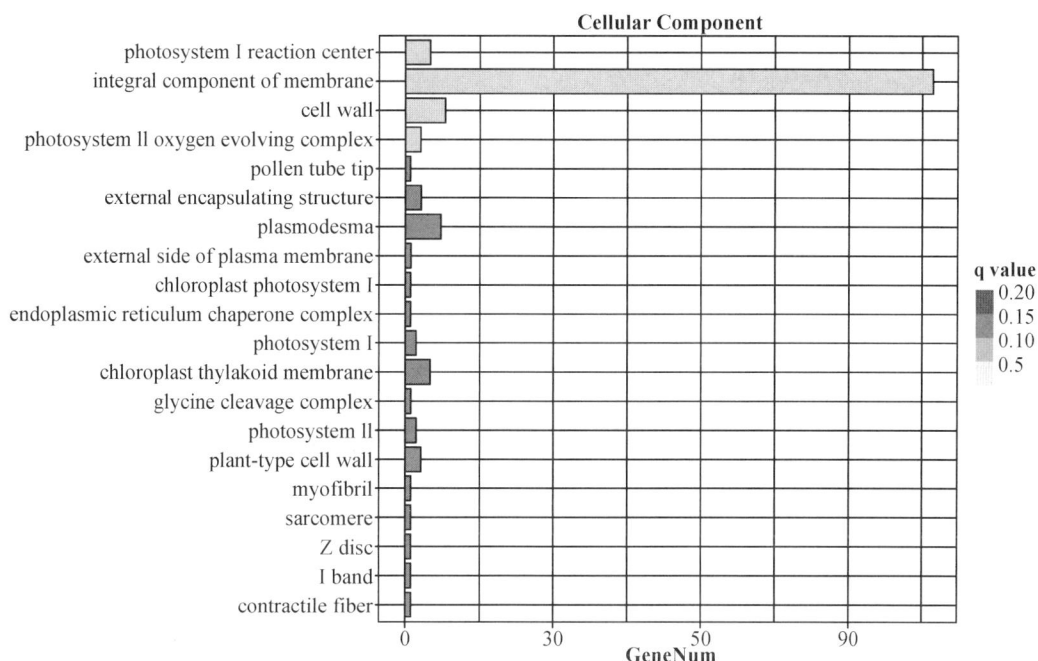

**Cellular Component**

（e）处理后第 28 天李果实细胞组分差异表达基因 GO 富集柱状图

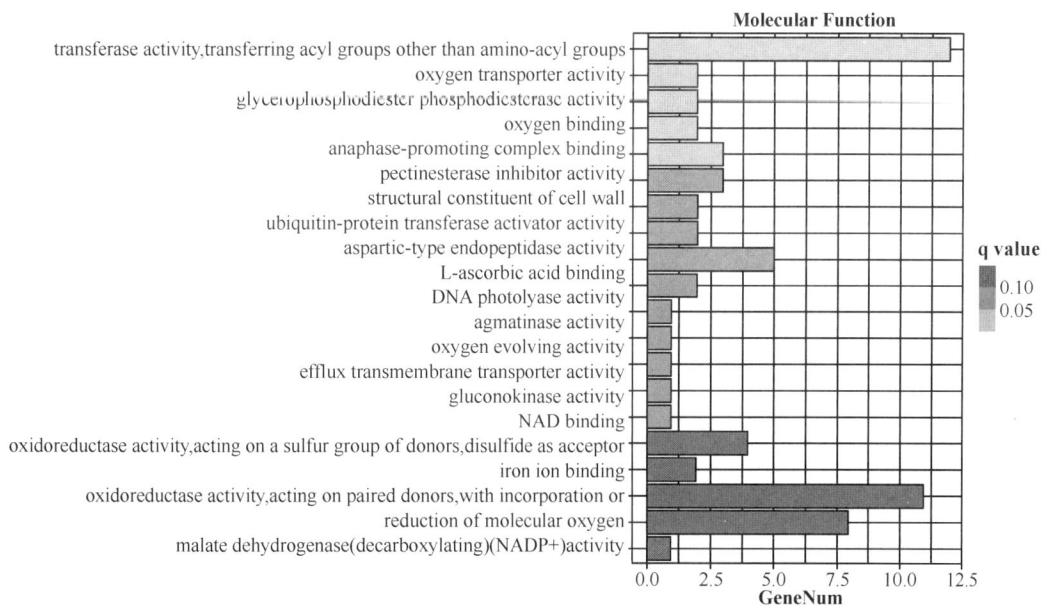

**Molecular Function**

（f）处理后第 28 天李果实分子功能差异表达基因 GO 富集柱状图

**图 4-7 处理后第 21 天和 28 天的差异表达基因的 GO 富集分析**

## （八）差异表达基因的 KEGG 富集分析

将富集到的差异基因与 KEGG 数据库进行比对后，发现处理后第 21 天共注释到 302 个差异基因，处理后第 28 天共注释到 260 个差异基因（表 4-4）。处理后第 21 天的差异基因主要富集到光合作用–天线蛋白途径、植物–病原体途径和甘油磷脂代谢途径 [图 4-8（a）]。处理后第 28 天差异基因主要富集到光合作用和植物–病原体互作途径 [图 4-8（b）]。

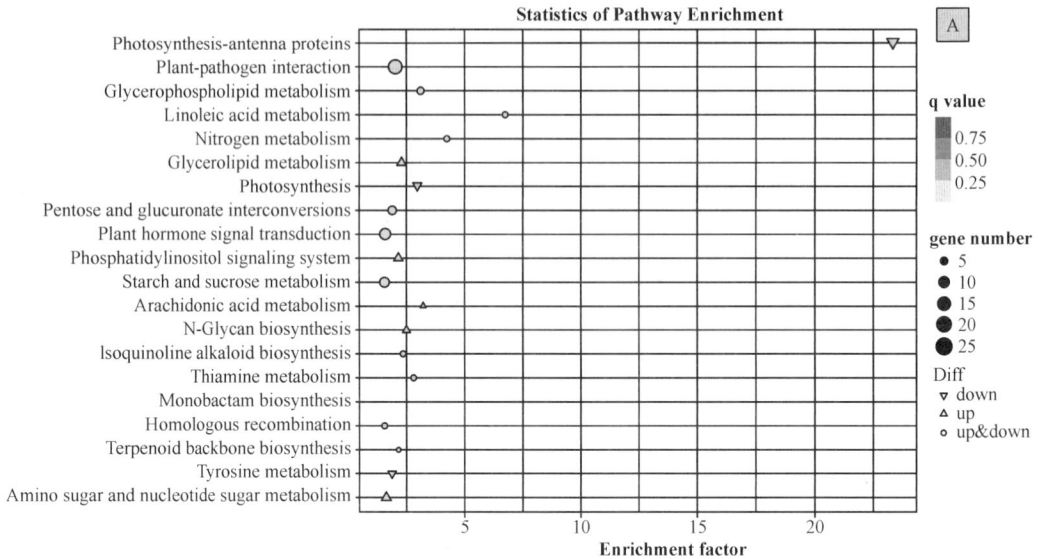

（a）处理后第 21 天的差异表达基因的 KEGG 富集分析

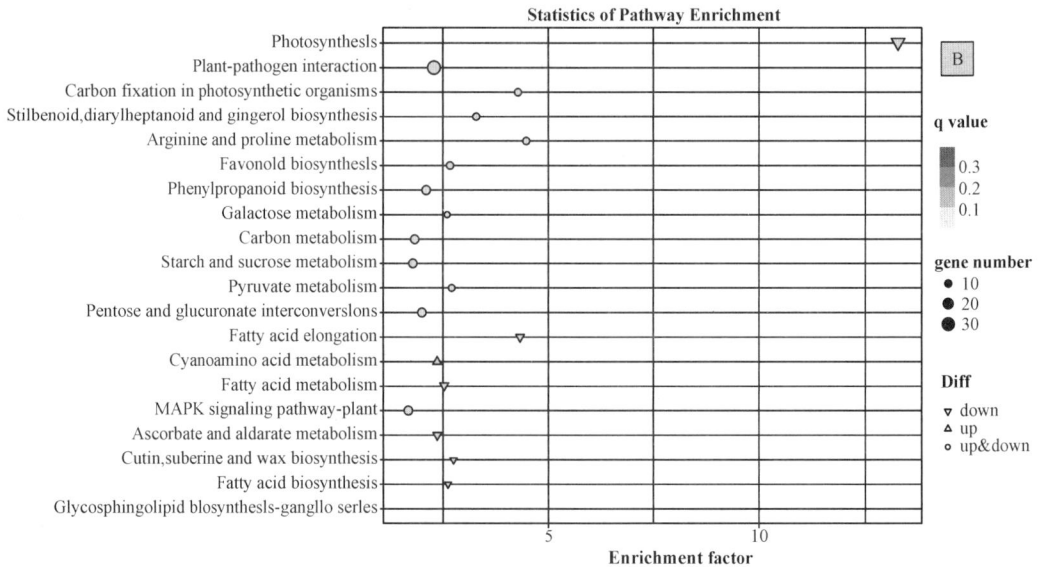

（b）处理后第 28 天的差异表达基因的 KEGG 富集分析

图 4-8　处理后第 21 天和第 28 天的差异表达基因的 KEGG 富集分析

## （九）细胞壁代谢相关的差异表达基因

通过对褪黑素处理后第 21 天和 28 天的差异表达基因进行筛选可以得知，处理后第 21 天与细胞壁代谢相关的差异基因主要富集在戊糖和葡萄糖醛酸的相互转化通路和苯丙烷生物合成通路。在戊糖和葡萄糖醛酸的相互转化通路中多聚半乳糖醛酸酶、半乳聚糖 1,4-α-半乳糖醛酸酶、葡萄糖-6-磷酸脱氢酶的表达上调，果胶甲酯酶活性抑制剂和果胶裂解酶的表达既有上调也有下调［图 4-9（a）］。在苯丙烷生物合成通路中肉桂酰辅酶 A 还原酶的表达下调，过氧化物酶的表达既有上调又有下调［图 4-9（b）］。

　　处理后第 28 天与细胞壁代谢相关的差异基因主要富集在戊糖和葡萄糖醛酸的相互转化、苯丙烷生物合成通路、氰基氨基酸代谢和半乳糖代谢通路。在戊糖和葡萄糖醛酸的相互转化通路中，果胶甲酯酶和果胶裂解酶的表达下调，半乳聚糖 1,4-α-半乳糖醛酸酶的表达上调，多聚半乳糖醛酸酶的表达既有上调也有下调［图 4-9（c）］。在苯丙烷生物合成通路中，β-葡萄糖苷酶的表达上调，肉桂酰辅酶 A 还原酶的表达下调，莽草酸邻羟基肉桂酰转移酶的表达既有上调又有下调［图 4-9（d）］。在氰基氨基酸代谢通路中，β-葡糖苷酶的表达上调［图 4-9（e）］。在半乳糖代谢通路中，UDPG 焦磷酸化酶和 β-半乳糖苷酶的表达下调［图 4-9（f）］。

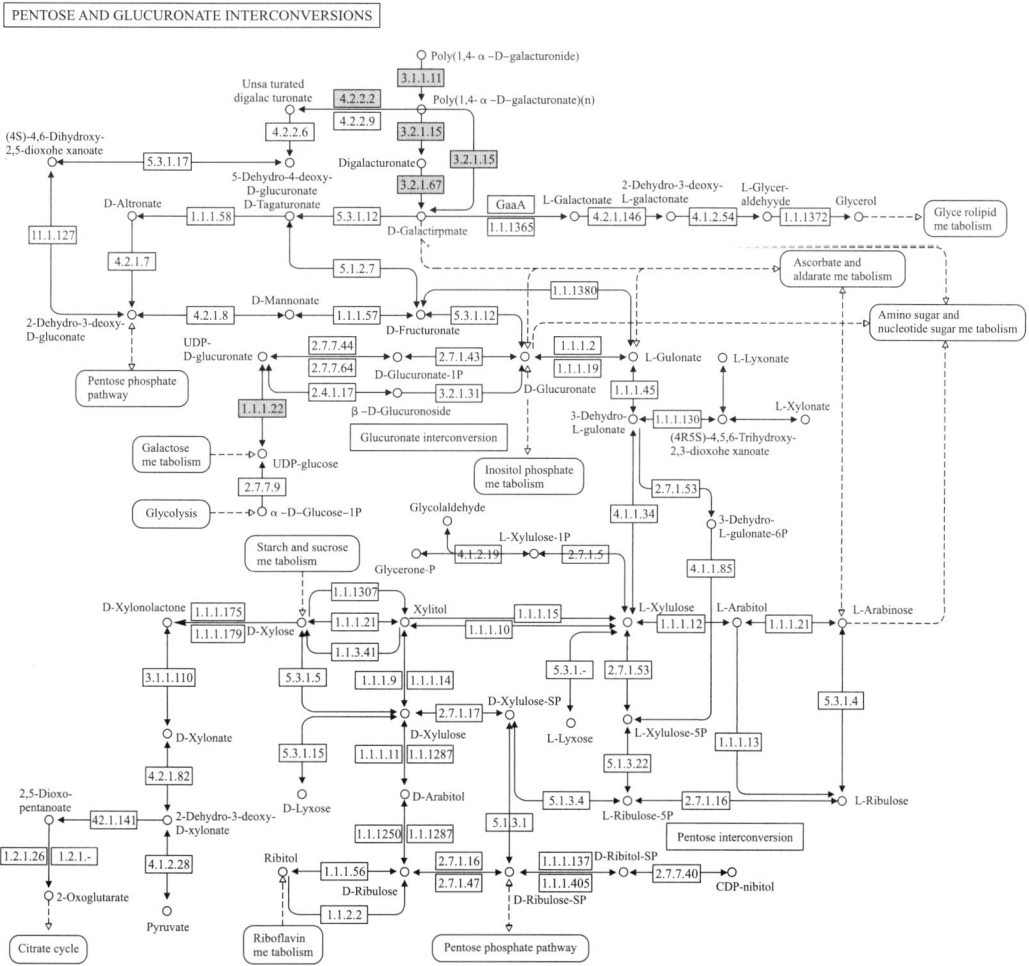

PENTOSE AND GLUCURONATE INTERCONVERSIONS

（a）处理后第 21 天戊糖和葡萄糖醛酸的相互转化通路中的 DEGs

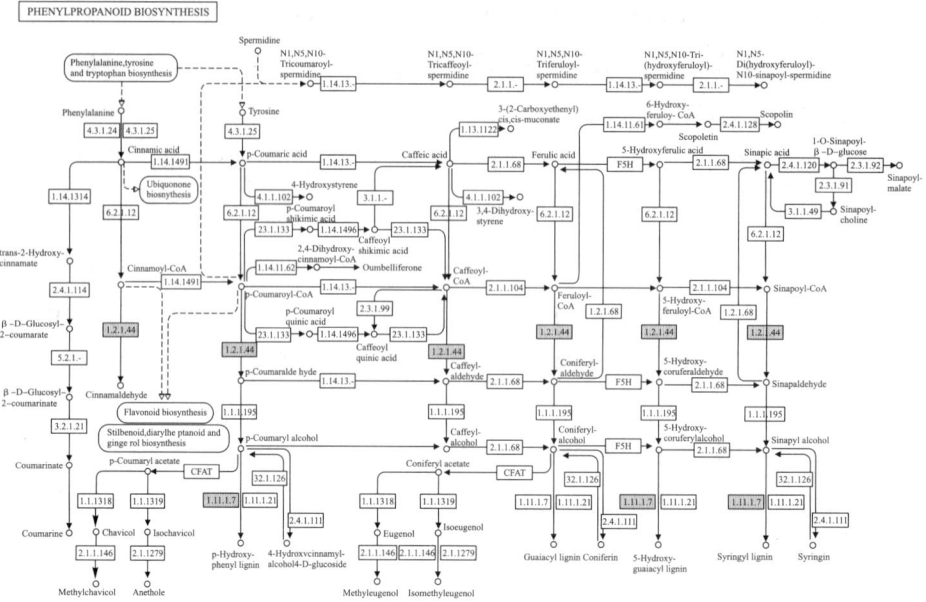

（b）处理后第 21 天苯丙烷生物合成通路中的 DEGs

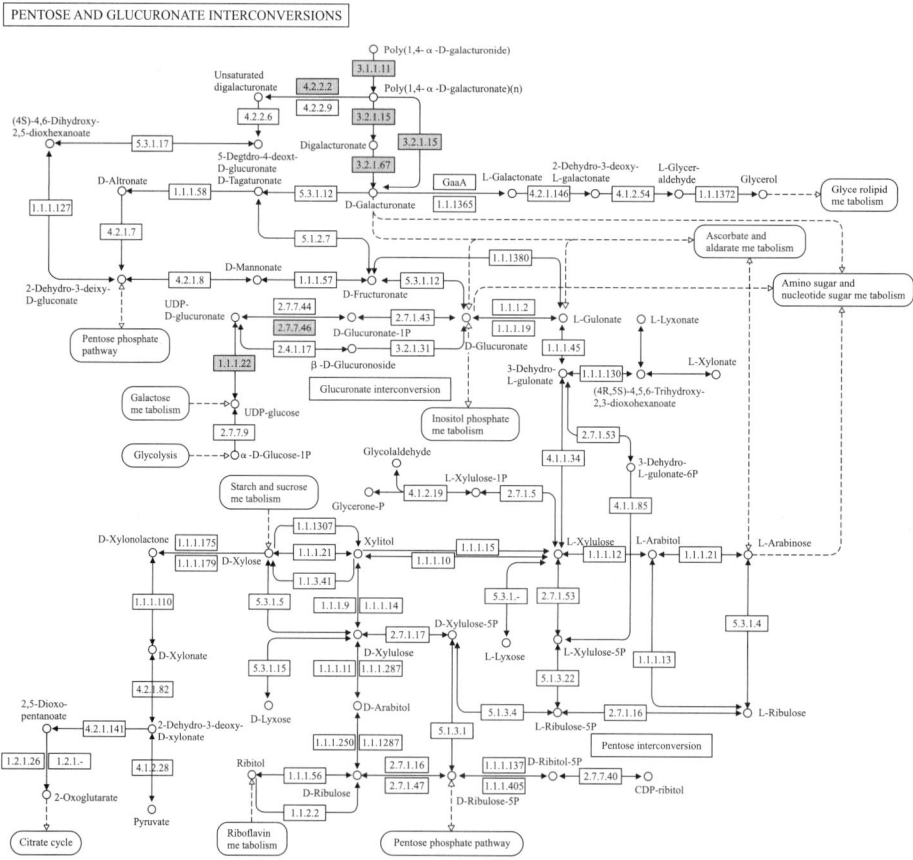

（c）处理后第 28 天戊糖和葡萄糖醛酸的相互转化通路中的 DEGs

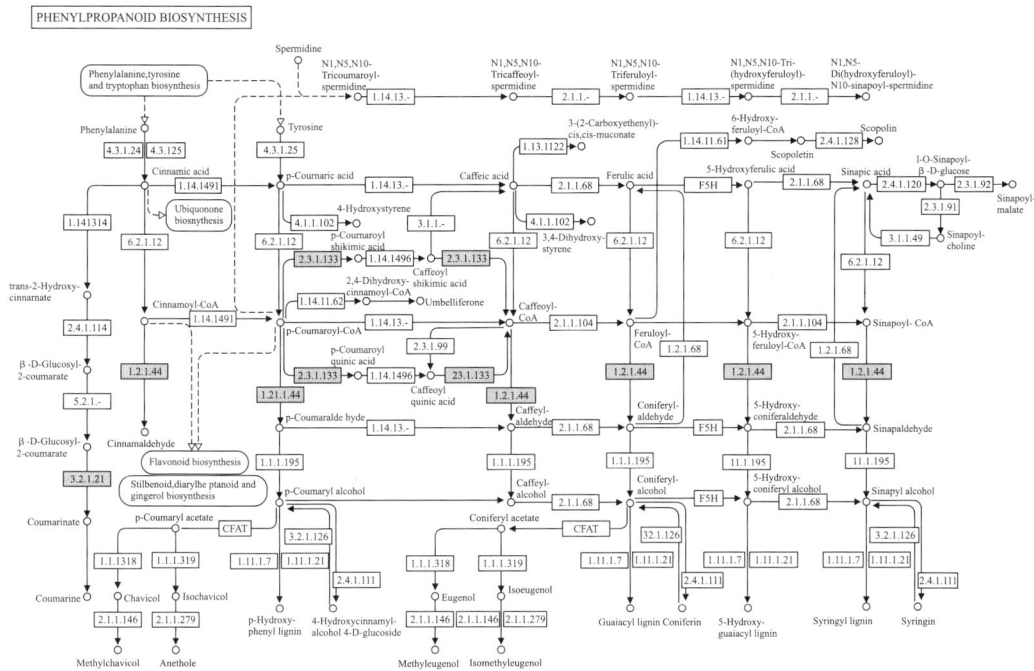

（d）处理后第 28 天苯丙烷生物合成通路中的 DEGs

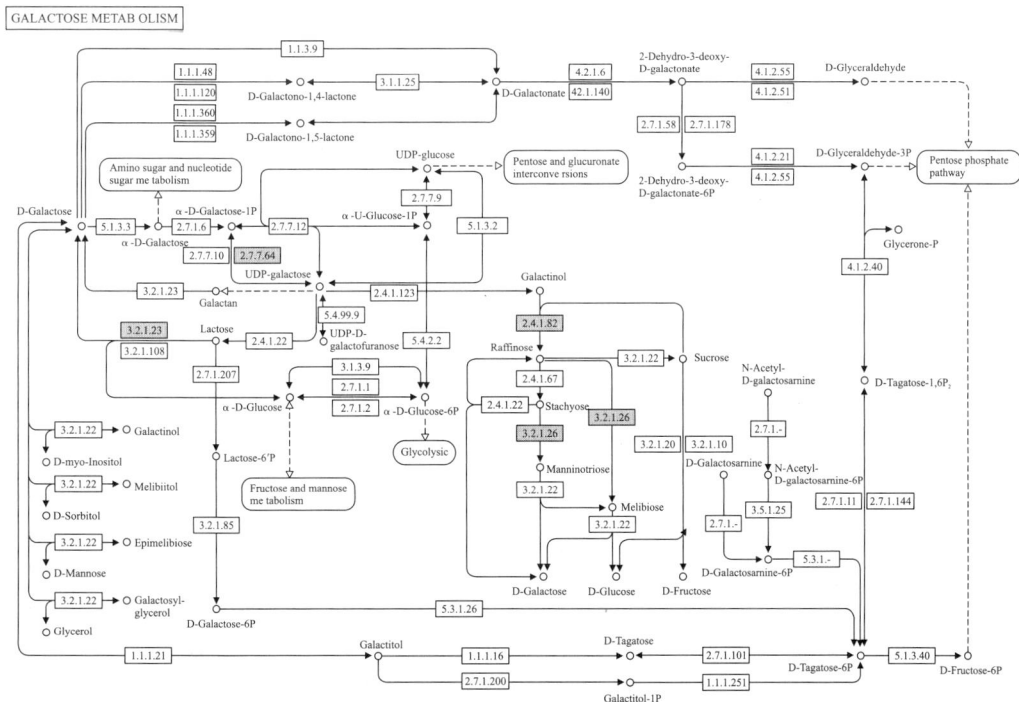

（e）处理后第 28 天氰基氨基酸代谢通路中的 DEGs

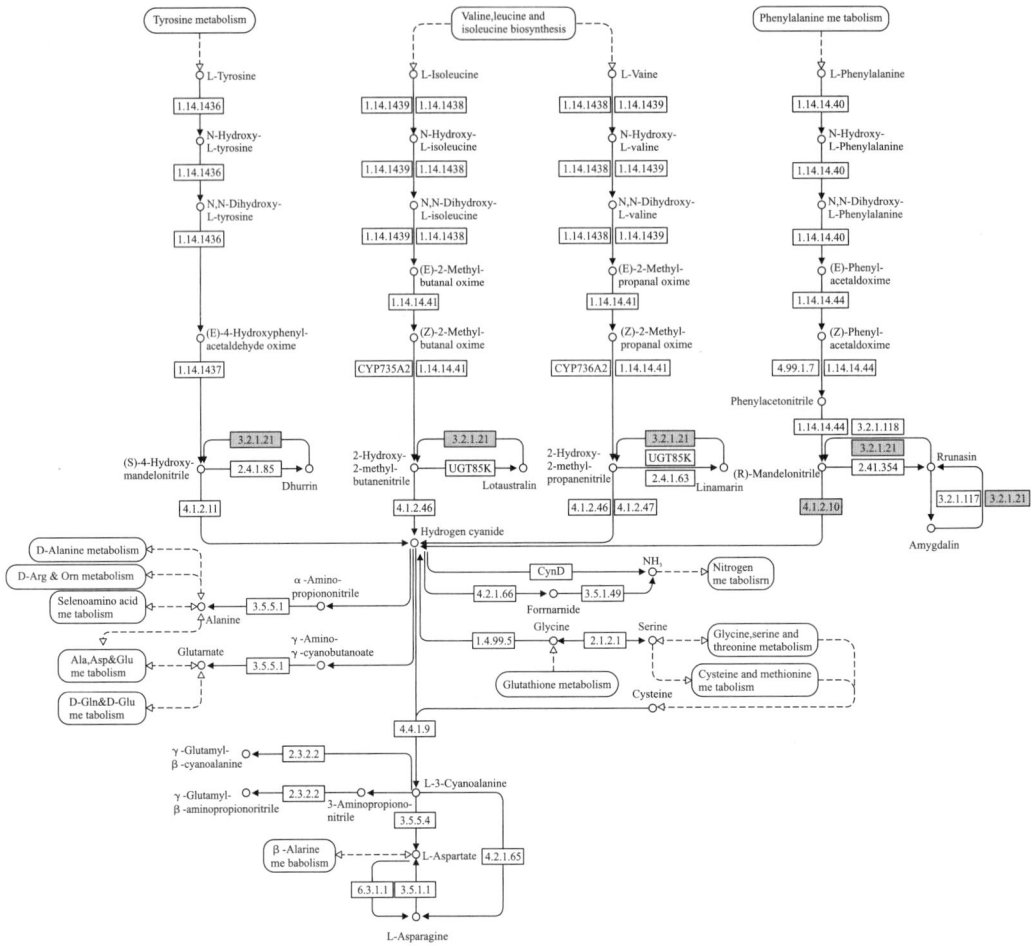

（f）处理后第 28 天半乳糖代谢通路中的 DEGs

**图 4-9　差异表达基因的 KEGG 通路注释图**

## （十）细胞壁代谢相关的差异表达基因 qRT-PCR 验证

对筛选出的处理后第 21、28 天的差异表达基因进行 qRT-PCR 验证，验证结果如图 4-10 和图 4-11 所示。由图示结果可以看出，筛选到的处理后 21 天的 6 个差异表达基因和处理后第 28 天的 9 个差异表达基因的表达趋势与 RNA-seq 的结果一致。经褪黑素处理后第 21 天，*PPE8B*、*XTH23*、*At4g24780* 和 *GSVIVT0002692001* 的表达上调，*RCA* 和 *PME* 的表达下调。经褪黑素处理后第 28 天，*PGIP*、*Xyl2*、*BGLU41* 和 *BGLU11* 的表达上调，*PPE8B*、*RCA*、*BGAL8*、*XTH23* 和 *PECS−1.1* 的表达下调。

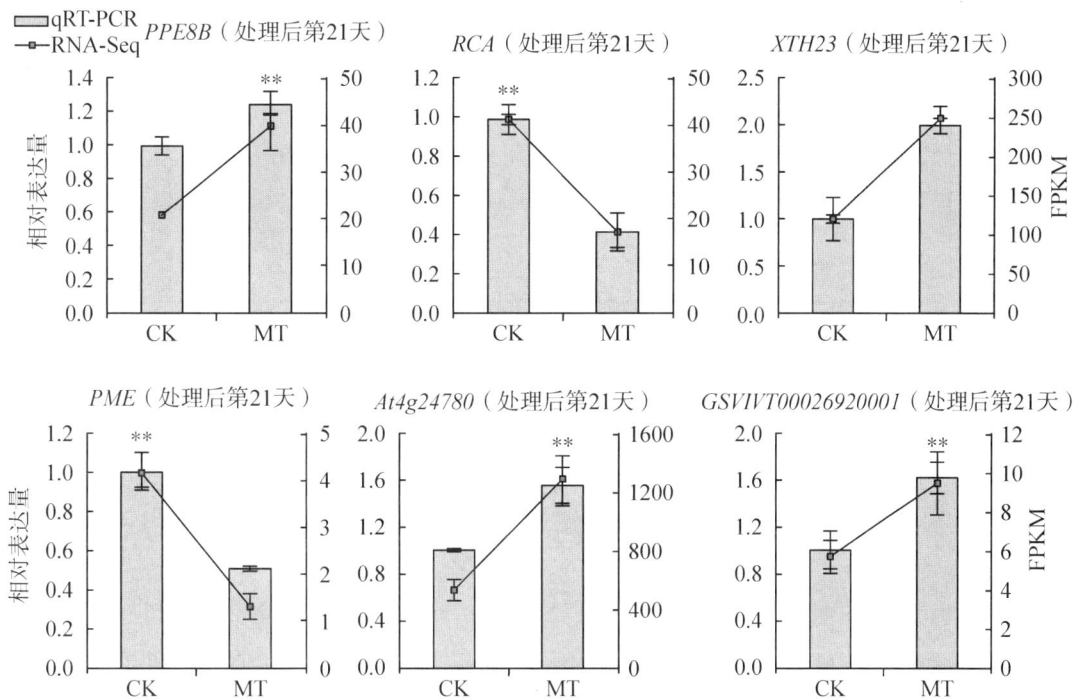

图 4-10　筛选的差异表达基因的相对表达量（处理 21 天后）

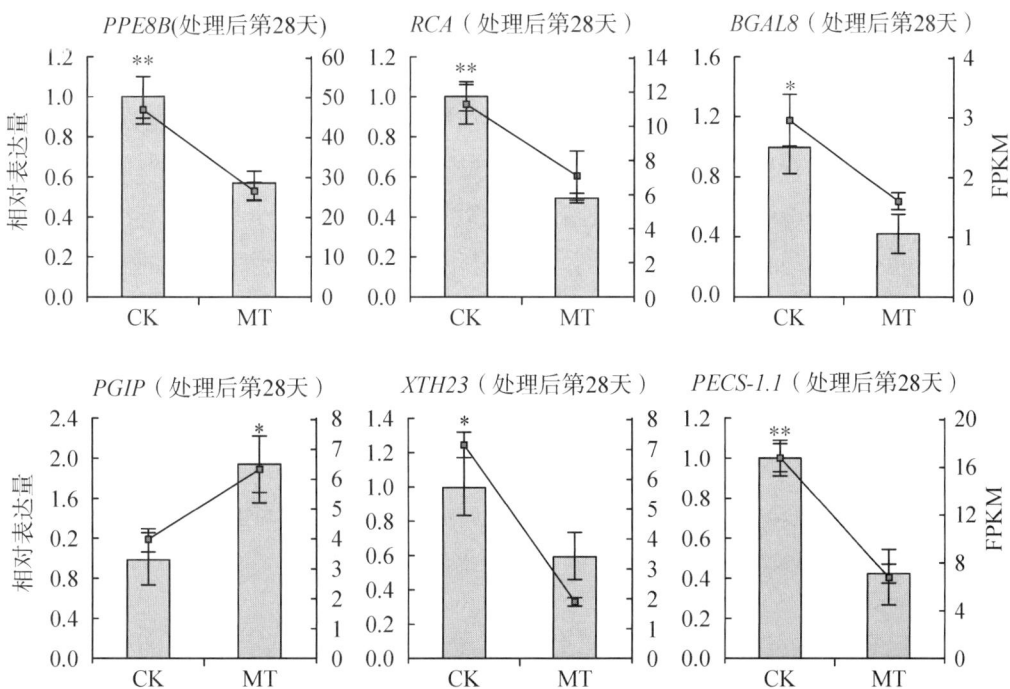

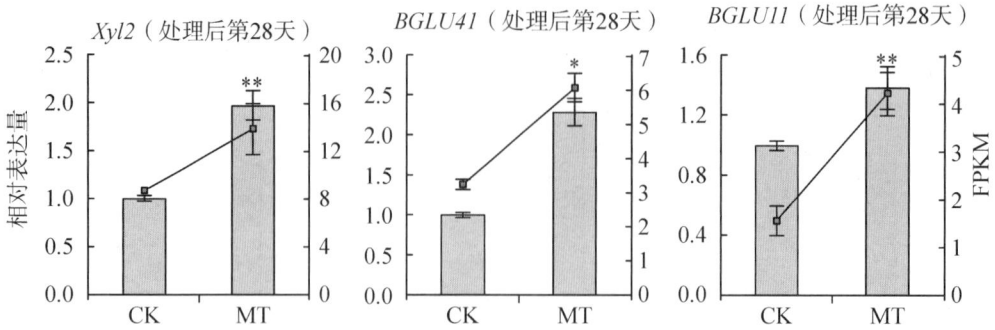

图 4-11　筛选的差异表达基因的相对表达量（处理 28 天后）

## 三、讨论

### （一）褐黑素对李果实质地及细胞壁物质含量的影响

细胞壁成分的变化与果实质地改变直接相关，果实的质地是评价果实口感的重要指标，质地多面分析法（TPA）是利用质构仪模拟人口腔的咀嚼运动，来获取果实弹性、咀嚼性、胶着性、内聚性等质构特性指标的分析方法（何秀娟等，2023）。本研究中，经褐黑素处理后第 28 天，李果实硬度、果肉硬度、弹性、咀嚼性和胶着性显著或极显著降低，而果实的内聚性极显著提高。果胶是细胞壁重要的组成成分之一，细胞壁的硬度与果胶的结构、含量及其化学修饰密切相关（Perez-Pastrana et al.，2018）。果实软化过程中，不溶性果胶含量逐渐降低，而可溶性果胶含量不断增加，一般来说，果实在成熟过程中，果胶会优先被降解（Win et al.，2021）。在细胞壁物质含量变化方面，本试验施用褐黑素显著提高了处理后第 7 天和 14 天李果实的纤维素含量以及处理后第 21 天、28 天的水溶性果胶含量，显著降低了处理后第 28 天的离子结合性果胶、共价结合性果胶、纤维素和半纤维素含量，表明褐黑素促进了李果实中不溶性果胶向可溶性果胶的转化以及纤维素和半纤维素的解聚，加速了细胞壁的降解，促进了果实的提前成熟。褐黑素处理番茄果实降低了原果胶含量，但增加了可溶性果胶含量，促进了果实的软化（Sun et al.，2015），这与本试验的研究结果一致。此外，综合果实质地结构变化及细胞壁物质含量变化可以看出，经褐黑素处理的李果实，其硬度降低的主要原因是果胶、纤维素和半纤维素的降解。

### （二）褐黑素对李果实细胞壁代谢酶活性的影响

细胞壁修饰、水解酶活性对果实质地的变化起着重要的作用，不同的细胞壁降解酶所起到的作用也不尽相同（佟兆国等，2011）。PME 的主要作用是催化果胶去甲酯化，促进果胶脂向果胶酸的转化并为 PG 提供作用的底物，与 PG 协同促进果实软化

（Hou et al.，2019；张元薇等，2019）。β-GAL 能够破坏果实细胞壁中的半乳糖苷键，并去除果胶和半纤维素末端的非还原性的半乳糖残基，从而影响果实细胞壁的水解（Yang et al.，2018）。木葡聚糖是植物细胞壁中含量最丰富的半纤维素，XTH 可以催化木葡聚糖的水解和转移，实现细胞壁的重构（Yang et al.，2022）。本研究中，经褪黑素处理后第 21 天的李果实的硬度和果肉硬度均显著高于对照组，通过观察细胞壁代谢相关酶活性的变化可以发现，李果实发育前期，果实中的 PL、α-AF 和 EG 活性显著低于对照组，而 XTH 活性显著高于对照组。这些结果表明，在李果实发育前期，经褪黑素处理后，细胞壁水解相关酶活性降低，而 XTH 作为一种双功能酶，在果实中主要起到整合作用，能够将新分泌的木葡聚糖链整合到细胞壁中，参与木葡聚糖-纤维素复合结构的形成，最终造成经褪黑素处理后第 21 天的果实硬度显著高于对照组。对番茄的 10 个 XHT 基因进行研究后发现，只有 2 个 XTH 基因与果实成熟显著相关，XET 和 XEH 活性在果实发育过程中较高，可能主要起到维持细胞壁结构完整的作用，而在果实成熟的过程中，XTH 的表达减少可能有利于果实的软化（Miedes et al.，2009）。本研究中，到李果实成熟时（经褪黑素处理后第 28 天），果实硬度和果肉硬度均显著低于对照组。果实的 PME、PG、PL、β-Gal 和 α-AF 活性显著高于对照组，但果实中的 XTH 和 EG 活性则显著低于对照组。这表明，施用褪黑素后，主要是果胶水解相关酶活性的增加造成了果实成熟时期的软化。研究指出，采后的经褪黑素处理的大枣（Tang et al.，2020）、芒果（Liu et al.，2020）和蓝莓（Qu et al.，2022）等园艺作物会抑制 PME、PG、β-Gal 和 Cx 等酶的活性。这可能是由于在不同的处理时期褪黑素的作用机制有所不同，针对不同的园艺作物，褪黑素的作用效果也会有所不同。

（三）褪黑素对李果实细胞壁代谢的影响

人研究表明，褪黑素处理上调了茄子中与褪黑素合成相关基因的表达，显著提高了内源性褪黑素含量（Song et al.，2022）。在苹果中，褪黑素也能够促进其植株内源褪黑素浓度的增加（He et al.，2020）。本研究中，经褪黑素处理后第 7 天、14 天、21 天的李果实内源性褪黑素含量极显著高于对照组，表明在李果实发育过程中，褪黑素处理促进了果实中内源褪黑素的积累，与前人的研究结果（Song et al.，2022；He et al.，2020）一致。这可能是由于褪黑素调节了果实中与褪黑素合成相关基因的表达，影响了果实中褪黑素的积累（Xia et al.，2020）。近年来的研究表明，在果实发育过程中，褪黑素含量会增加，在果实成熟期间，褪黑素含量会有所降低。在果实成熟过程中，褪黑素能够通过介导乙烯的生物合成和信号转导来延缓或促进果实的成熟，针对不同品种的果实所产生的效果也有所不同（Kou et al.，2021；Wang et al.，2020）。Li 等（2021）的研究指出，混合红、蓝光照射能够提高番茄内源褪黑素含量，促进果实的成熟及软化。这些研究成果在本研究中得到了进一步证实，即对李果实施用褪黑素能够诱导内源褪黑素的积累，并促进李果实的成熟。

### （四）褪黑素对李果实转录组的影响

本研究中，经褪黑素处理后的李果实在戊糖和葡萄糖醛酸的相互转化通路、苯丙烷生物合成通路、氰基氨基酸代谢通路和半乳糖代谢通路上存在差异表达基因。这四个途径主要涉及基因与细胞壁代谢。孙英晗（2022）的研究指出，经褪黑素处理的冬枣果实，影响其细胞壁代谢相关的差异基因富集在戊糖和葡萄糖醛酸的相互转化和半乳糖的代谢途径上。同样，马燕燕（2023）的研究也表明，近冰温贮藏能够影响西梅果实的成熟软化，其中苯丙烷生物合成通路、半乳糖代谢通路和戊糖-葡萄糖醛酸相互转换通路可能是调控果实软化的关键代谢通路。转录组分析结果表明，果实成熟时硬度的快速降低是由细胞壁代谢引起的，细胞壁修饰酶相关 DEGs 在草莓果实发育和成熟过程中发挥着重要作用（Hu et al.，2018）。Nham 等（2015）对梨的四个成熟阶段进行分析后指出，在梨果实成熟后硬度降低的过程中，*cellulose synthase* 基因、XTH 和 Exps 的转录丰度均呈现显著变化，编码果胶降解酶基因的高表达诱导了果胶低聚物含量的增加，有利于乙烯产量的提高。经褪黑素处理的番茄果实上调了多聚半乳糖醛酸酶（PG）、果胶甲酯酶 1（PE1）和 β-半乳糖苷酶（TBG4）等细胞壁结构相关基因的表达，加速了果胶的水解，促进果实的成熟和软化（Sun et al.，2015）。董小盼等（2023）的研究指出，用褪黑素处理桃果实能够影响果实苯丙烷代谢途径和其中相关基因的表达。本研究中，褪黑素影响李果实成熟软化及细胞壁代谢过程中所涉及的途径与前人的研究结果（Hu et al.，2018；Nham et al.，2015；董小盼等，2023）一致，表明戊糖和葡萄糖醛酸的相互转化通路、苯丙烷生物合成通路、氰基氨基酸代谢通路和半乳糖代谢通路在调节李果实细胞壁代谢过程中发挥着重要的作用。

经蛋白质组学分析后发现，许多参与果实成熟和细胞壁代谢的蛋白质会受到褪黑素的影响，施用褪黑素能够正向调节果实的成熟，同时负向调节果实的衰老（Sun et al.，2016）。本研究中共有 11 个与细胞壁代谢相关的基因在经褪黑素处理 21 天后的李果实中表现出差异表达，有 16 个与细胞壁代谢相关的基因在经褪黑素处理 28 天后的果实中表现出差异表达。在李果实发育后期到果实成熟阶段，果胶裂解酶（*At4g24787*）、多聚半乳糖醛酸酶（*GSVIVT00026920001*）、β-葡萄糖苷酶（*Xyl2、BGLU41、BGLU11*）、XTH（*XTH23*）等相关基因的表达上调，果胶甲酯酶活性抑制剂（*PPE8B*

和 *PMEI4*）的表达下调，这些均有利于果实的成熟软化。此外，果胶甲酯酶（*PECS-1.1* 和 *PME7*）、β-半乳糖苷酶（*BGAL8* 和 *BGAL1*）的表达下调与酶活性的表达趋势相反，这可能是由于酶活性的高低不仅受到转录因子的影响，也会受到蛋白质等其他因素的影响。

## 四、结论

（1）在李果实发育的过程中，褐黑素处理先显著提高了果实及果肉的硬度，然后随着果实的成熟，显著或极显著降低了果实的果实硬度、果肉硬度、弹性、咀嚼性和胶着性，而果实的内聚性极显著提高。果实细胞壁物质含量也呈现出相似的变化，经褐黑素处理后第 28 天果实的水溶性果胶含量显著提高，而离子结合性果胶、共价结合性果胶、半纤维素和纤维素含量显著或极显著降低。此外，褐黑素显著或极显著提高了李果实的 PME、PL、PG、β-Gal 和 α-AF 活性，同时极显著降低了 XTH 和 EG 活性。因此，褐黑素处理能够加速李果实成熟过程中细胞壁的代谢，进而加速李果实的软化。

（2）在经褐黑素处理后第 21 天的李果实中共检测到差异表达基因 459 个（157 个表达下调，302 个表达上调），在处理后第 28 天的李果实检测到差异表达基因 380 个（297 个表达下调，83 个表达上调）。KEGG 富集分析表明，经褐黑素处理后与细胞壁代谢相关的差异基因主要富集在戊糖和葡萄糖醛酸相互转化通路上、苯丙烷生物合成通路、氰基氨基酸代谢通路和半乳糖代谢通路。褐黑素处理能够影响细胞壁代谢相关酶基因的表达。因此，褐黑素通过影响细胞壁代谢相关基因的表达和细胞壁代谢酶活性，促进了李果实的成熟软化。

## 参考文献

［1］曹建康，姜微波，赵玉梅. 果蔬采后生理生化实验指导［M］. 北京：中国轻工业出版社，2007.

［2］董小盼，汤静，丁娇，等. 褐黑素处理对桃果实采后软腐病的影响及其机理［J］. 食品科学，2023，45（11）：234-249.

［3］古湘. 南丰蜜橘木质素代谢与化渣的关系研究［D］. 南昌：江西农业大学，2016.

［4］何秀娟，仝铸，肖翠，等. 基于穿刺测试和 TPA 法的板栗果实质地分析

［J］. 保鲜与加工，2023，23（9）：59-68.

［5］李娇娇. 活性氧对桑葚采后自溶过程细胞壁代谢的影响［D］. 合肥：安徽农业大学，2015.

［6］李鹏鹤. 乙烯调控后熟甜瓜果实细胞壁代谢及其结构变化［D］. 郑州：河南农业大学，2015.

［7］马燕燕. 近冰温贮藏对新疆西梅贮藏品质及软化的调控机制研究［D］. 石河子：石河子大学，2023.

［8］尚海涛. 桃果实絮败和木质化两种冷害症状形成机理研究［D］. 南京：南京农业大学，2011.

［9］孙英杰，蒋雅萍，石泽栋，等. 采前调控乙烯对"嘎啦"苹果采后质地变化的影响［J］. 北方园艺，2021（10）：97-104.

［10］孙瑛晗. 基于转录组测序的褪黑素处理延缓冷藏枣果实软化机理研究［D］. 沈阳：沈阳农业大学，2022.

［11］佟兆国，王飞，高志红，等. 果胶降解相关酶与果实成熟软化［J］. 果树学报，2011，28（2）：305-312.

［12］肖望，涂红艳，张爱玲. 植物生理学实验指导［M］. 广州：中山大学出版社，2020.

［13］熊庆娥. 植物生理学实验教程［M］. 成都：四川科学技术出版社，2003.

［14］张元薇，辛颖，陈复生. 果实软化过程中果胶降解酶及相关基因研究进展［J］. 保鲜与加工，2019，19（2）：147-153.

［15］CAO S, BIAN K, SHI L, et al. Role of melatonin in cell-wall disassembly and chilling tolerance in cold-stored peach fruit［J］. Journal of Agricultural and Food Chemistry, 2018, 66（22）：5663-5670.

［16］HE J, ZHUANG X, ZHOU J, et al. Exogenous melatonin alleviates cadmium uptake and toxicity in apple rootstocks［J］. Tree Physiology, 2020, 40（6）：746-761.

［17］HOU Y, WU F, ZHAO Y, et al. Cloning and expression analysis of polygalacturonase and pectin methylesterase genes during softening in apricot (*Prunus armeniaca* L.) fruit［J］. Scientia Horticulturae, 2019, 256：108607.

［18］HU P, LI G, ZHAO X, et al. Transcriptome profiling by RNA-Seq reveals differentially expressed genes related to fruit development and ripening characteristics in strawberries (*Fragaria* × *ananassa*)［J］. PeerJ, 2018, 6：e4976.

［19］KOU X, FENG Y, YUAN S, et al. Different regulatory mechanisms of plant hormones in the ripening of climacteric and non-climacteric fruits: a review [J]. Plant Molecular Biology, 2021, 107 (6): 477-497.

[20] LI Y, LIU C, SHI Q, et al. Mixed red and blue light promotes ripening and improves quality of tomato fruit by influencing melatonin content [J]. Environmental and Experimental Botany, 2021, 185: 104407.

[21] LIU S, HUANG H, HUBER D J, et al. Delay of ripening and softening in "Guifei" mango fruit by postharvest application of melatonin [J]. Postharvest Biology and Technology, 2020, 163: 111136.

[22] LIVAK K J, SCHMITTGEN T D. Analysis of relative gene expression data using real-time quantitative PCR and the 2 (-Delta Delta C (T)) Method [J]. Method, 2001, 25 (4): 402-408.

[23] MIEDES E, LORENCES E P. Xyloglucan endotransglucosylase/hydrolases (XTHs) during tomato fruit growth and ripening [J]. Journal of Plant Physiology, 2009, 166 (5): 489-498.

[24] NHAM N T, DE FREITAS S T, MACNISH A J, et al. A transcriptome approach towards understanding the development of ripening capacity in "Bartlett" pears (*Pyrus communis* L.) [J]. BMC Genomics, 2015, 16: 762.

[25] PEREZ-PASTRANA J, ISLAS-FLORES I, BARANY I, et al. Development of the ovule and seed of Habanero chili pepper (*Capsicum chinense* Jacq.): Anatomical characterization and immunocytochemical patterns of pectin methyl-esterification [J]. Journal of Plant Physiology, 2018, 230: 1-12.

[26] QU G, BA L, WANG R, et al. Effects of melatonin on blueberry fruit quality and cell wall metabolism during low temperature storage [J]. Food Science and Technology, 2022, 42: e40822.

[27] SONG L, ZHANG W, LI Q, et al. Melatonin alleviates chilling injury and maintains pos-tharvest quality by enhancing antioxidant capacity and inhibiting cell wall degradation in cold-stored eggplant fruit [J]. Postharvest Biology and Technology, 2022, 194: 112092.

[28] SUN Q, ZHANG N, WANG J, et al. A label-free differential proteomics analysis reveals the effect of melatonin on promoting fruit ripening and anthocyanin accumulation upon pos tharvest in tomato [J]. Journal of Pineal Research, 2016, 61 (2): 138-153.

［29］SUN Q, ZHANG N, WANG J, et al. Melatonin promotes ripening and improves quality of tomato fruit during postharvest life ［J］. Journal of Experimental Botany, 2015, 66 （3）: 657-668.

［30］TANG Q, LI C, GE Y, et al. Exogenous application of melatonin maintains storage quality of jujubes by enhancing anti-oxidative ability and suppressing the activity of cell wall-degrading enzymes ［J］. LWT - Food Science and Technology, 2020, 127: 109431.

［31］WANG S, SHI X, WANG R, et al. Melatonin in fruit production and postharvest preservation: A review ［J］. Food Chemistry, 2020, 320: 126642.

［32］WIN N M, YOO J, NAING A H, et al. 1-Methylcyclopropene （1-MCP） treatment delays modification of cell wall pectin and fruit softening in "Hwangok" and "Picnic" apples during cold storage ［J］. Postharvest Biology and Technology, 2021, 180: 111599.

［33］XIA H, SHEN Y, SHEN T, et al. Melatonin accumulation in sweet cherry and its influence on fruit quality and antioxidant properties ［J］. Molecules, 2020, 25 （3）: 753.

［34］YANG H, LIU J, DANG M, et al. Analysis of beta-Galactosidase during fruit development and ripening in two different texture types of apple cultivars ［J］. Frontiers in Plant Science, 2018, 9: 539.

［35］YANG L, CONG P, HE J, et al. Differential pulp cell wall structures lead to diverse fruit textures in apple （*Malus domestica*） ［J］. Protoplasma, 2022, 259 （5）: 1205-1217.

# 第五章
## 褪黑素对李果实糖酸代谢的影响

### 一、材料与方法

#### （一）试验材料

试验地位于四川省成都市龙泉驿区西河镇（30°64′09″N，104°23′17″E），该区域属亚热带湿润气候区，气候特征表现为四季分明、温暖湿润，年降水量丰富，约为1089 mm，年均气温为17.0 ℃，无霜期较长。

试验材料为4年生'羌脆大李'树，砧木为毛桃，株行距为3 m×4 m。树形为开心形，树势中庸，田间肥水管理一致。

试验所用褪黑素购自北京索莱宝科技有限公司。

#### （二）试验设计

2022年5月，选择树势中庸、长势相同且无病虫害的'羌脆大李'植株，对其进行挂牌标记。2022年6月7日，果实第二次快速膨大（花后90天），对'羌脆大李'植株进行处理。试验设置褪黑素处理组和对照组，以单株树为一个生物学重复，每组处理重复3次。褪黑素处理为叶面喷施100 μmol/L的褪黑素（吴彩芳等，2021；Xia et al.，2020），以叶面滴液为标准，对照组喷施相同体积的清水，7天后喷施第2次，总共喷施2次。第1次喷施前开始第1次采样，之后每7天采一次样，采至经褪黑素处理的果实完全成熟，总共采样5次。每次采样按照东、南、西、北各个方位随机采取中等大小的果实，每个方位10个左右。每次采完样后，将李果实立即冷藏并运回实验室，先测定基本外观品质指标，再将果肉切碎混匀，经液氮冷冻后，贮存于-80 ℃超低温冰箱，用于后续指标测定。

## （三）测定项目与方法

### 1. 果实大小

单果重用万分之一电子天平逐个称量。果实横、纵径使用数显式游标卡尺测量，纵径与横径的比值为果形指数。

### 2. 内在品质

可溶性固形物含量用 PAL-1 手持式折射测糖仪测定，可溶性糖含量采用硫酸-蒽酮比色法（熊庆娥，2003）测定，可滴定酸含量采用氢氧化钠溶液滴定法（张志良等，2009）测定。维生素 C 含量采用 2,6-二氯靛酚法（张志良等，2009）测定，稍作改进：取果肉碎块置于冷冻磨样机研磨后，快速称取 5 g 左右的粉末，于 50 mL 尖底离心管中加入 2% 的草酸至 50 mL 刻度线，加入适量活性炭吸色，摇晃均匀后，于 4 ℃ 离心、8,000 r/min 下离心 5 min，取上清液 5 mL 于锥形瓶中，用装有 2,6-二氯靛酚的半微量滴定管进行滴定，记录滴定所用试剂体积，并计算维生素 C 含量。

### 3. 可溶性糖组分及淀粉含量

可溶性糖组分含量采用安捷伦 1260 Infinity 高效液相色谱仪、示差检测器（RID）测定，可溶性糖的提取方法和色谱条件参照李映志等（2014）的方法。可溶性糖组分的提取过程如下：将冷冻的果肉样品在液氮中磨成粉末状，称取样品粉末 1 g，加入 4 mL 超纯水，置于 80 ℃ 水浴中 15 min，于 9,000 r/min、4 ℃ 下离心 15 min，取上清液，转移至 10 mL 离心管，再向残渣中加入 4 mL 超纯水，置于 80 ℃ 水浴中 15 min，于 9,000 r/min、4 ℃ 下离心 15 min，取上清液转移至离心管，用超纯水定容至 10 mL，使用注射器经 0.22 μm 水系微孔滤膜过滤至 2 mL 棕色进样瓶备用。

可溶性糖含量测定的色谱条件：Anthena NH2 色谱柱（5 μm，4.6×250 mm）；流动相为乙腈：超纯水 = 80：20，流速为 1 mL/min；进样体积为 10 μL；柱温为 40 ℃，进样时间为 20 min。使用外标法确定每种糖组分的标准曲线，浓度范围为 0.02～1.00 mg/mL。

淀粉含量采用试剂盒（购于苏州格锐思生物科技有限公司）测定，利用酸水解法将淀粉分解为葡萄糖，再用蒽酮比色法测定葡萄糖的含量，然后换算为淀粉含量。

### 4. 有机酸组分含量

有机酸组分含量采用赛默飞 U3000 系列高效液相色谱仪测定，用二极管阵列检测器（DAD）检测，有机酸的提取方法参照鲍荆凯（2022）的提取方法并有所修改。有机酸组分的提取过程如下：称取 1 g 混合均匀的果肉粉末，装入 10 mL 带盖离心管中，加入 5 mL 的磷酸二氢钾缓冲液（0.04 mol/L，pH = 2.6），在冰水浴中超声提取

40 min。于 4 ℃、8,000 r/min 下离心 15 min，将上清液转移至新的 10 mL 带盖离心管，向残渣中加入 4 mL 0.04 mol/L 的磷酸二氢钾缓冲液（pH = 2.6），于冰水浴中超声提取 40 min，于 4 ℃、8,000 r/min 下离心 15 min，将上清液转移至离心管，用磷酸二氢钾缓冲液定容至 10 mL。使用注射器吸取上清液，经 0.22 μm 水系针式过滤头过滤至 1.5 mL 棕色进样瓶中待测。

有机酸含量测定色谱条件：Inertsil AQ-C18（5 μm，4.6 mm×250 mm）柱；流动相为 0.04 mol/L 的磷酸二氢钾缓冲液：甲醇 = 99：1（pH = 2.6），流速为 0.8 mL/min；进样体积为 10 μL；柱温为 30 ℃；检测波长为 210 nm，进样时间为 15 min。

**5. 糖代谢相关酶活性**

蔗糖磷酸合成酶、蔗糖合成酶（合成方向）、蔗糖合成酶（分解方向）、可溶性酸性转化酶、细胞壁不可溶性酸性转化酶、中性转化酶、己糖激酶、果糖激酶、磷酸果糖激酶、葡萄糖激酶、NAD$^+$-山梨醇脱氢酶和山梨醇氧化酶活性均采用相应的试剂盒（苏州格锐思生物科技有限公司）测定，测定步骤按照试剂盒说明书进行。

**6. 苹果酸代谢相关酶活性**

磷酸烯醇式丙酮酸脱羧酶、NADP$^+$-苹果酸酶和 NAD$^+$-苹果酸脱氢酶活性均采用相应的试剂盒（苏州格锐思生物科技有限公司）测定，测定步骤按照试剂盒说明书进行。

**7. 转录组数据分析**

利用已发表的转录组数据（Li et al.，2021）进行分析，转录组的基本信息如下：选择表型差异较为显著的处理后第 21、28 天李果实，提取李果实 RNA 进行测序，每组处理重复 3 次，共计构建 12 个转录组文库。利用高通量 Illumina Nova Seq6000 平台对构建的转录组文库进行测序，经测序质量控制，共得到 79.83 GB 高质量有效数据，均获得超 1970 万条高质量有效读段，各样品 Q30 碱基百分比均不低于 94.20%，GC 含量均大于 45.94%。

将果肉样品的高质量有效读段与参考基因（Prunus_salicina.v1.0.genome.fa）进行序列比对，各样品的高质量有效读段与参考基因组的比对率在 93.29%～94.61%。基于比对结果，进行可变剪接预测分析、基因结构优化分析以及新基因的发掘，发掘新基因 3194 个，其中有 2018 个得到功能注释。在本试验中，将差异倍数≥1.5 且 < 0.01 作为差异基因筛选标准。在处理后第 21 天，GO、KEGG 和 NR 数据库注释到的差异基因数为 350、302 和 436 个；在处理后第 28 天，GO、KEGG 和 NR 数据库注释到的差异基因数为 306、260 和 367 个。

**8. 实时荧光定量 PCR（RT-qPCR）验证**

利用改良的 CTAB 法（刘洋等，2006）提取果肉样本中 RNA，利用琼脂糖凝胶电泳法检测 RNA 质量。在 NCBI 数据库中找到目的基因的 mRNA 序列，采用引物设计工具设计引物，引物长度为 18 ～ 25 bp，GC 含量为 48% ～ 55%，扩增产物大小为 180 ～ 250 bp，为避免形成"引物二聚体"，退火温度控制在 55 ～ 60 ℃，正反应物 Tm 值的差异小于 5 ℃。以网格蛋白衔接子复合物中等亚基家族蛋白（CAC）为内参基因（You et al.，2016）。引物合成（见表 5-1）所列由擎科生物技术（成都）有限公司完成。按照北京聚合美生物科技公司所提供的 M5 Super plus qPCR RT kit with gDNA remover 使用说明书进行反转录。

实时荧光定量 PCR：按照北京聚合美生物科技有限公司所提供的 2X M5 HiPer SYBR Premix Es Taq（with Tli RNase H）试剂盒使用说明书进行荧光定量 PCR。10 μL qRT-PCR 荧光定量反应体系构成如下：5 μL 2×M5 HiPer SYBR、3.4 μL ddH$_2$O、0.8 μL 前引物、0.8 μL 后引物，1 μL DNA 模板。

表 5-1  荧光定量 PCR 引物序列

| 基因编号 | 基因名称 | 引物序列（5′-3′） |
|---|---|---|
| At1g60780 | *CAC* | F：GGGATACGCTACAAGAAGAATGAG<br>R：CTTACACTCTGGCATACCACTCAA |
| gene. evm. model. LG02. 2078 | *SWEET17* | F：CTGAGGCGTAGATCAACTGAGG<br>R：GGCCTTCATTCTTGGTGGTG |
| gene. evm. model. LG02. 647 | *GK* | F：GCTGTTGTGATTATGGGTGTCAG<br>R：GTGTTTCAAGCCAAGGCATCC |
| gene. evm. model. LG04. 694 | *SWEET2a* | F：GCCTTCGTGTTGTTTGTGTCAC<br>R：CCAAATGAATTGACTGTAGCCACC |
| gene. evm. model. LG08. 1659 | *MDH* | F：GACCCAAAGCGACTTCTAGGAG<br>R：AGGCTTGACCTGTGACAGAAG |
| gene. evm. model. LG04. 87 | *TDT* | F：TCCTCTGCTACTTCCTT<br>R：TGCTTGTGGGTGTGACTA |
| gene. evm. model. LG04. 2538 | *HK3* | F：CGGAAGTGGAGAAGAGTGGTTG<br>R：ACCATCAGAGGCCAAACCTG |
| gene. evm. model. LG01. 2283 | *PFK3* | F：CTCATCTCTGCGACTACTTGTCC<br>R：CTTGGACTATCCGTGTGGACAAC |

（四）数据处理与统计方法

利用 Excel 2019 和 SPSS 17.0 软件进行数据统计和分析，采用独立样本 t 检验对褐黑素处理组和对照组的各指标进行显著性检验。

## 二、结果与分析

### （一）褪黑素对李果实外观品质的影响

从图 5-1 可知，李果实单果重在不同时间呈逐步增加的趋势。在处理后第 21、28 天，经褪黑素处理的李果实单果重均显著高于对照组，较对照组分别增加了 18.56% 和 12.93%。与单果重变化相似，经褪黑素处理的李果实纵径也在处理后第 21、28 天与对照组差异显著，较对照组分别增加了 5.37% 和 5.05%。处理后第 7—28 天，李果实果形指数略微下降。褪黑素处理对李果实横径和果形指数在处理后 0—28 天无显著影响。

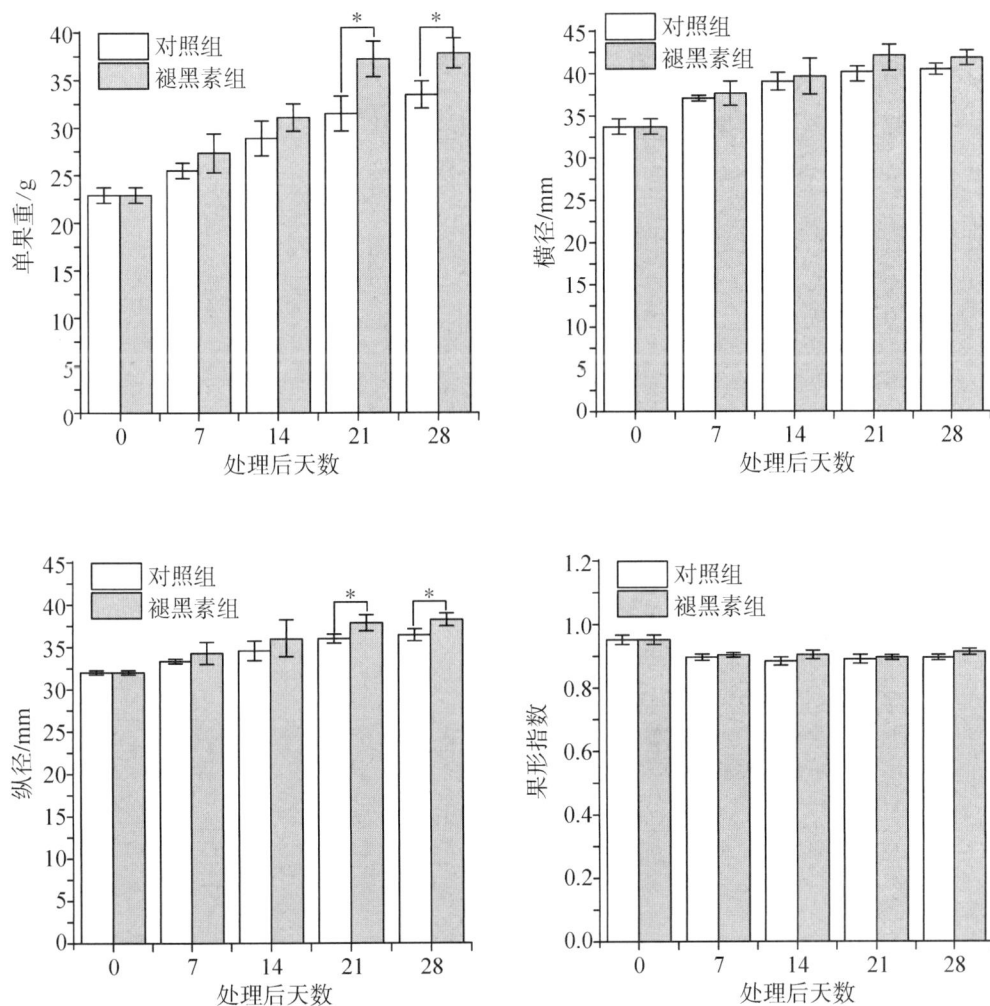

注：标记 * 和 ** 分别表示褪黑素处理与对照组差异显著和极显著（$0.01 \leqslant P < 0.05$ 或 $P < 0.01$），下同。

图 5-1 李果实外观品质

## （二）褪黑素对李果实内在品质的影响

从图 5-2 可知，李果实可溶性糖含量在处理后 0—28 天呈逐步增加的趋势，处理后第 21 天、28 天变化幅度较小。经褪黑素处理的李果实可溶性糖含量在第 7 天、14 天较对照组差异极显著，较对照组分别增加了 19.96% 和 14.52%；在第 21 天、28 天差异显著，较对照组分别增加了 7.78% 和 9.74%。褪黑素处理和对照组的李果实可滴定酸含量的变化趋势相同，均随处理时间的延长呈降低的趋势，且在处理后第 28 天最低。在处理后第 7 天、28 天，经褪黑素处理的李果实可滴定酸含量显著低于对照组，且较对照组分别降低了 0.18% 和 0.10%。从图 5-3 可知，经褪黑素处理的李果实维生素 C 含量随处理时间的延长呈增加的趋势，在处理后第 28 天最大。在处理后第 21 天、28天，经褪黑素处理的李果实维生素 C 含量极显著高于对照组，较对照组分别增加了 115.66% 和 56.09%。李果实可溶性固形物含量变化趋势与可溶性糖含量变化类似，在处理后第 21 天、28 天，经褪黑素处理的李果实可溶性固形物含量与对照组呈显著差异和极显著差异，较对照组分别增加了 1.36% 和 1.13%。

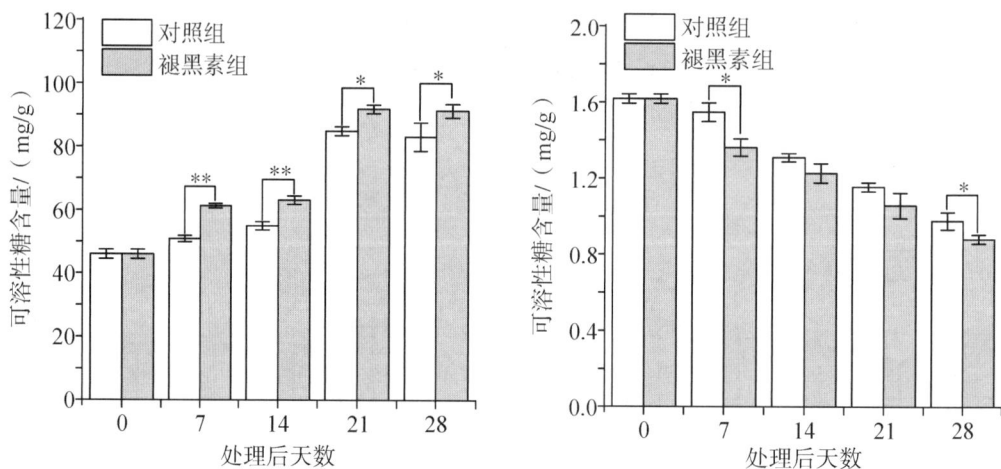

图 5-2 李果实可溶性糖和可滴定酸含量

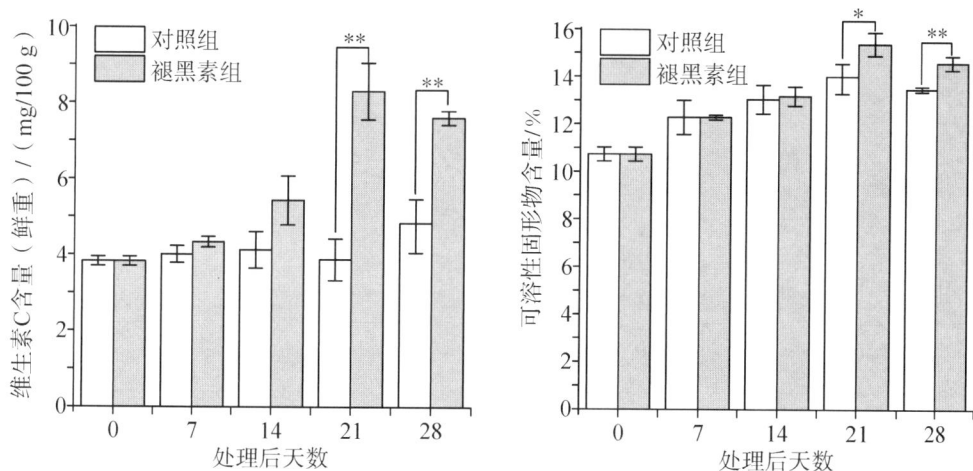

图 5-3　李果实维生素 C 和可溶性固形物含量

## (三) 褪黑素对李果实可溶性糖含量的影响

据图 5-4 可知, 李果实葡萄糖含量在处理后 0—14 天逐步积累, 在处理后第 14—28 天含量呈减少趋势。在处理后第 14 天, 李果实葡萄糖含量最高; 在处理后第 21、28 天, 李果实葡萄糖含量降低。在处理后第 7 天, 经褪黑素处理的李果实葡萄糖含量显著高于对照组, 较对照组增加了 27.52%, 其余处理后的时间李果实葡萄糖含量差异不显著。就果糖含量而言, 在处理后 0—28 天, 李果实果糖含量变化趋势与葡萄糖类似, 在处理后第 14 天果糖含量最高, 而后果糖含量有所降低。在处理后第 28 天, 经褪黑素处理的李果实果糖含量和对照组存在显著差异, 较对照组降低了 11.64%。就蔗糖含量而言, 对照组和经褪黑素处理的李果实蔗糖含量在处理后不同时间均呈现出逐步积累趋势。在处理后第 7、28 天, 经褪黑素处理的李果实蔗糖含量显著高于对照组, 较对照组分别增加了 45.66% 和 20.07%。在处理后第 14 天、21 天, 经褪黑素处理的李果实蔗糖含量极显著高于对照组, 较对照组分别增加了 50.72% 和 47.81%。在处理后第 28 天, 经褪黑素处理的李果实蔗糖含量 (鲜重) 达 32.10 mg/g, 对照组的李果实蔗糖含量 (鲜重) 则为 26.73 mg/g, 两者差异显著。与蔗糖含量的变化趋势相似, 褪黑素处理和对照组的李果实山梨醇含量也呈现出逐步积累的变化趋势, 在处理后第 28 天最高。在处理后第 14 天、21 天和 28 天, 经褪黑素处理的李果实山梨醇含量显著高于对照组, 较对照组分别增加了 31.80%、19.95% 和 8.67%。

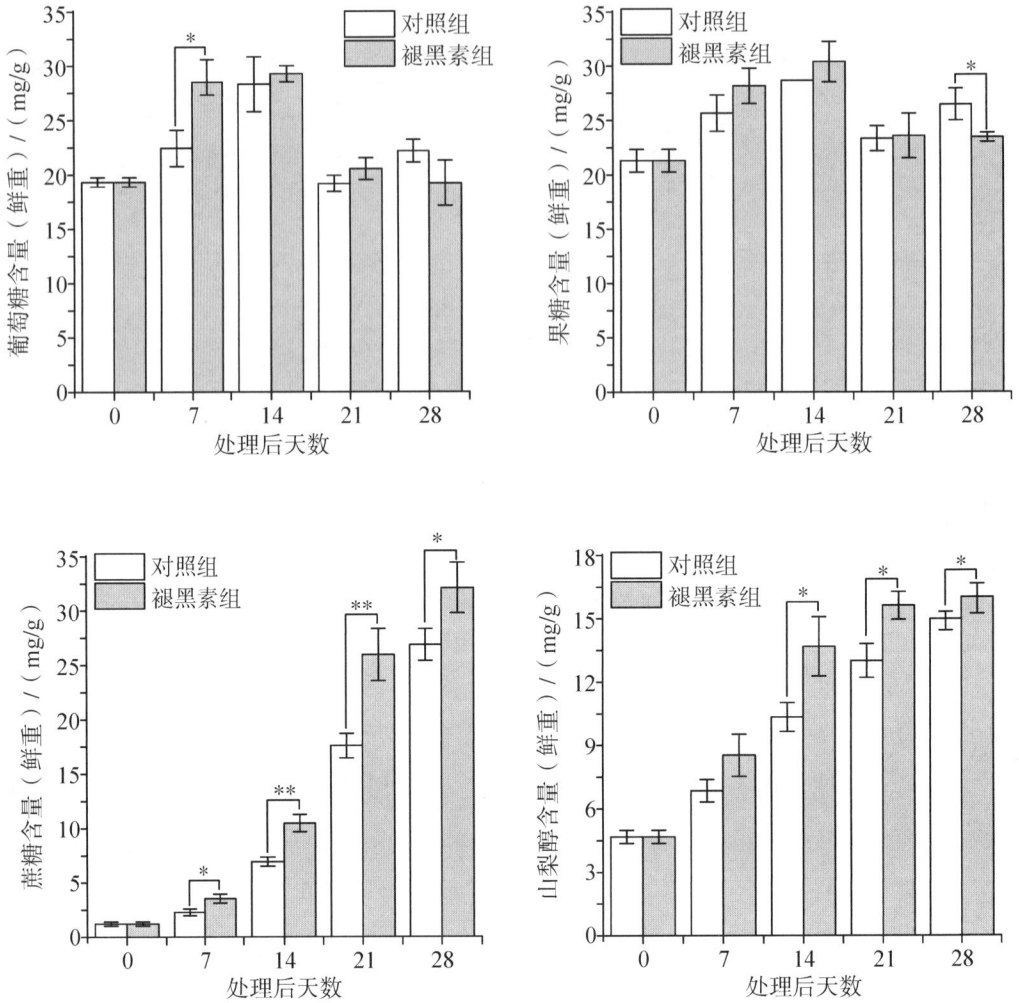

图 5-4　李果实可溶性糖组分含量

## （四）褪黑素对李果实淀粉含量的影响

由图 5-5 分析可知，褪黑素处理与对照组的李果实淀粉含量在处理后不同时间的变化趋势类似，均为先增加后降低。在处理后第 7 天，经褪黑素处理的李果实淀粉含量显著高于对照组，较对照组增加了 14.73%。组褪黑素处理的李果实淀粉含量在处理后第 7 天累积达到最大值，而对照组的李果实淀粉含量在处理后第 14 天达到最大值。在处理后第 28 天，褪黑素对李果实淀粉含量无显著影响。

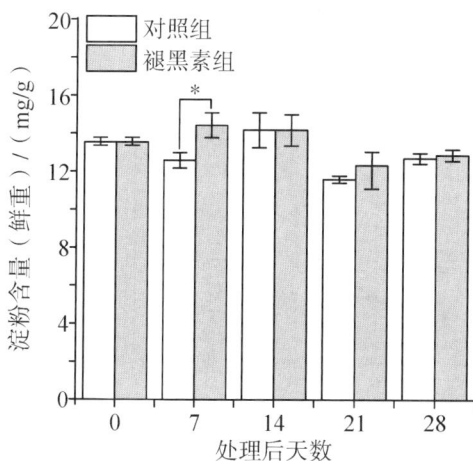

图 5-5　李果实淀粉含量

## （五）褪黑素对李果实蔗糖代谢酶活性的影响

从图 5-6 中可知，在处理后 0–28 天，褪黑素处理和对照组的李果实蔗糖合成酶（合成方向）活性变化幅度较小，且无显著差异。经褪黑素处理的李果实蔗糖合成酶（合成方向）活性变化趋于平稳，对照组的李果实蔗糖合成酶（分解方向）活性变化幅度大于褪黑素处理组。在处理后 0—28 天，对照组的李果实蔗糖合成酶（分解方向）活性呈先升高后降低的变化趋势，且在处理后第 14 天达到最大值。经褪黑素处理的李果实蔗糖合成酶（分解方向）活性呈现出"N"形变化趋势，在处理后第 14 天达到最大值。在处理后第 21 天，对照组的李果实蔗糖合成酶（分解方向）活性显著高于褪黑素处理组。在处理后第 28 天，经褪黑素处理的李果实蔗糖合成酶（分解方向）活性极显著高于对照组，较对照组提高了 32.80%。褪黑素处理和对照组的李果实蔗糖磷酸合成酶活性变化趋势相似，活性变化趋势均为先升高后降低。在处理后第 21 天，经褪黑素处理的李果实蔗糖磷酸合成酶活性达到最大值，较对照组提高了 33.84%。在处理后第 7 天、28 天，经褪黑素处理的李果实蔗糖磷酸合成酶活性显著高于对照组，较对照组分别提高了 16.55% 和 23.89%。

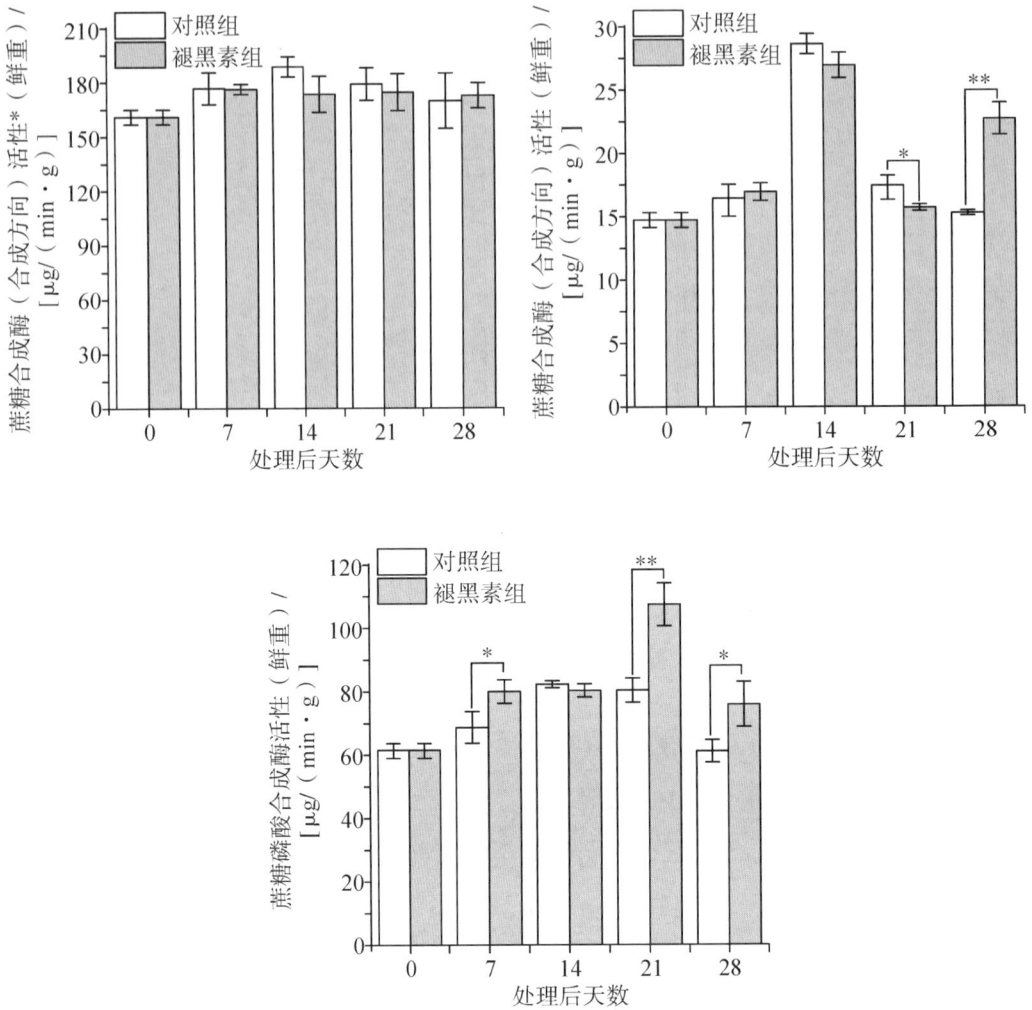

图 5-6　李果实蔗糖合成酶和蔗糖磷酸合成酶活性

如图 5-7 所示，在处理后 0—28 d，经褪黑素处理的李果实可溶性酸性转化酶活性呈现出 "M" 形变化趋势，对照组则呈现出 "N" 形变化趋势。在处理后第 7、21 天，经褪黑素处理的李果实可溶性酸性转化酶活性极显著高于对照组，较对照组分别提高了 60.82% 和 55.16%。在处理后第 14 天、28 天，经褪黑素处理的李果实可溶性酸性转化酶活性显著低于对照组，较对照组分别降低了 14.86% 和 31.88%。

随着李果实的发育，经褪黑素处理的李果实细胞壁不可溶性酸性转化酶活性呈现出先升高再降低而后趋于稳定的变化趋势。对照组的李果实细胞壁不可溶性酸性转化酶活性变化趋势为 "W" 形，变化幅度较大。在处理后第 7 天，经褪黑素处理的李果实细胞壁不可溶性酸性转化酶活性极显著高于对照组，为对照组的 1.95 倍。在处理后第 21 天，经褪黑素处理的李果实细胞壁不可溶性酸性转化酶活性显著高于对照组，较对照组提高了 15.06%。在处理后第 14 天、28 天，经褪黑素处理的李果实细胞壁不可溶性酸性转化酶活性极显著低于对照组，较对照组分别降低了 33.39% 和 36.26%。

在处理后 0—28 天，李果实中性转化酶活性在 0—7 天升高，在处理后 7—28 天内变化幅度较小，且褪黑素处理对李果实中性转化酶活性影响不显著。经褪黑素处理的李果实中性转化酶（鲜重）活性范围为 2.68～3.92 μg/（min/g），对照组的李果实中性转化酶（鲜重）活性范围为 2.68～3.99 μg/（min/g）。

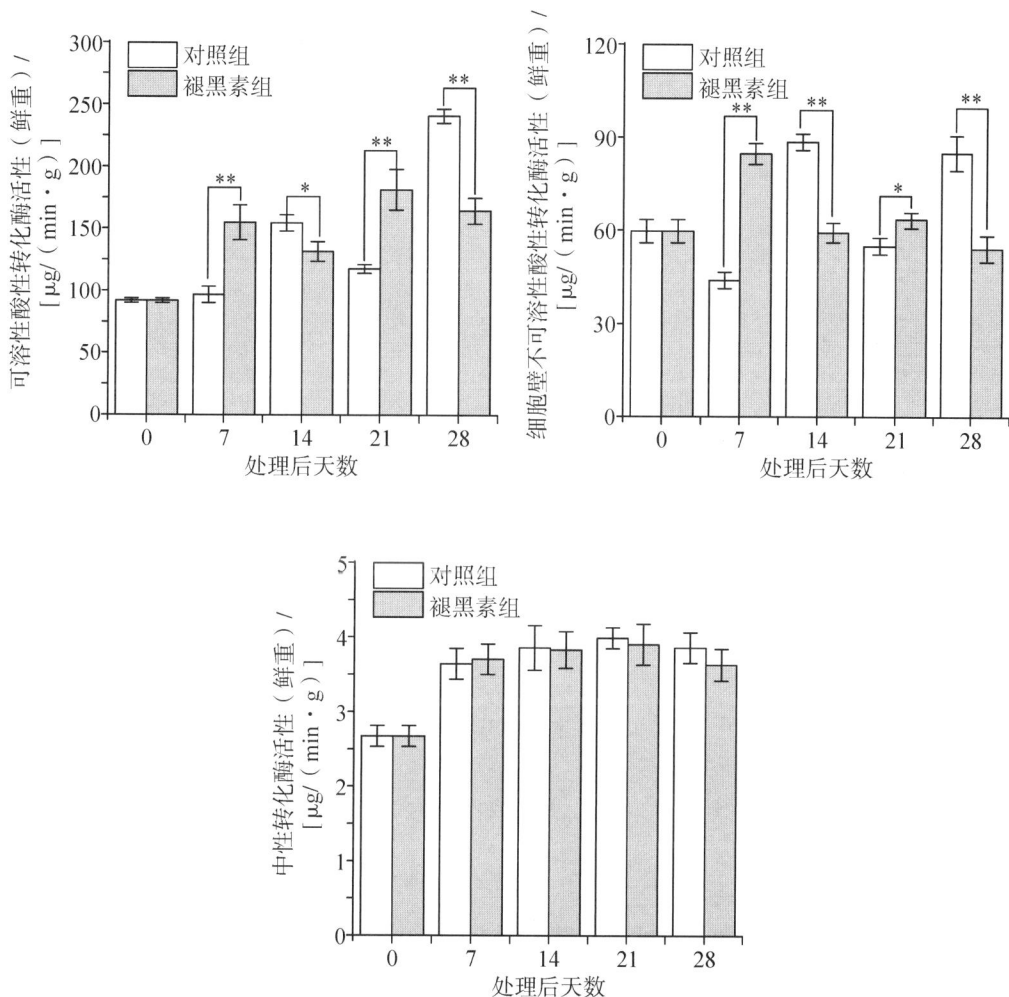

图 5-7　李果实蔗糖转化酶活性

## （六）褪黑素对李果实山梨醇代谢酶活性的影响

从图 5-8 中可知，经褪黑素处理的李果实 $NAD^+$-山梨醇脱氢酶活性在处理后不同时间呈现出先升高后降低的变化趋势，并在处理后第 14 天达到最大值。对照组的李果实 $NAD^+$-山梨醇脱氢酶活性变化幅度较小，并在处理后第 21 天时达到最大值。在处理后第 14 天，经褪黑素处理的李果实 $NAD^+$-山梨醇脱氢酶活性极显著高于对照组，较对照组提高了 13.50%。在处理后第 21 天、28 天，经褐黑素处理的李果实 NAD$^+$-山梨醇脱氢酶活性显著或极显著低于对照组，较对照组分别降低了 4.02% 和 12.00%。

褐黑素处理和对照组的李果实山梨醇氧化酶活性在处理后不同时间均呈现出先增加后减少的变化趋势。在褐黑素处理组中，山梨醇氧化酶活性在处理后第 7 天达到最大值，而对照组山梨醇氧化酶活性则在处理后第 14 天达到最大值。在处理后第 7 天，经褐黑素处理的李果实山梨醇氧化酶活性极显著高于对照组，提高了 38.30%。在处理后第 28 天，经褐黑素处理的李果实山梨醇氧化酶活性显著高于对照组，提高了 23.10%。在处理后第 14 天，经褐黑素处理的李果实山梨醇氧化酶活性则极显著低于对照组。

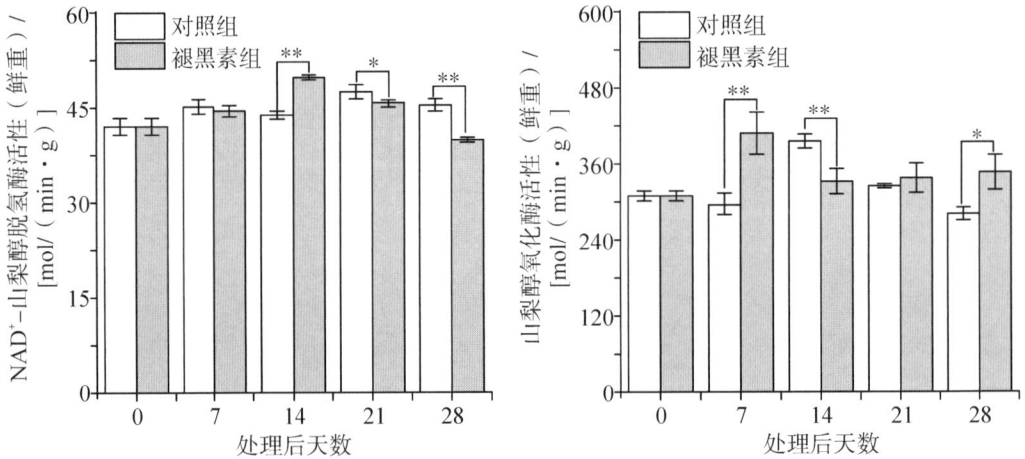

图 5-8　李果实山梨醇代谢酶活性

(七) 褐黑素对李果实己糖代谢酶活性的影响

由图 5-9 可知，在处理后 0—28 天，褐黑素处理与对照的李果实己糖激酶活性变化幅度较小，且在处理后不同时间均表现出不显著差异。在处理后 0—28 天，对照组和经褐黑素处理的李果实葡萄糖激酶活性均呈现出逐步升高的变化趋势，并在处理后第 28 天时达到最大值。在处理后第 7 天、21 天、28 天，经褐黑素处理的李果实葡萄糖激酶活性均显著高于对照组，较对照组分别提高了 8.55%、7.91% 和 12.33%。在处理后第 14 天，经褐黑素处理的李果实葡萄糖激酶活性略高于对照组，但差异不显著。

对照组的李果实果糖激酶活性呈现出先升高后降低的变化趋势。褐黑素处理使果糖激酶活性呈现出逐步增加的变化趋势。在处理后第 21 天，对照组的李果实果糖激酶活性（鲜重）为 38.12 nmol/（min/g），经褐黑素处理的李果实果糖激酶活性（鲜重）则为 34.73 nmol/（min/g），前者高于后者。在处理后第 28 天，经褐黑素处理的李果实果糖激酶活性显著高于对照组，较对照组提高了 10.46%。在处理后 0—28 天，李果实磷酸果糖激酶活性变化均为先升高后降低再升高的变化趋势，褪黑素处理和对照组的李果实磷酸果糖激酶活性均在处理后第 28 天达到最大值。在处理后第 7 天，对照组的李果实磷酸果糖激酶活性高于褪黑素处理组。在处理后第 14 天，经褪黑素处理的李果实磷酸果糖激酶活性显著高于对照组，较对照组提高了 19.55%。

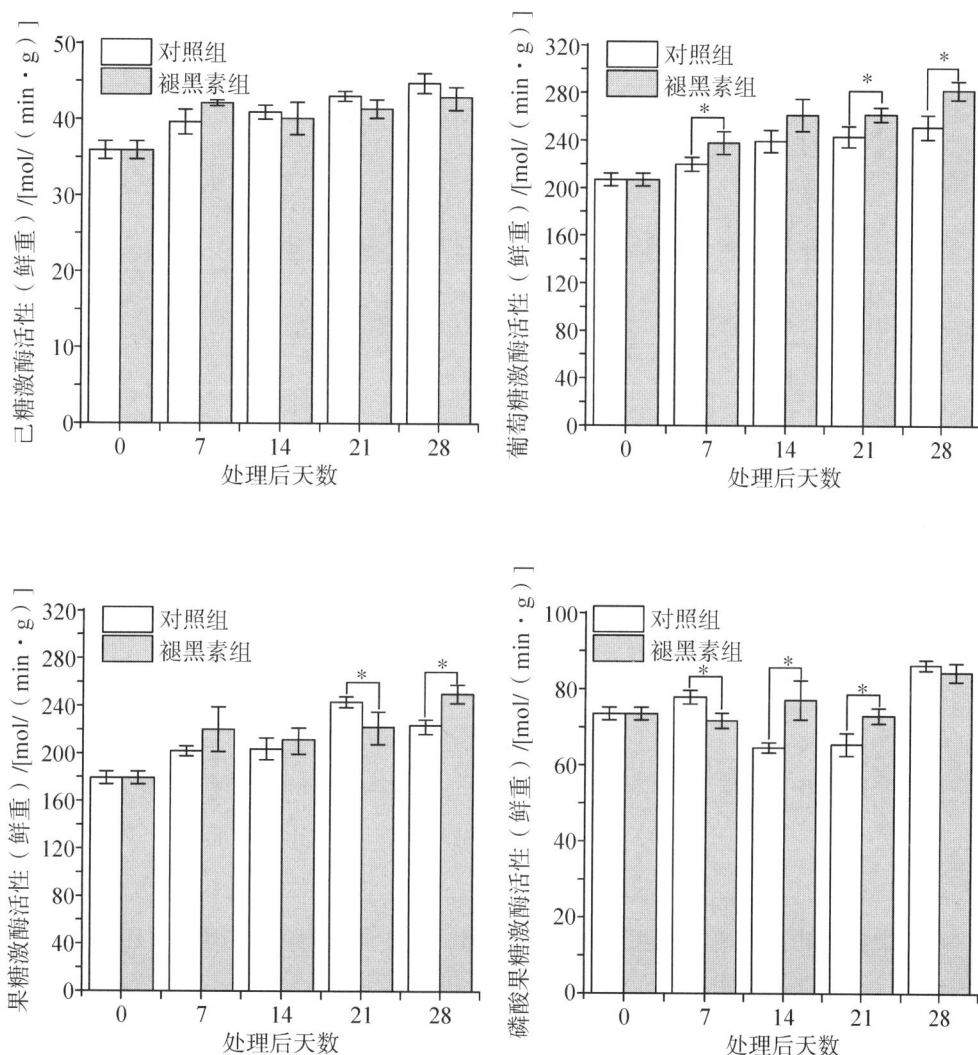

图 5-9　李果实己糖代谢酶活性

## （八）褪黑素对李果实淀粉代谢酶活性的影响

由图 5-10 可知，对照组的李果实 α-淀粉酶活性变化呈现出逐步升高的变化趋势，而经褪黑素处理的李果实 α-淀粉酶活性呈现出先升高后降低再升高的变化趋势。在处理后第 7 天，经褪黑素处理的李果实 α-淀粉酶活性较对照组提高了 22.95%。在处理后第 14 天，经褪黑素处理的李果实 α-淀粉酶活性显著高于对照组。在处理后第 21 天、28 天，褪黑素处理对李果实 α-淀粉酶活性影响不显著。

在处理后 0—28 天，经褪黑素处理的李果实 β-淀粉酶活性变化幅度较小，对照组的李果实 β-淀粉酶活性呈现出先升高后降低的变化趋势。褪黑素处理组的 β-淀粉酶活性在处理后第 7 天极显著高于对照组，而在处理后第 14 天显著低于对照组。在处理后第 21 天、28 天，褪黑素处理对李果实 β-淀粉酶活性影响不显著。

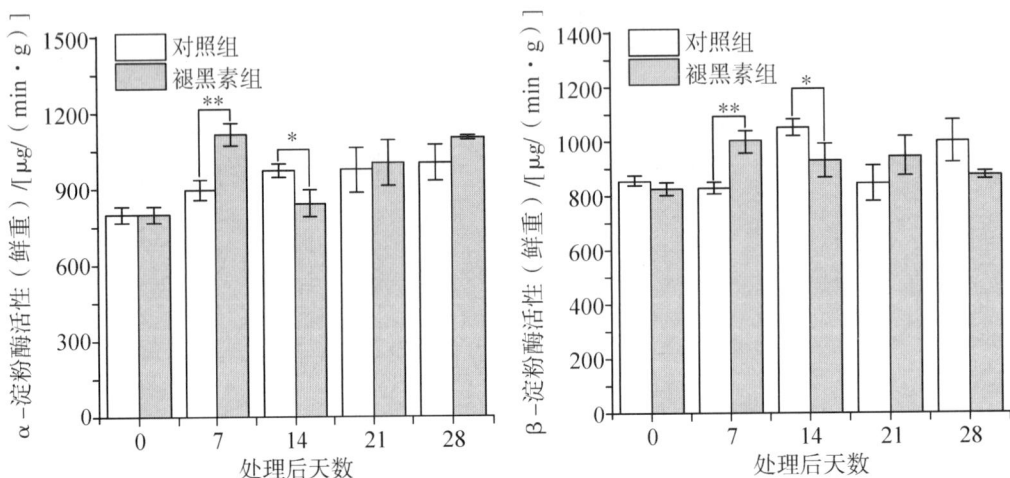

图 5-10　李果实淀粉代谢酶活性

## (九) 褪黑素对李果实有机酸组分含量的影响

如图 5-11 所示，在处理后 0—28 天，李果实苹果酸含量呈现出逐步减少的变化趋势，且在处理后 0—21 天，褪黑素处理和对照组的李果实的苹果酸含量无显著差异。在处理后第 28 天，经褪黑素处理的李果实苹果酸含量显著低于对照组，较对照组降低了 6.45%。

褪黑素处理和对照组的李果实奎宁酸含量的变化趋势类似，均在处理后 0—14 天逐步积累，并在处理后第 14 天达到最高值，在处理后第 21 天、28 天均有所减少。在处理后第 21 天，经褪黑素处理的李果实奎宁酸含量较对照组增加了 41.54%。在处理后第 28 天，经褪黑素处理的李果实奎宁酸含量显著低于对照组，较对照组降低了 11.37%。

褪黑素处理和对照组的李果实柠檬酸含量在处理后 0—28 天逐步增加，在处理后第 28 天达到最大值。在处理后第 7 天，经褪黑素处理的李果实柠檬酸含量极显著高于对照组，较对照组增加了 59.76%。在处理后第 14 天、21 天、28 天，经褪黑素处理的李果实柠檬酸含量显著高于对照组，较对照组分别增加了 25.79%、25.60%

和 14.71%。

就草酸含量而言，褪黑素处理和对照组的李果实草酸含量均呈现出逐步减少的变化趋势。在处理后第 14 天、21 天，经褪黑素处理的李果实草酸含量略高于对照组。在处理后第 28 天，褪黑素处理和对照组的李果实草酸含量相近，无显著差异。

就酒石酸含量而言，经褪黑素处理的李果实酒石酸含量呈现出逐步减少的变化趋势，且在处理后第 28 天达到最小值。对照组的李果实酒石酸含量呈现出"N"形变化趋势，在处理后 0—14 天，李果实酒石酸含量（鲜重）降低至 0.393 mg/g，在处理后第 21 天李果实酒石酸含量增加，而在处理后第 28 天，李果实酒石酸含量减少。在处理后第 21 天、28 天，经褪黑素处理的李果实酒石酸含量极显著低于对照组，较对照组分别降低了 36.14% 和 24.42%。在处理后 0—28 天，褪黑素处理和对照组的李果实 α-酮戊二酸含量近似，且变化幅度较小。

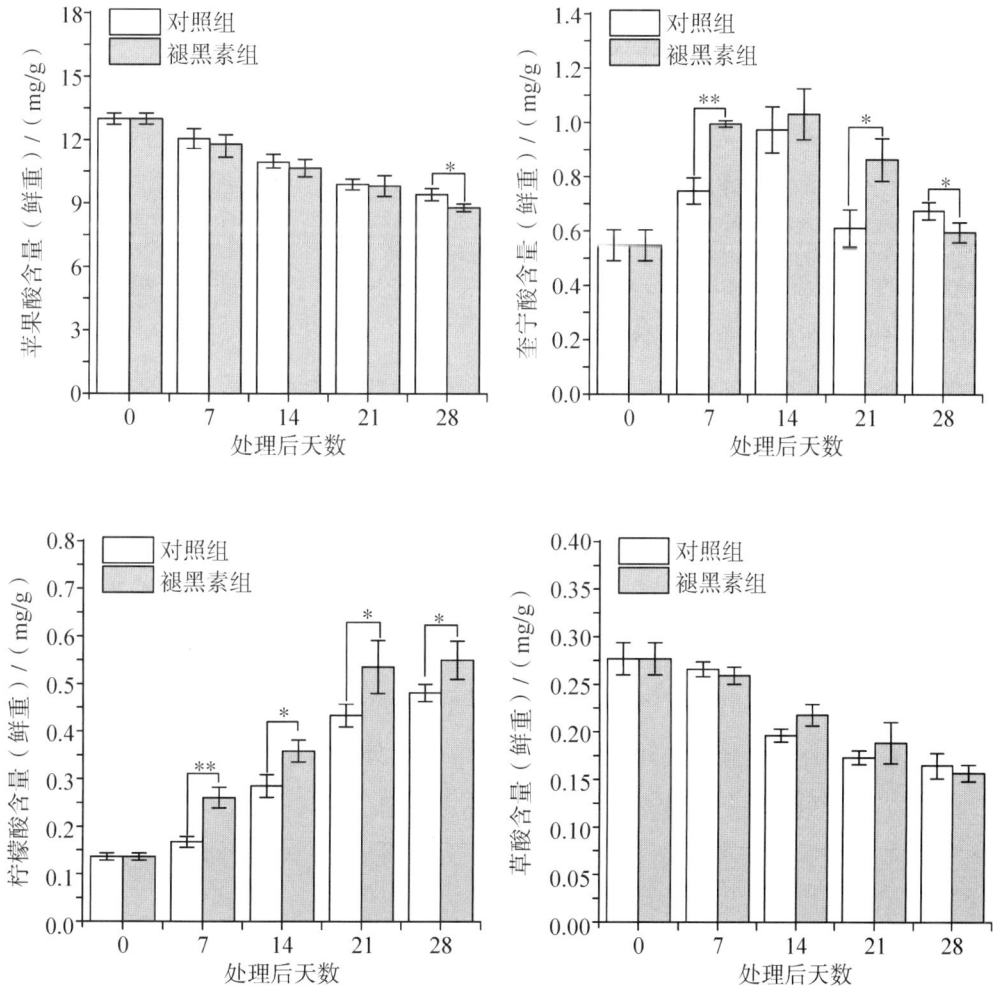

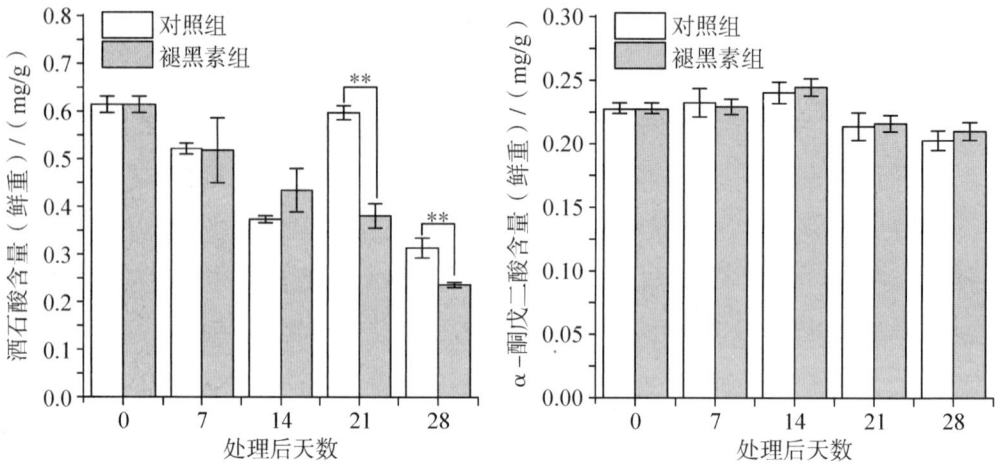

图 5-11　李果实有机酸组分含量

（十）褪黑素对李果实苹果酸代谢酶活性的影响

由图 5-12 可知，褪黑素处理和对照组的李果实 $NAD^+$–苹果酸脱氢酶活性均呈现出先升高后降低的变化趋势，并在处理后第 14 天达到最大值。在处理后第 7 天，经褪黑素处理的李果实 $NAD^+$–苹果酸脱氢酶活性极显著高于对照组，较对照组提高了 58.50%。在处理后第 28 天，经褪黑素处理的李果实 $NAD^+$–苹果酸脱氢酶活性显著低于对照组，较对照组降低了 7.42%。

在处理后的不同时间内，李果实 $NADP^+$–苹果酸酶活性变化趋势与 $NAD^+$–苹果酸脱氢酶相似，均为先升高后降低，并于处理后第 14 天达到最大值。在处理后第 14 天，经褪黑素处理的李果实 $NADP^+$–苹果酸酶活性显著低于对照组，较对照组降低了 21.98%。在处理后第 7 天、28 天，经褪黑素处理的李果实 $NADP^+$–苹果酸酶活性显著高于对照组，较对照组分别提高了 72.28% 和 35.43%。

就磷酸烯醇式丙酮酸脱羧酶活性而言，对照组的李果实磷酸烯醇式丙酮酸脱羧酶活性呈逐步升高，并在处理后第 28 天达到最大值。经褪黑素处理的李果实磷酸烯醇式丙酮酸脱羧酶活性呈先降低后升高的变化趋势，也在处理后第 28 天达到最大值。仅在处理后第 7 天，褪黑素处理对李果实磷酸烯醇式丙酮酸脱羧酶活性有显著影响，使其活性显著低于对照组，在其余处理后的时间，磷酸烯醇式丙酮酸脱羧酶活性无显著变化。

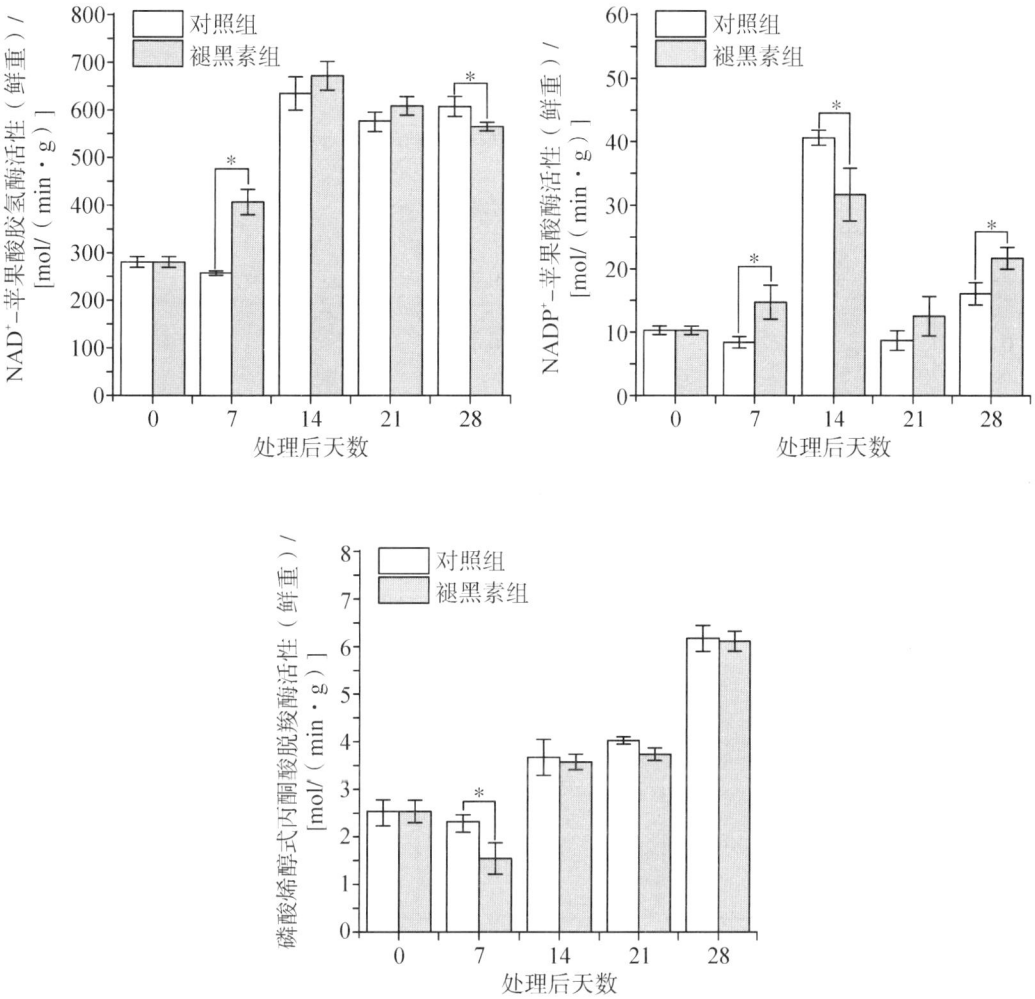

图 5-12　李果实苹果酸代谢酶活性

## （十一）李果实转录组分析

### 1. RT-qPCR 验证

在处理后第 21 天、28 天，在处理和褪黑素对照组转录组差异表达基因中各挑选 4 个基因进行 RT-qPCR 验证。如图 5-13 和图 5-14 所示，基因的表达模式与测序结果大概相似，说明转录组数据可靠。

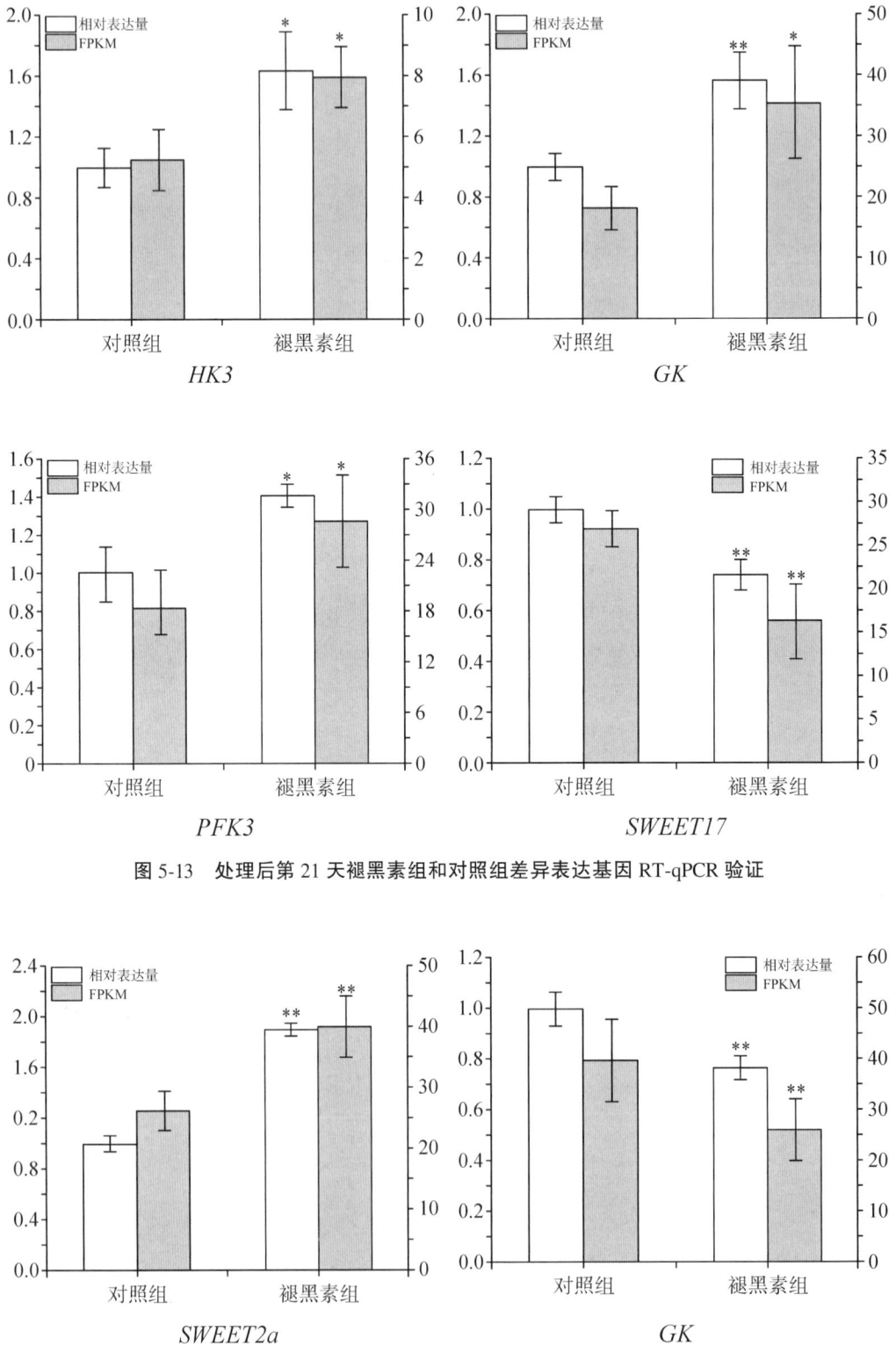

图 5-13　处理后第 21 天褪黑素组和对照组差异表达基因 RT-qPCR 验证

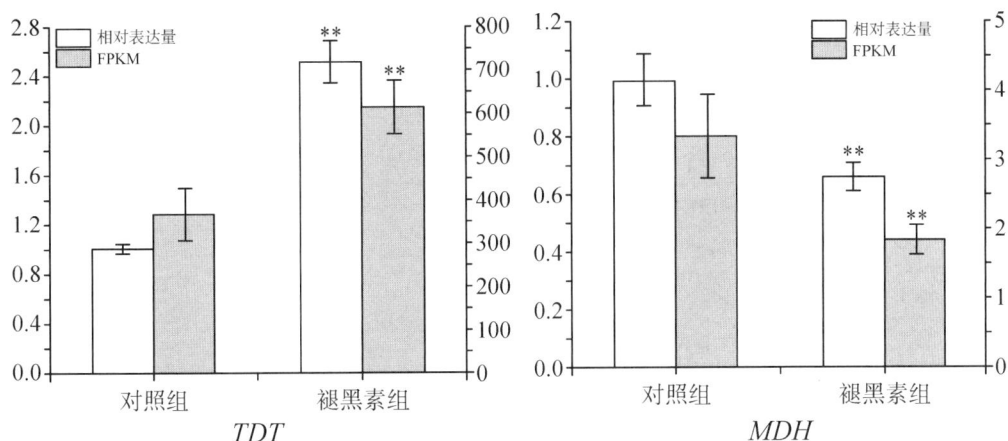

图 5-14　处理后第 28 天褪黑素组和对照组差异表达基因 RT-qPCR 验证

## 2. 糖酸代谢相关基因表达分析

对转录组数据进行筛选分析可知（表 5-2、图 5-15 和图 5-16），在处理后第 21 天，褪黑素处理和对照组中有 13 个差异表达基因与糖代谢相关，被富集到了淀粉和蔗糖代谢、半乳糖代谢、果糖和甘露糖代谢、糖酵解和糖异生和磷酸戊糖代谢通路上。在淀粉和蔗糖代谢途径中，3 个 β-1,3-葡聚糖内切酶基因表达上调，1 个己糖激酶基因 *HK3* 的表达上调，1 个 6-磷酸海藻糖激酶基因的表达下调。在糖酵解和糖异生途径中，6-磷酸果糖激酶基因 *PFK3*、葡萄糖激酶基因 *GK* 的表达上调，己糖激酶、6 磷酸果糖激酶也同时参与到果糖和甘露糖代谢途径中。另外，还有一个糖基转移酶基因 *UGT73C2* 表达上调，两个糖基转移酶基因 *UGT86A1*、*UGT74G1* 表达下调。在处理后第 21 天，与糖酸转运相关的差异基因有 3 个：糖转运蛋白基因 *SWEET17*、铝活化苹果酸转运蛋白 2 基因 *ALMT2* 上调表达，多元醇转运蛋白基因 *PLT5* 下调表达。在抗坏血酸和乙醛代谢途径中，有 1 个抗坏血酸氧化酶基因 *AAO* 上调表达。

表 5-2　处理后第 21 天褪黑素组和对照组相关差异表达基因

| 基因编号 | 基因注释 | 表达量差异倍数 | 上调/下调 |
| --- | --- | --- | --- |
| gene. evm. model. LG03.2136 | 6-UDP 葡萄糖脱氢酶 | 0.6233 | 上调 |
| gene. evm. model. LG01.2283 | 6-磷酸果糖激酶 3 | 0.6445 | 上调 |
| gene. evm. model. LG08.1514 | L-抗坏血酸氧化酶 | 2.5948 | 上调 |
| gene. evm. model. LG05.215 | UDP-糖基转移酶 | 1.0010 | 上调 |
| gene. evm. model. LG06.672 | UDP-糖基转移酶 | −0.9753 | 下调 |
| gene. evm. model. LG08.1387 | UDP-糖基转移酶 | −0.6671 | 下调 |
| gene. evm. model. LG02.949 | β-1,3-葡聚糖内切酶 | 0.8844 | 上调 |
| gene. evm. model. LG04.2376 | β-1,3-葡聚糖内切酶 | 1.1088 | 上调 |
| gene. evm. model. LG04.2529 | β-1,3-葡聚糖内切酶 | 1.4818 | 上调 |

| 基因编号 | 基因注释 | 表达量差异倍数 | 上调/下调 |
|---|---|---|---|
| gene. evm. model. LG01. 4557 | 海藻糖磷酸合成酶 | -1.0349 | 下调 |
| gene. evm. model. LG04. 2538 | 己糖激酶 3 | 0.5946 | 上调 |
| gene. evm. model. LG08. 2198 | 多元醇转运蛋白 | -0.8572 | 下调 |
| gene. evm. model. LG06. 672 | 磷酸甘油酸激酶 | -0.9753 | 下调 |
| gene. evm. model. LG06. 3381 | 铝活化苹果酸转运蛋白 2 | 1.6243 | 上调 |
| gene. evm. model. LG02. 647 | 葡萄糖激酶 | 0.9792 | 上调 |
| gene. evm. model. LG02. 2078 | 糖外排转运蛋白 17 | -0.7279 | 下调 |
| gene. evm. model. LG03. 2521 | 异柠檬酸裂解酶 | 1.6679 | 上调 |

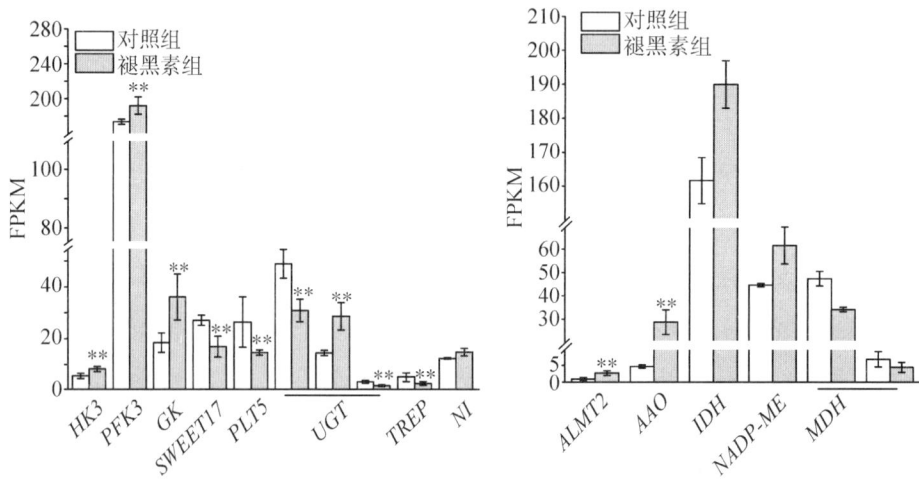

图 5-15 处理后第 21 天糖（左）和有机酸（右）代谢及转运相关基因表达量

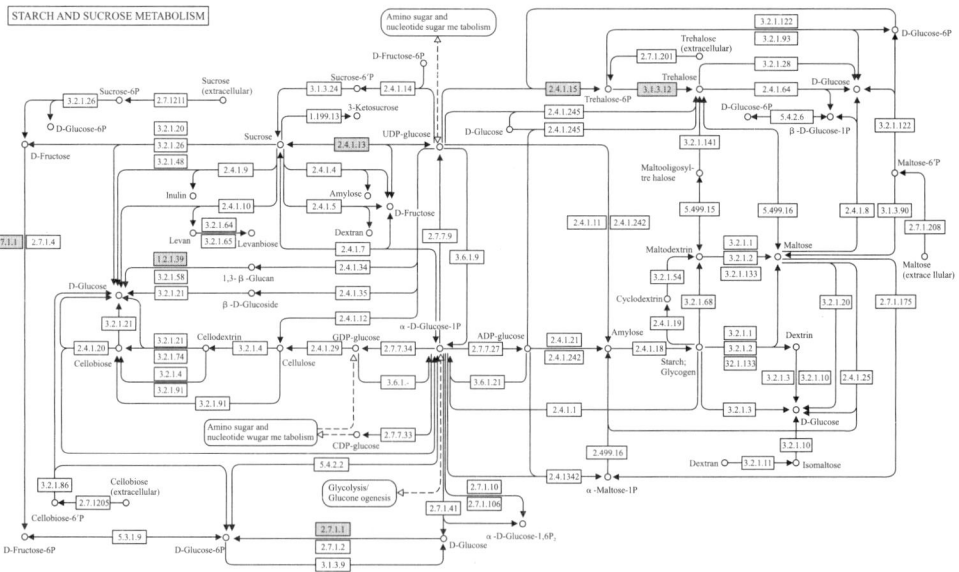

图 5-16 处理后第 21 天淀粉和蔗糖代谢通路图

由表 5-3、图 5-17 及图 5-18 可知，在处理后第 28 天，褪黑素处理和对照组中有 20 个差异表达基因与糖代谢相关，被富集到了淀粉和蔗糖代谢、半乳糖代谢、果糖和甘露糖代谢糖酵解与糖异生和磷酸戊糖代谢通路上。在淀粉和蔗糖代谢途径中，有 4 个 β-葡萄糖苷酶基因、1 个 β-呋喃果糖苷酶基因表达上调。在糖酵解以及糖异生、果糖和甘露糖代谢途径中，有 1 个果糖二磷酸醛缩酶基因 FBA 表达上调，1 个丙酮酸脱羧酶基因 PDC 表达下调。在磷酸戊糖途径中，有 1 个葡萄糖激酶基因 GK 表达下调。另外，还有 1 个糖转运蛋白基因 SWEET2a 表达上调。在处理后第 28 天，经褪黑素处理的蔗糖磷酸合成酶基因 SPS、磷酸果糖激酶基因 PFK 的表达量都略高于对照组。在处理后第 28 天，苹果酸代谢相关差异表达基因有 4 个：2 个苹果酸脱氢酶基因 MDH，1 个铝活化苹果酸转运蛋白基因 ALMT2 下调表达，1 个液泡膜二羧酸转运蛋白基因 TDT 上调表达。在抗坏血酸和乙醛代谢途径中，有 3 个抗坏血酸氧化酶基因 AAO 下调表达。

表 5-3 处理后第 28 天褪黑素组和对照组相关差异表达基因分析

| 基因编号 | 基因注释 | 表达量差异倍数 | 上调/下调 |
|---|---|---|---|
| gene. evm. model. LG07. 1505 | 果糖 1,6-二磷酸醛缩酶 | 0.7675 | 上调 |
| gene. evm. model. LG02. 939 | 磷酸丙糖异构酶 | −0.8314 | 下调 |
| gene. evm. model. LG06. 1193 | 丙酮酸脱羧酶 | −0.9062 | 下调 |
| gene. evm. model. LG08. 1659 | 苹果酸脱氢酶 | −0.8723 | 下调 |
| gene. evm. model. LG02. 2322 | 苹果酸脱氢酶 | −0.6224 | 下调 |
| gene. evm. model. LG06. 3381 | 铝活化苹果酸转运蛋白 2 | −1.6499 | 下调 |
| gene. evm. model. LG04. 87 | 液泡膜二羧酸苹果酸转运蛋白 | 0.7246 | 上调 |
| gene. evm. model. LG02. 647 | 葡萄糖激酶 | −0.9062 | 下调 |
| gene. evm. model. LG04. 694 | 糖外排转运蛋白 2a | 0.5889 | 上调 |
| *Prunus salicina* newGene 280 | 糖焦磷酸化酶 | −0.8872 | 下调 |
| gene. evm. model. Contig1. 995 | 尿苷二磷酸-葡萄糖脱氢酶 | −1.0379 | 下调 |
| gene. evm. model. LG05. 707 | β-呋喃果糖苷酶 | 1.0369 | 上调 |
| gene. evm. model. LG01. 794 | UDP-糖基转移酶 | −1.3694 | 下调 |
| gene. evm. model. LG06. 2277 | 棉子糖合成酶 | 0.8167 | 上调 |
| gene. evm. model. LG03. 1037 | β-半乳糖苷酶 | −0.9069 | 下调 |
| gene. evm. model. LG06. 2940 | β-半乳糖苷酶 | −1.0282 | 下调 |
| gene. evm. model. LG08. 1514 | L-抗坏血酸氧化酶 | −0.8455 | 下调 |
| gene. evm. model. LG05. 708 | L-抗坏血酸氧化酶 | −0.6973 | 下调 |
| gene. evm. model. LG07. 1943 | L-抗坏血酸氧化酶 | −0.6058 | 下调 |
| gene. evm. model. LG02. 2581 | β-葡萄糖苷酶 | 0.5999 | 上调 |

续表

| 基因编号 | 基因注释 | 表达量差异倍数 | 上调/下调 |
|---|---|---|---|
| gene. evm. model. LG04.1860 | β-葡萄糖苷酶 | 0.6500 | 上调 |
| gene. evm. model. LG06.3584 | β-葡萄糖苷酶 | 0.9171 | 上调 |
| gene. evm. model. LG07.1915 | β-葡萄糖苷酶 | 0.6579 | 上调 |

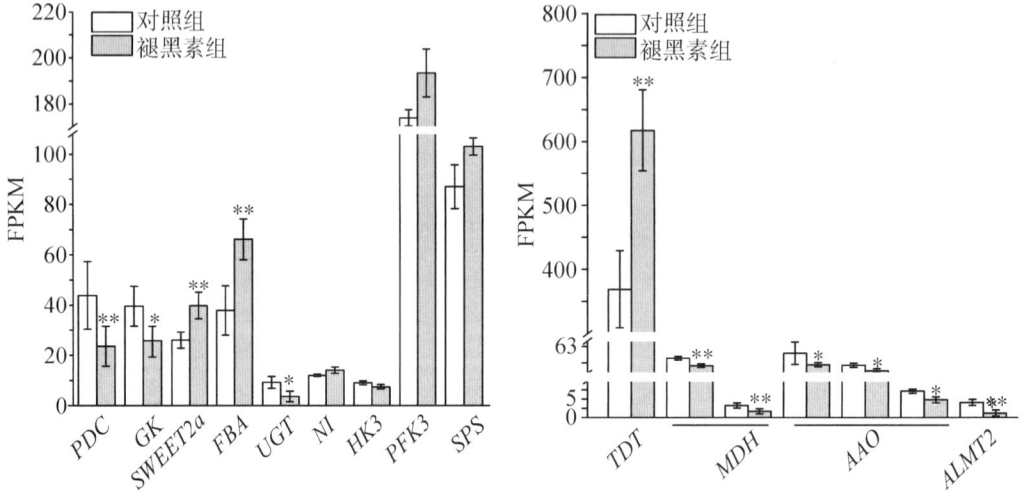

图 5-17　处理后第 28 天糖（左）和有机酸（右）代谢及转运相关基因表达量

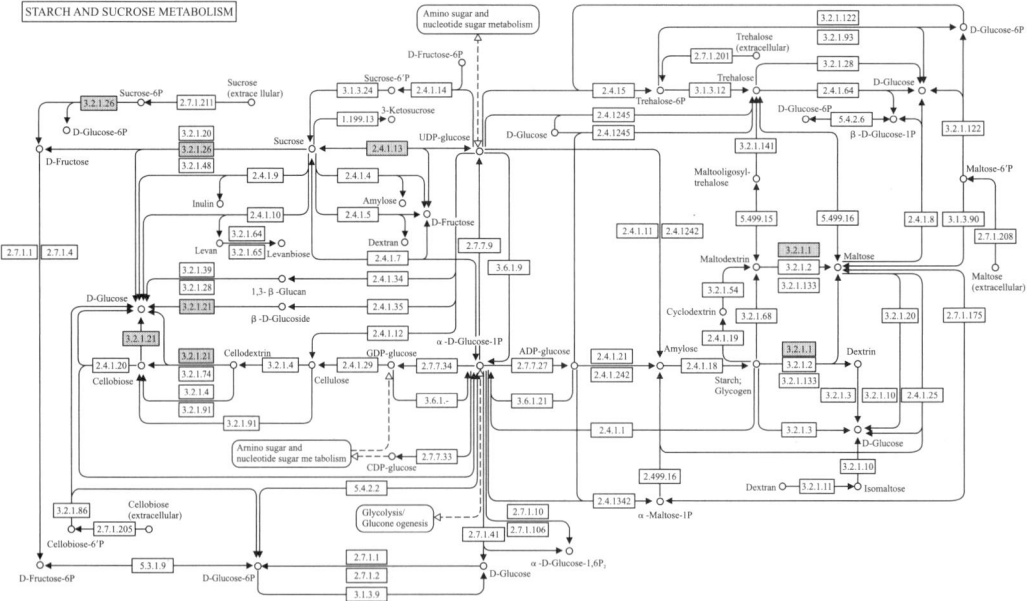

图 5-18　处理后第 28 天淀粉和蔗糖代谢通路图

## 三、讨论

### (一)褪黑素对李果实品质的影响

褪黑素作为一种新兴的植物生长调节剂,能够促进叶绿素合成相关基因、*PSI* 和 *PSII* 基因以及抗氧化系统相关基因的转录,并抑制叶绿素降解相关基因的表达,从而提高植物的光合作用(Yang et al.,2022)。在果实膨大期,李树主要是通过植物叶片的净光合速率来合成积累营养物质,而果实大小是由果实细胞数量以及果实细胞间隙共同决定的(Mauxion et al.,2021)。褪黑素处理可提高草莓叶片的净光合速率、蒸腾速率和气孔导度,促进草莓叶片进行光合作用,增加草莓果实的单果重量(李恭峰等,2022)。在本试验中,褪黑素处理可能增强了李树叶片的光合作用,促进了营养物质积累、转运至李果实,促进了李果实的横向生长,增加了果实的横径,从而增加了果实单果重量。这与赵开等(2021)和吴彩芳等(2021)的研究结果一致。可溶性固形物、可溶性糖和可滴定酸含量是衡量果实品质的重要指标(郑丽静等,2015)。在本试验中褪黑素处理提高了第 28 天李果实可溶性固形物和可溶性糖含量,降低了果实可滴定酸含量,这与在甜樱桃上的研究结果(Xia et al.,2020)一致,这说明褪黑素处理能够增加果实可溶性糖含量,降低果实可滴定酸含量,提高了李果实品质。

随着李果实的发育,果实蔗糖和山梨醇含量逐步积累,葡萄糖和果糖含量呈先增加后降低的变化趋势。在处理后第 28 天,果实可溶性糖组分以蔗糖含量为主,经褪黑素处理的李果实蔗糖含量、山梨醇含量显著高于对照组,这与褪黑素处理增加了"早酥梨"果实蔗糖、山梨醇含量的研究结果一致(刘建龙,2019)。在石榴的研究中,外源褪黑素提高了石榴果实葡萄糖、果糖以及可溶性固形物含量(Medina-Santamarina et al.,2021),而在本试验中,褪黑素提高了李果实蔗糖、山梨醇含量,这是可能因为不同种类中果实的主要可溶性糖组分不一样,但褪黑素处理都提高了果实主要可溶性糖组分。苹果酸是李果实的主要有机酸组分,奎宁酸、柠檬酸、酒石酸含量次之。在本试验中,褪黑素处理后第 28 天的李果实苹果酸、奎宁酸、酒石酸含量有所减少,导致果实可滴定酸含量降低,这与贾润普等(2022)的结果相似,即 5 μmol/L 的褪黑素处理降低了葡萄果实的苹果酸、酒石酸含量,而 50 μmol/L 的褪黑素处理提高了葡萄果实柠檬酸含量。在本研究中,褪黑素处理提高了李果实的柠檬酸、维生素 C 含量,这与 Liu et al.(2016)对番茄的研究结果相似。在本试验中,在处理后第 28 天,有 3 个抗坏血酸氧化酶基因 *AAO* 表达下调,这可能降低了抗坏血酸氧化酶活性,抵制了维生素 C 的分解,从而使果实维生素 C 含量增加,提高了李果实的营养价值。

## （二）褪黑素对李果实糖代谢及相关基因的影响

果实糖的积累主要受库强的影响，而果实库强的关键指标是糖代谢相关酶的活性（王贵元等，2007）。在本试验中，褪黑素处理提高了第21天、28天李果实蔗糖磷酸合成酶活性，而对中性转化酶活性无显著影响，这与褪黑素在番茄采前的应用结果类似，即100 μmol/L的褪黑素处理提高了成熟期番茄果实蔗糖磷酸合成酶活性，但对中性转化酶活性、蔗糖合成酶活性无显著影响（Dou et al.，2022）。在本试验中，褪黑素处理提高了第28天李果实蔗糖合成酶（分解方向）活性，对蔗糖合成酶（合成方向）活性无显著影响，但蔗糖合成酶（合成方向）活性显著高于蔗糖合成酶活性（分解方向），说明两种蔗糖合成酶中合成方向的酶活性起主要作用。在处理后第28天，经褪黑素处理的李果实可溶性酸性转化酶和细胞壁不可溶性酸性转化酶活性均极显著低于对照组，降低了蔗糖的转化速率，蔗糖磷酸合成酶活性显著提高，提高了蔗糖的合成速率，在蔗糖磷酸合成酶、可溶性酸性转化酶、细胞壁不可溶性酸性转化酶三种酶的协同作用下，果实蔗糖含量消耗减少、积累增多。转录组分析表明，蔗糖合成酶基因 SPS1 在处理后第28天表达量平均值略高于对照组，这与蔗糖磷酸合成酶活性升高的趋势一致。这与刘建龙（2019）对梨果实的研究结果一致，即 PbSPS1、PbSPS2、PbSPS3 表达量升高，蔗糖磷酸合成酶活性、蔗糖合酶活性提高，可溶性酸性转化酶活性降低，从而抑制蔗糖的降解，使梨果实蔗糖含量增加。然而，与钟莉莎（2020）在葡萄中的研究结果相反，褪黑素处理显著提高了蔗糖分解酶酸性转化酶、中性转化酶及蔗糖合成酶（分解方向）活性，且蔗糖分解酶类活性高于蔗糖合成酶类［蔗糖磷酸合成酶、蔗糖合成酶（合成方向）］，促进了蔗糖向葡萄糖、果糖的转化。造成这种差异的原因，可能是李、梨都属于蔗糖积累型果实，而葡萄属于己糖积累型果实。

研究表明，果糖磷酸激酶是糖酵解途径中的限速酶（苏静等，2022）。荔枝果肉磷酸果糖激酶活性降低，PFK 表达下调，磷酸果糖激酶活性的降低抑制了糖酵解途径，有利于果肉中果糖和葡萄糖的积累（Peng et al.，2023）。在本试验中，褪黑素处理后第21天的李果实磷酸果糖激酶活性升高，PFK 表达上调，在一定程度上促进了己糖进入糖酵解和磷酸戊糖途径，葡萄糖激酶活性升高，促进了葡萄糖和果糖的分解。在处理后第28天，经褪黑素处理的李果实果糖激酶活性升高，且 $NAD^+$–山梨醇脱氢酶、可溶性酸性转化酶、细胞壁不可溶性酸性转化酶活性降低，这促进了果糖的分解转化，从侧面降低了果糖的生成速率，降低了果实果糖的积累量，这与王小红（2018）在"蜂糖李"和"四月李"中的研究结果一致。在处理后第28天，经褪黑素处理的李果实葡萄糖激酶、山梨醇氧化酶活性提高，这既促进了葡萄糖的分解，又促进了葡萄糖的生成，使果实葡萄糖积累量保持相对稳定，这可能是经褪黑素处理的李果实葡萄糖含量与对照组差异不显著的原因。

*SWEET* 家族是主要负责细胞中糖转运的蛋白基因，可顺浓度梯度转运蔗糖或己糖，糖转运蛋白在果实糖积累中起着重要作用（Feng et al.，2015）。在马张正（2020）研究表明，柑橘果实 *SWEET17* 有果糖转运活性，在番茄果实中位于液泡膜中的 *SWEET17* 具有果糖双向转运功能（Feng et al.，2015）。在本试验中，在处理后第 21 天李果实，*SWEET17* 表达下调，在该时期，对照组与褪黑素处理组的李果实果糖含量无显著差异，但在褪黑素处理后第 28 天，果糖激酶活性显著提高，促进了果糖转化为 6-磷酸果糖，导致果实果糖含量显著减少。在处理后第 28 天，李果实 *SWEET2a* 表达上调，蔗糖含量增加，这与"无核翠宝"葡萄经过胚挽救后胚珠中 *VvSWEET2a* 表达量显著上调，*VvSWEET2a* 表达量与蔗糖含量呈显著正相关结果相似（夏小艺等，2023）。因此推测 *SWEEET12a*、*SWEET17* 可能参与了李果实细胞果糖和蔗糖的跨膜转运过程，从而影响了果实液泡中的糖含量。

（三）褪黑素对李果实酸代谢及相关基因的影响

在本试验中，根据与苹果酸代谢相关的三种酶活性高低可知，$NAD^+$-苹果酸脱氢酶活性在处理后的不同时间均显著高于磷酸烯醇式丙酮酸脱羧酶活性，说明在苹果酸的合成过程中，$NAD^+$-苹果酸脱氢酶起着主导作用。在处理后 0—14 天，李果实 $NAD^+$-苹果酸脱氢酶活性逐步升高，有助于合成苹果酸，使其参与三羧酸循环，并为果实发育提供能量物质（陈雷等，2023）。在处理后第 28 天，褪黑素处理组的 $NADP^+$-苹果酸酶活性升高，有助于分解果实苹果酸，从而降低苹果酸含量（姚玉新等，2006）。在处理后第 28 天，经褪黑素处理的李果实 $NADP^+$-苹果酸酶活性升高、$NAD^+$-苹果酸脱氢酶活性降低。$NADP^+$-苹果酸酶和 $NAD^+$-苹果酸脱氢酶的协同作用，在一定程度上提高了苹果酸的分解速率，降低了苹果酸的合成速率，降低了李果实苹果酸含量。转录组分析表明，在处理后第 28 天，有 2 个苹果酸脱氢酶基因 *MDH* 均表达下调，与苹果酸脱氢酶活性降低的趋势一致，这与张立华（2022）在苹果中的研究结果类似，说明这 2 个苹果酸脱氢酶基因 *MDH* 在李果实苹果酸合成中起一定的调控作用。

*ALMT2* 属于 *ALMT* 家族同源基因，*ALMT* 基因家族参与各种有机酸的转运（张绍铃等，2019）。在本试验中，在处理后第 28 天，经褪黑素处理的 *ALMT2* 表达量的下调与苹果酸含量减少的变化趋势一致，因此 *ALMT2* 可能参与了果实细胞中苹果酸的转运。在处理后第 28 天，与苹果酸转运相关的两个基因 *ALMT2*、*TDT* 的表达趋势相反。许林林（2018）对梨果实的研究发现，*TDT1* 基因的高度表达促进了梨果实苹果酸含量

的积累，巫伟峰（2017）对四种李果实 *TDT* 同源基因 *tDT-like* 基因做了表达趋势分析，发现在"黑琥珀""皇冠李""西瓜李"果实 *tDT-like* 基因表达与苹果酸含量之间大致呈正相关性，但在李果实中的调控作用不明显。有研究指出，*TDT* 基因不仅参与了运苹果酸的跨膜转运，可能还参与了柠檬酸、酒石酸的转运，前人对李果实的研究发现，*PstDT* 基因表达水平与柠檬酸含量呈显著正相关性（巫伟峰等，2020），这与本试验的研究结果相似，即在处理后第 28 天，经褪黑素处理的李果实 *TDT* 基因表达上调，柠檬酸含量增加，但苹果酸含量降低。这可能是因为李果实苹果酸的积累量取决于苹果酸合成、降解相关基因以及苹果酸转运相关的转运蛋白、离子通道基因等多个基因的综合调控，苹果酸含量的变化不能只由一两个基因的表达量变化来解释（杨文渊等，2022；巫伟峰，2017）。

## 四、结论

（1）外源性褪黑素提高了李果实糖含量，降低了有机酸含量，具有增糖降酸的作用。

（2）转录组分析表明，在处理后第 21 天，共有 13 个差异表达基因与糖代谢相关，1 个差异表达基因与苹果酸转运相关，其中 *HK3*、*PFK3*、*GK*、*ALMT2* 的表达上调。在处理后第 28 天，共有 20 个差异表达基因与糖代谢相关，有 4 个差异表达基因与苹果酸代谢及转运相关，其中 *SWEET2a*、*FBA*、*TDT* 表达上调，*GK*、*ALMT2* 和 2 个 *MDH* 表达下调。

## 参考文献

［1］鲍荆凯. "JMS2"×"交城 5 号"枣杂交后代高密度遗传图谱构建及果实大小、糖酸性状的 QTL 定位 ［D］. 阿拉尔市：塔里木大学，2022.

［2］陈雷，齐希梁，石彩云，等. 园艺作物果实苹果酸代谢与转运及其调控研究进展 ［J］. 果树学报，2023，40（12）：2598-2609.

［3］贾润普，王玥，李勃，等. 外源褪黑素处理对'阳光玫瑰'葡萄果实品质的影响 ［J］. 植物生理学报，2022，58（10）：2034-2044.

［4］李恭峰，高亚新，马万成，等. 叶喷褪黑素对草莓生长、光合及果实品质的影响 ［J］. 中国蔬菜，2022（12）：80-85.

［5］李映志，刘胜辉，朱祝英，等. 高效液相色谱法测定菠萝蜜果实中的葡萄糖、果糖和蔗糖 ［J］. 食品科学，2014，35（12）：84-87.

［6］刘建龙. 外源褪黑素对梨果实发育、采后品质和抗轮纹病的影响及其调控机制研究［D］. 咸阳：西北农林科技大学，2019.

［7］刘洋，何心尧，马红波，等. 用CTAB-PVP法提取棉花各组织总RNA的研究［J］. 中国农业大学学报，2006，11（1）：53-56.

［8］马张正. 基于转录组学的金柑糖酸代谢相关基因分析［D］. 南昌：江西农业大学，2020.

［9］苏静，祝令成，刘茜，等. 果实糖代谢与含量调控的研究进展［J］. 果树学报，2022，39（2）：266-279.

［10］王贵元，夏仁学，吴强盛. 果实中糖分的积累与代谢研究进展［J］. 北方园艺，2007（3）：56-58.

［11］王小红. "蜂糖李"果实糖酸组分及其积累规律［D］. 贵阳：贵州大学，2018.

［12］巫伟峰，陈明杰，祁芳斌，等. 李果实有机酸组成特征及其与苹果酸转运体基因 *PsALMT9* 和 *PstDT* 的相关性［J］. 西北植物学报，2020，40（8）：1356-1363.

［13］巫伟峰. 李果实苹果酸转运体的克隆表达及其有机酸的关联性分析［D］. 福州：福建农林大学，2017.

［14］吴彩芳，李红艳，刘琴，等. 外源褪黑素对桃生长及果实品质的影响［J］. 果树学报，2021，38（1）：40-49.

［15］夏小艺，苏丽红，叶文秀，等. 葡萄 *SWEETs* 基因家族的全基因组鉴定与表达分析［J］. 植物生理学报，2023，59（12）：2333-2343.

［16］熊庆娥. 植物生理学实验教程［M］. 成都：四川科学技术出版社，2003.

［17］许林林. 梨液泡膜上 *PbrALMT9*，*PbrTDT*1 和 *PbrVHA-c*4 基因调控有机酸积累的功能研究［D］. 南京：南京农业大学，2018.

［18］杨文渊，谢红江，陶炼，等. "金冠"苹果及其优系（SGP-1）果实发育期间有机酸代谢特征比较［J］. 西北植物学报，2022，42（5）：829-836.

［19］姚玉新，李明，刘志，等. 苹果果实中细胞质型苹果酸脱氢酶（cyMDH）的克隆与表达分析：中国园艺学会第七届青年学术讨论会［C］. 山东，2006

［20］张立华. *MdWRKY*126调控苹果果实有机酸及糖含量的机制研究［D］. 咸阳：西北农林科技大学，2022.

［21］张绍铃，贾璐婷，王利斌，等. 园艺作物果实液泡糖、酸转运与转化研究进展［J］. 南京农业大学学报，2019，42（4）：583-593.

［22］张志良等. 植物生理学实验指导［M］. 北京：高等教育出版社，2009.

［23］赵开. 外源褪黑素和多巴胺对苹果果实生长发育的影响［D］. 咸阳：西北

农林科技大学，2021.

［24］郑丽静，聂继云，闫震. 糖酸组分及其对水果风味的影响研究进展［J］. 果树学报，2015，32（2）：304-312.

［25］钟莉莎. 褪黑素对"夏黑"葡萄生长和果实品质及蔗糖代谢的影响［D］. 雅安：四川农业大学，2020.

［26］DOU J H, WANG J, TANG Z Q, et al. Application of exogenous melatonin improves tomato fruit quality by promoting the accumulation of primary and secondary metabolites［J］. Foods, 2022, 11（24）：4097.

［27］FENG C Y, HAN J X, HAN X X, et al. Genome-wide identification, phylogeny, and expression analysis of the *SWEET* gene family in tomato［J］. Gene, 2015, 573（2）：261-272.

［28］LI Z, ZHANG L, XU Y, et al. Transcriptome profiles reveal the promoting effects of exogenous melatonin on fruit softening of Chinese plum［J］. International Journal of Molecular Sciences, 2023, 24（17）：13495.

［29］LIU J L, ZHANG R M, SUN Y K, et al. The beneficial effects of exogenous melatonin on tomato fruit properties［J］. Scientia Horticulturae, 2016, 207：14-20.

［30］MAUXION J P, CHEVALIER C, GONZALEZ N. Complex cellular and molecular events determining fruit size［J］. Trends in Plant Science, 2021, 26（10）：1023-1038.

［31］MEDINA-SANTAMARINA J, SERRANO M, LORENTEMENTO J M, et al. Melatonin treatment of pomegranate trees increases crop yield and quality parameters at harvest and during storage［J］. Agronomy, 2021, 11（5）：861.

［32］PENG J J, DU J J, CHEN T T, et al. Transcriptomics-based analysis of the response of sugar content in litchi pulp to foliar calcium fertilizer treatment［J］. Journal of the American Society for Horticultural Science, 2023, 148（1）：9-20.

［33］XIA H, SHEN Y Q, SHEN T, et al. Melatonin accumulation in sweet cherry and its influence on fruit quality and antioxidant properties［J］. Molecules, 2020, 25（3）：753.

［34］YANG S J, ZHAO Y Q, QIN X L, et al. New insights into the role of melatonin in photosynthesis［J］. Journal of Experimental Botany, 2022, 73（17）：5918-5927.

［35］YOU Y, ZHANG L, LI P, et al. Selection of reliable reference genes for quantitative real-time PCR analysis in plum（*Prunus salicina* Lindl.）under different postharvest treatments［J］. Scientia Horticulturae, 2016, 210：285-293.

# 第六章
## 褪黑素对李果实着色的影响

## 一、材料与方法

### （一）试验材料

试验地点位于四川省成都市龙泉驿区洪安镇，属亚热带湿润季风气候，该地区年平均气温为 17 ℃，最高气温为 40 ℃，最低气温为 -2 ℃。年平均降水量为 1089 mm，雨量充沛，日照偏少，无霜期较长。以当地果园种植的 4 年生"五月脆"李为试验材料。

### （二）试验设计

选择树势中庸、长势相同且无病虫害的"五月脆"李树，并对其进行挂牌标记，设置对照组（CK）和褪黑素处理组（MT），以 3 棵树为一个生物学重复，每组处理 3 个生物学重复。于果实成熟前（着色前）35 天，采用叶面喷施的方法，在晴朗的下午 4 点至 5 点向树体喷施 100 mmol/L 的褪黑素溶液，直至滴水为止，10 天后再喷施一次，总计喷施两次。对照组喷施相同体积的清水和次数，其他按常规管理。在第一次处理当天（处理前）对果实进行一次采样，随后每 7 天进行一次采样，直至果实成熟。每次采样按照东、南、西、北各个方位随机采取中等大小果实，每个方位取 10 个左右。每次采样完后，立即将李果实冷藏并运回实验室，对果实进行色泽评价后，用去皮器取下果实赤道部位的果皮（果皮平均厚度为 0.8 ~ 1.2 mm），并将果皮切碎、混匀后在液氮中迅速冷冻，贮存于 -80 ℃的超低温冰箱中，用于后续指标测定。

### （三）测定项目与方法

**1. 色泽评价**

果实着色情况通过着色指数进行评价，用 CR-400 手持色差计测定每个果实赤道部位的色泽指标 L＊、a＊、b＊。L＊值表示果面色泽明亮度；a＊值表示红绿色差指标，b＊值表示黄蓝色差指标；利用 a＊值和 b＊值可计算色泽饱和度、色度角和色泽比（王璐等，2018）。

**2. 光合色素含量**

使用丙酮-乙醇（1∶1）混合提取法，于 663 nm、645 nm、470 nm 波长处测定吸光度，并计算叶绿素 a、叶绿素 b、总叶绿素含量和类胡萝卜素含量（熊庆娥，2003）。

**3. 酚类物质含量**

总酚含量采用福林酚比色法测定（李东方等，2022），总黄酮含量采用亚硝酸钠-硝酸铝显色法测定（黄睿，2019）。原花青素含量采用盐酸香草醛法测定，以儿茶素当量表示（邵郅胜等，2023）。

花青素含量根据申宝营等（2024）的方法测定，适当修改：称取 0.5000 g 样品于 10 mL 体积分数为 1% 的盐酸的乙醇溶液中，置于 60 ℃ 水浴中 30 min，每隔 5 min 摇晃混匀一下，水浴结束后，取 2 mL 上清液置于紫外分光光度计的 530、620、650 nm 波长处测定吸光值并计算总花青素含量。

**4. 抗氧化能力**

DPPH 自由基清除能力采用南京建成生物工程研究所的试剂盒进行测定，$OH^-$ 自由基清除作用（FRAP）采用碧云天生物技术有限公司的总抗氧化能力检测试剂盒（FRAP 法）进行测定，ABTS 自由基的清除能力（ABTS）采用碧云天生物技术有限公司的总抗氧化能力检测试剂盒（ABTS 法）进行测定。以上指标的测定操作步骤均按照试剂盒上的说明书进行。

**5. 花青素合成关键酶活性**

苯丙氨酸解氨酶活性采用苯丙氨酸解氨酶测定试剂盒（南京建成生物工程研究所）进行测定。查耳酮合酶、查耳酮异构酶、黄烷酮 3-羟化酶、二氢黄酮醇 4-还原酶、花青素合成酶、UDP-葡萄糖-3-O-类黄酮糖苷转移酶活性均采用武汉吉立德生物科技有限公司的相应试剂盒进行测定。以上指标的测定操作步骤均按照试剂盒上的说明书进行。

**6. 转录组测序及分析**

（1）转录组测序

综合分析前面李果皮着色相关指标的情况，选择第 14、28 天这两个时间点的样品进行转录组测序，测序工作委托北京百迈客生物科技有限公司进行，测序实验流程包括总 RNA 检测，mRNA 富集，mRNA 打断、末端修复、加 A 尾和接头，片段选择和

PCR 富集，文库控制以及 Illumina 测序。

（2）差异表达基因（DEGs）数据分析

测序后，对获得的原始数据进行处理，获得高质量有效数据。之后，通过 Hisat2 与参考基因组序列进行比较。随后，使用 DESeq2 进行处理间的差异表达分析。经校正，$P < 0.05$ 且差异倍数 $\geq 1.5$ 的基因为差异表达基因。最后，基因功能通过序列比对 NCBI 非冗余蛋白质序列数据库、KEGG 正交群数据库、基因本体论等进行注释和功能富集等分析。

根据李果皮转录组中差异表达基因 KEGG 通路富集分析和 GO 富集分析，选择与李果皮着色相关的通路，筛选出与着色相关的差异基因。

（四）数据处理与统计方法

数据采用 SPSS 26.0 进行方差分析，采用独立样本 t 检验对褪黑素处理组和对照组的各指标进行显著性检验。

## 二、结果与分析

（一）褪黑素对李果实色泽的影响

由图 6-1 可以看出，随着处理后时间的延长，李果实 L * 值呈先升高后降低的趋势。在处理后第 14 天、21 天、28 天、35 天，经褪黑素处理的李果实 L * 值较对照组分别降低了 5.74%、22.79%、29.49% 和 31.91%。对照组的李果实 a * 值在 0—28 天为负值，在第 35 天为正值。经褪黑素处理后，李果实 a * 值在 0—14 天为负值，在 21—35 天为正值。经褪黑素处理的李果实 a * 值在第 7 天与对照组相比无显著差异，在第 14 天、21 天、28 天、35 天较对照组分别提高了 43.07%、220.02%、531.41% 和 43.81%。

由图 6-2 可知，随着处理后时间的延长，对照组的李果实 b * 值呈先升高后降低趋势，经褪黑素处理的李果实 b * 值呈降低的趋势。经褪黑素处理的李果实 b * 值在第 7 天与对照组相比无显著差异，在第 14 天、21 天、28 天、35 天较对照组分别降低了 9.68%、51.15%、72.22% 和 30.87%。就色度角而言，经褪黑素处理的李果实色度角在第 7 天较对照组相比无显著差异，而在第 14 天、21 天、28 天、35 天较对照组分别降低了 8.83%、54.82%、73.33% 和 43.20%。

随着处理后时间的延长，经褪黑素处理的李果实饱和度呈先降低再升高最后降低的趋势（图 6-3）。与对照组相比，经褪黑素处理的李果实饱和度在第 14 天、21 天、28

天分别降低了 18.56%、39.22% 和 37.34%，在第 35 天，经褐黑素处理后，饱和度提高了 13.54%。

对照组的李果实色泽比在 0—28 天为负值，而经褐黑素处理的李果实色泽比在 0—14 天为负值，在 21—35 天为正值。与对照组相比，经褐黑素处理的李果实色泽比在第 14 天、21 天、28 天、35 天分别提高了 36.97%、345.91%、1662.80% 和 107.77%。

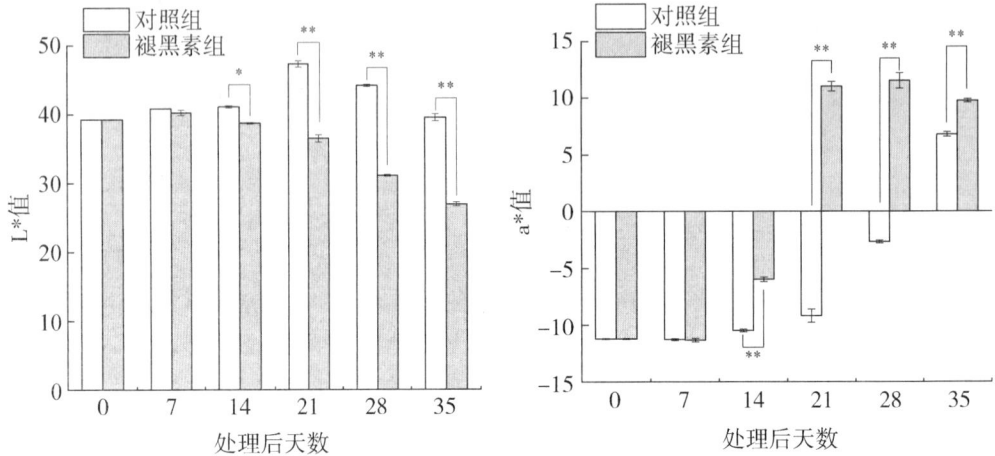

注：标记 * 和 ** 分别表示褐黑素处理与对照差异显著和极显著（$0.01 \leqslant P < 0.05$ 或 $P < 0.01$），下同。

图 6-1　李果实 L* 和 a* 值

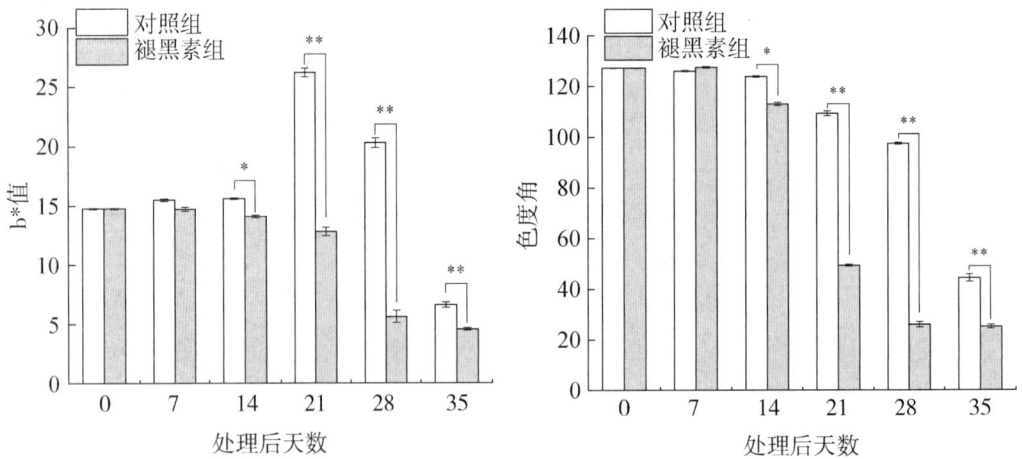

图 6-2　李果实 b* 值和色度角

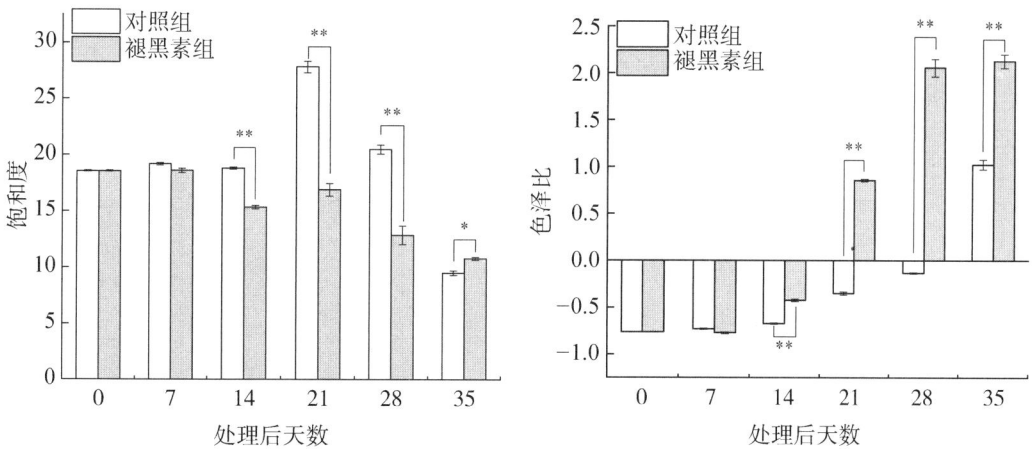

图6-3　李果实饱和度和色泽比

## （二）褪黑素对李果实光合色素含量的影响

由图6-4可以看出，与对照组相比，经褪黑素处理的李果实叶绿素 a 和叶绿素 b 含量在各个时间点与对照组相比均无显著差异。

由图6-5可得，随着处理后时间的延长，李果实类胡萝卜素含量呈先升高后降低的趋势。与对照组相比，经褪黑素处理的李果实类胡萝卜素含量在第21天显著降低了34.12%，其余时间无显著差异。与对照组相比，经褪黑素处理的李果实总叶绿素含量在各个时间点均无显著差异。

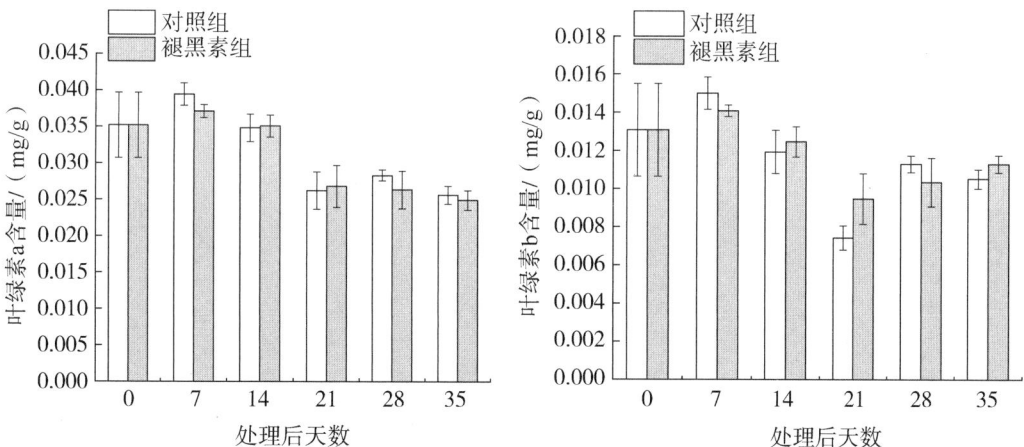

图6-4　李果实叶绿素 a 和叶绿素 b 含量

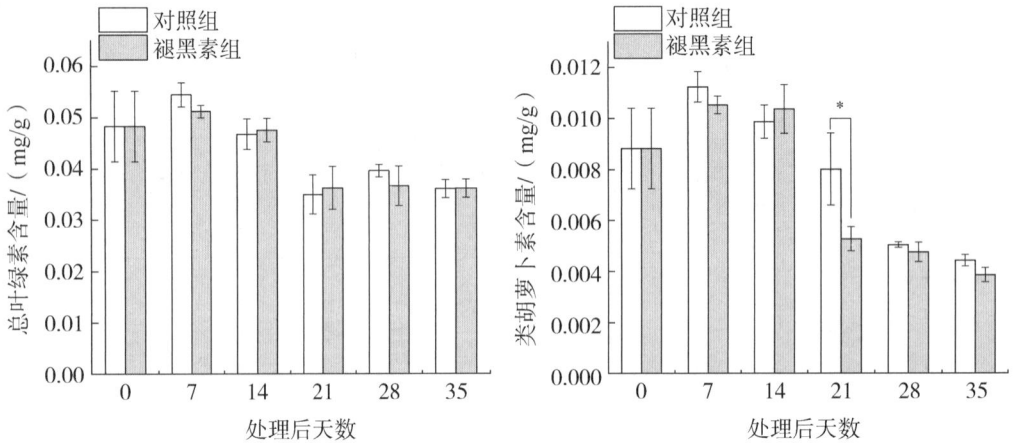

图 6-5　李果实类胡萝卜素和叶绿素总量含量

## （三）褪黑素对李果实酚类物质含量的影响

随着处理后时间的延长，对照组李果实总花青素含量呈先下降后升高的趋势，经褪黑素处理后呈升高趋势（图 6-6）。褪黑素处理的李果实总花青素含量在第 7 天、14 天、21 天、28 天、35 天均高于对照组，较对照组分别提高了 16.84%、18.36%、66.53%、49.69% 和 85.94%。经褪黑素处理的李果实原花青素含量在第 21 天与对照组相比没有显著差异；在第 7 天、14 天均低于对照组，较对照组分别降低了 43.22% 和 23.92%；在第 28、35 天均高于对照组，较对照组分别提高了 127.61% 和 45.10%。

从图 6-7 可以看出，经褪黑素处理的李果实总酚含量在第 7 天低于对照组，较对照组降低了 16.40%。与对照组相比，经褪黑素处理的李果实总酚含量在第 14 天、21 天、28 天、35 天均高于对照组，较对照组分别提高了 13.70%、28.15%、35.32% 和 13.24%。就总黄酮而言，经褪黑素处理的李果实总黄酮含量在第 14 d 低于对照，较对照降低了 10.17%；在第 7 天、21 天、28 天、35 天均高于对照组，较对照组分别提高了 5.18%、68.60%、28.65% 和 28.74%。

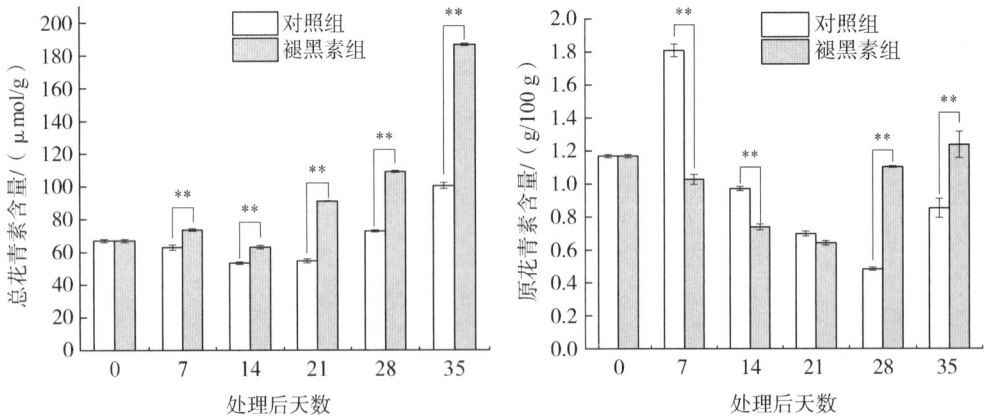

图 6-6　李果实总花青素和原花青素含量

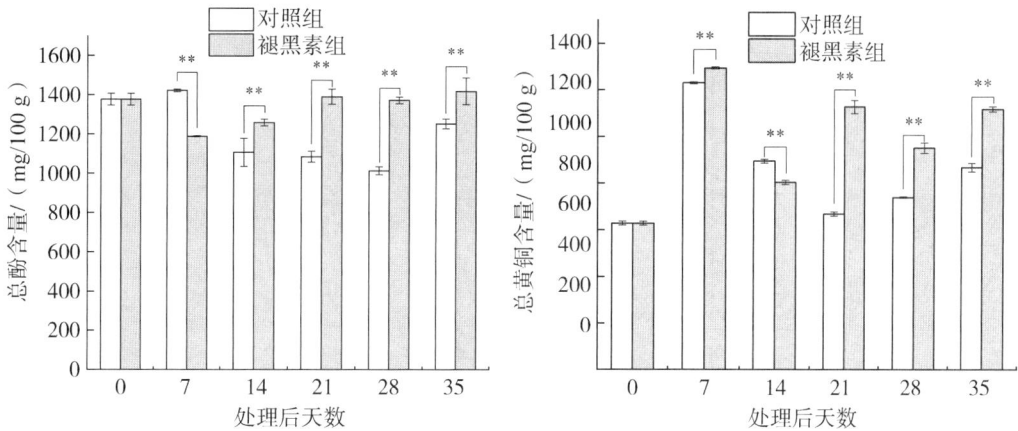

**图 6-7　李果实总酚和总黄酮含量**

## （四）褪黑素对李果实抗氧化能力的影响

由图 6-8 可知，经褪黑素处理的李果实 DPPH 在第 21 天、28 天、35 天均高于对照组，较对照组分别提高了 73.99、30.58% 和 23.81%；在其余时间与对照组相比差异不显著。随着处理后时间的延长，李果实 FRAP 呈降低的趋势。与对照组相比，第 7 天、14 天、21 天、28 天，经褪黑素处理的李果实 FRAP 在各个时间点均无显著差异，在第 35 天，经褪黑素处理后，与对照组相比 FRAP 提高了 35.74%。从图 6-9 可以看出，经褪黑素处理的李果实 ABTS 在第 7 天低于对照组，较对照组降低了 40.57%；在第 14 天、28 天高于对照组，较对照组分别提高了 33.62% 和 13.60%；在第 21 天、35 天与对照组差异不显著。

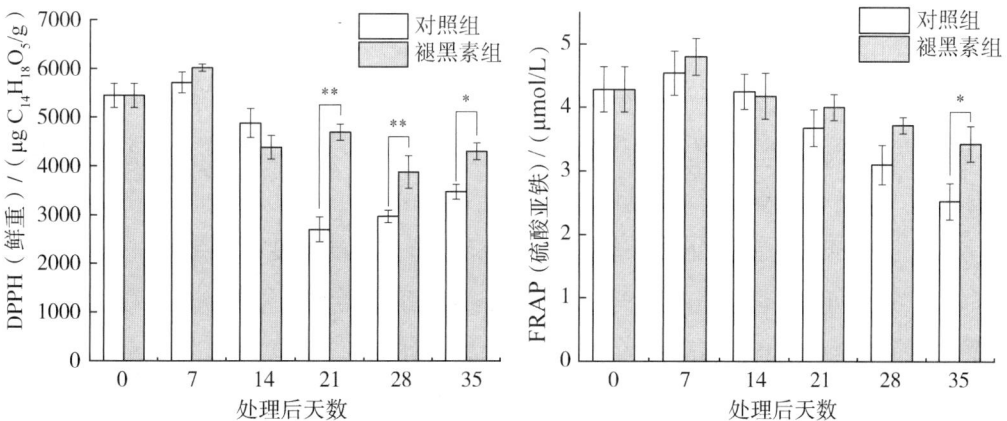

**图 6-8　李果实 DPPH 和 FRAP**

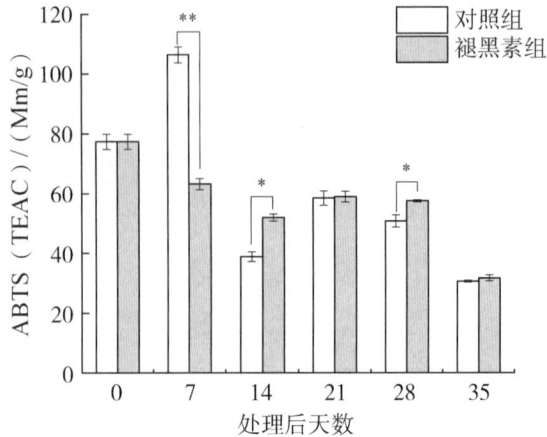

图 6-9　李果实 ABTS

## （五）褪黑素对李果实花青素合成相关酶的影响

从图 6-10 可知，经褪黑素处理的李果实苯丙氨酸解氨酶活性在第 7 天、21 天、28 天、35 天均高于对照组，较对照组分别提高了 19.16%、32.06%、28.18% 和 40.10%，而在第 14 天与对照的差异不显著。经褪黑素处理的李果实查耳酮合酶活性仅在第 14 天低于对照组，但差异不显著。在第 7 天、21 天、28 天、35 天，经褪黑素处理的李果实查耳酮合酶活性均高于对照组，其中第 21 天、28 天较对照组分别提高了 61.51% 和 26.31%。

随着处理后时间的延长，李果实耳酮异构酶活性呈先升高后降低的趋势（图 6-11）。经褪黑素处理的李果实耳酮异构酶活性在第 7 天、21 天均高于对照组，较对照组分别提高了 24.72% 和 83.74%。与对照组相比，经褪黑素处理的李果实查耳酮异构酶活性在第 14 天、28 天、35 在没有显著变化。随着处理后时间的延长，对照组李果实黄烷酮 3-羟化酶活性呈先升高后降低再升高最后降低的趋势，经褪黑素处理的李果实黄烷酮 3-羟化酶活性呈先升高后降低的趋势。经褪黑素处理的李果实黄烷酮 3-羟化酶活性在第 21 天、28 天高于对照组，较对照组分别提高了 81.93% 和 28.61%。在第 7 天、14 天、35 天，褪黑素处理对李果实黄烷酮 3-羟化酶活性没有显著影响。

由图 6-12 可知，随着处理后时间的延长，对照组李果实二氢黄酮醇 4-还原酶活性呈先升高后降低再升高最后降低的趋势，经褪黑素处理的李果实二氢黄酮醇 4-还原酶活性呈先升高后降低的趋势。经褪黑素处理的李果实二氢黄酮醇 4-还原酶活性在第 7 天、21 天高于对照组，较对照组分别提高了 44.63% 和 48.66%；在第 14 天较对照组降低了 10.72%。与对照组相比，经褪黑素处理的李果实二氢黄酮醇 4-还原酶活性在第 28 天、35 天的差异均不显著。随着处理后时间的延长，李果实花青素合成酶活性呈先升高后降低的趋势。经褪黑素处理的李果实花青素合成酶活性在第 7 天高于对照组，较对照组提高 16.17%；但在第 14 和 35 d 均低于对照，较对照降低了 14.09% 和 24.92%。在第 21 天、28 天，褪黑素对李果实花青素合成酶活性的影响不显著。从图 6-13 可以看出，在第 7 天、14 天，褪黑素对李果实 UDP-葡萄糖-3-O-类黄酮糖苷转移酶活性没有显著影响。在第 21 天、28 天、35 天，经褪黑素处理的李果实 UDP-葡萄糖-3-O-类黄酮糖苷转移酶活性均高于对照组，较对照组分别提高了 79.84%、37.93% 和 27.77%。

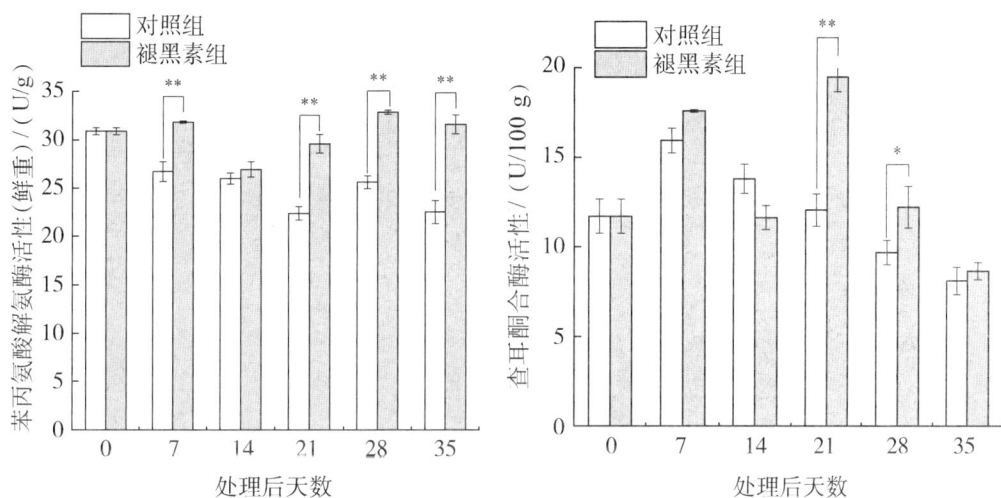

图 6-10　李果实苯丙氨酸解氨酶和查耳酮合酶活性

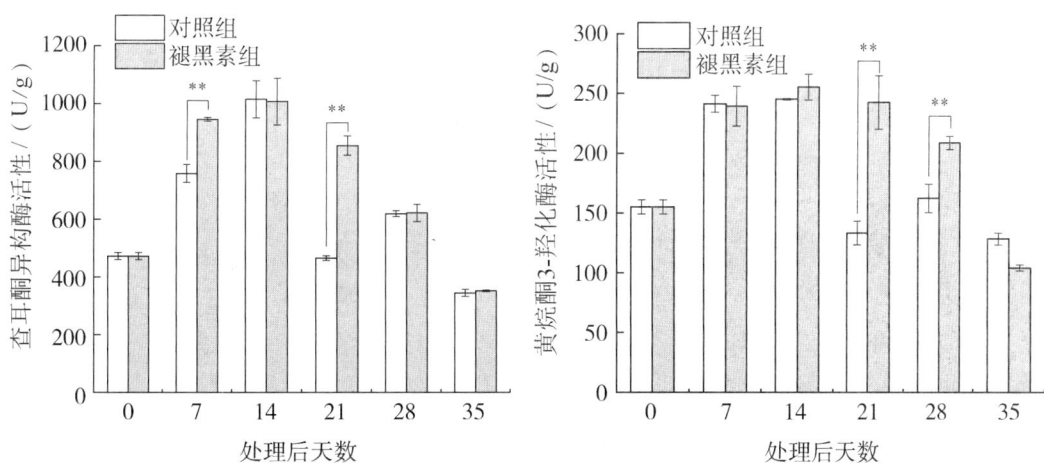

图 6-11　李果实查耳酮异构酶和黄烷酮 3-羟化酶活性

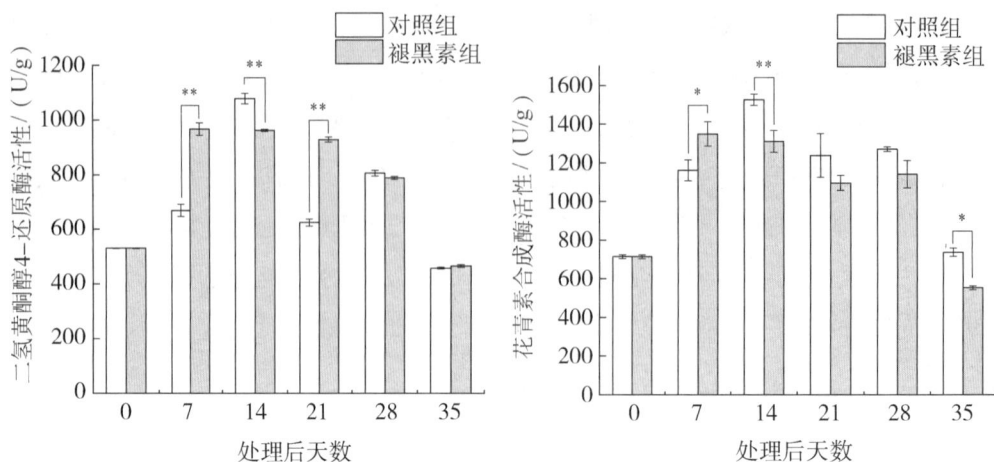

图 6-12　李果实二氢黄酮醇 4-还原酶和花青素合成酶活性

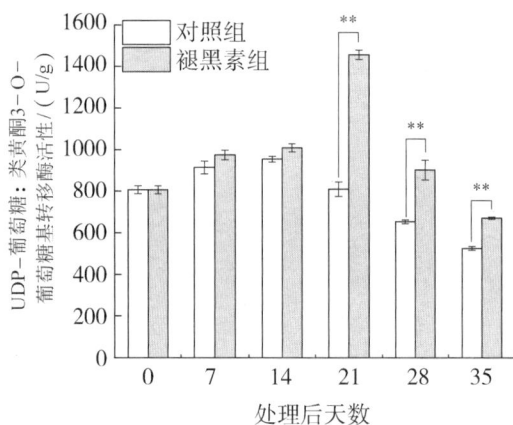

图 6-13　李果实 UDP-葡萄糖-3-O-类黄酮糖苷转移酶活性

## （六）转录组测序数据分析

### 1. 与参考基因组比对的统计结果

为进一步研究褪黑素对李果实花青素合成的影响，对处理后第 14 天、28 天的 12 个李果实样本进行了转录组测序分析，分别将第 14 天的对照组和褪黑素处理组命名为 CK14 和 MT14，将第 28 天的对照组和褪黑素处理组命名为 CK28 和 MT28。经过测序质量控制，得到的高质量有效读段的范围为 21、597、951-28、549、880，各样品 Q30 碱基百分比均不小于 91.81%，GC 含量在 45.31%～46.20% 之间（表 6-1），表明样品的测序质量和文库构建质量较好。各样品的读段与参考基因组的比对效率在 93.33%～94.20% 之间（表 6-2），皮尔逊相关系数结果也进一步表明，所有样本之间存在较高的相关性（图 6-14）。

表 6-1 李果实转录组测序数据统计表

| 样品名称 | 高质量有效读段 | 高质量有效碱基 | GC 含量 | Q30 碱基百分比（≥） |
|---|---|---|---|---|
| CK14-1 | 28, 549, 880 | 8, 529, 353, 049 | 46. 20% | 92. 99% |
| CK14-2 | 22, 441, 516 | 6, 712, 991, 652 | 45. 57% | 92. 34% |
| CK14-3 | 21, 779, 951 | 6, 513, 782, 561 | 45. 35% | 92. 28% |
| CK28-1 | 21, 597, 951 | 6, 461, 613, 915 | 45. 53% | 92. 40% |
| CK28-2 | 22, 889, 534 | 6, 838, 287, 599 | 45. 53% | 92. 52% |
| CK28-3 | 22, 531, 874 | 6, 744, 231, 221 | 45. 47% | 91. 81% |
| MT14-1 | 21, 943, 247 | 6, 558, 808, 600 | 45. 47% | 93. 24% |
| MT14-2 | 23, 152, 631 | 6, 921, 640, 514 | 45. 47% | 92. 48% |
| MT14-3 | 22, 205, 920 | 6, 638, 113, 412 | 45. 31% | 92. 66% |
| MT28-1 | 22, 729, 906 | 6, 798, 784, 899 | 45. 36% | 92. 95% |
| MT28-2 | 23, 021, 802 | 6, 885, 090, 221 | 45. 52% | 93. 18% |
| MT28-3 | 22, 999, 909 | 6, 882, 424, 887 | 45. 46% | 93. 01% |

注：CK14-1、CK14-2 和 CK14-3 代表处理后第 14 天 CK 的 3 个重复。CK28-1、CK28-2 和 CK28-3 代表处理后第 28 天 CK 的 3 个重复。MT14-1、MT14-2 和 MT14-3 代表处理后第 14 天 MT 的 3 个重复。MT28-1、MT28-2 和 MT28-3 代表处理后第 28 天 MT 的 3 个重复。下同。

表 6-2 李果实样品测序数据与所选参考基因组的序列比对结果统计表

| 样品名称 | 总读段 | 比对读段 | 唯一比对读段 | 多比对读段 | 比对到正链的读段 | 比对到负链的读段 |
|---|---|---|---|---|---|---|
| CK14-1 | 57, 099, 760 | 53, 335, 781 （93. 41%） | 49, 353, 941 （86. 43%） | 3, 981, 840 （6. 97%） | 29, 604, 389 （51. 85%） | 29, 680, 285 （51. 98%） |
| CK14-2 | 44, 883, 032 | 42, 137, 293 （93. 88%） | 38, 658, 460 （86. 13%） | 3, 478, 833 （7. 75%） | 23, 869, 280 （53. 18%） | 23, 911, 881 （53. 28%） |
| CK14-3 | 43, 559, 902 | 40, 859, 465 （93. 80%） | 37, 504, 394 （86. 10%） | 3, 355, 071 （7. 70%） | 23, 143, 106 （53. 13%） | 23, 182, 942 （53. 22%） |
| CK28-1 | 43, 195, 902 | 40, 539, 436 （93. 85%） | 37, 029, 005 （85. 72%） | 3, 510, 431 （8. 13%） | 23, 200, 969 （53. 71%） | 23, 243, 915 （53. 81%） |
| CK28-2 | 45, 779, 068 | 42, 934, 484 （93. 79%） | 39, 007, 169 （85. 21%） | 3, 927, 315 （8. 58%） | 24, 853, 827 （54. 29%） | 24, 906, 881 （54. 41%） |
| CK28-3 | 45, 063, 748 | 42, 217, 569 （93. 68%） | 38, 884, 819 （86. 29%） | 3, 332, 750 （7. 40%） | 23, 696, 801 （52. 59%） | 23, 742, 987 （52. 69%） |
| MT14-1 | 43, 886, 494 | 41, 193, 599 （93. 86%） | 37, 706, 922 （85. 92%） | 3, 486, 677 （7. 94%） | 23, 484, 794 （53. 51%） | 23, 527, 590 （53. 61%） |

| 样品名称 | 总读段 | 比对读段 | 唯一比对读段 | 多比对读段 | 比对到正链的读段 | 比对到负链的读段 |
|---|---|---|---|---|---|---|
| MT14-2 | 46, 305, 262 | 43, 215, 856 （93.33%） | 39, 521, 708 （85.35%） | 3, 694, 148 （7.98%） | 24, 722, 842 （53.39%） | 24, 778, 791 （53.51%） |
| MT14-3 | 44, 411, 840 | 41, 801, 894 （94.12%） | 38, 357, 448 （86.37%） | 3, 444, 446 （7.76%） | 23, 639, 343 （53.23%） | 23, 666, 191 （53.29%） |
| MT28-1 | 45, 459, 812 | 42, 621, 915 （93.76%） | 39, 059, 765 （85.92%） | 3, 562, 150 （7.84%） | 24, 185, 203 （53.20%） | 24, 241, 546 （53.33%） |
| MT28-2 | 46, 043, 604 | 43, 241, 070 （93.91%） | 39, 740, 493 （86.31%） | 3, 500, 577 （7.60%） | 24, 434, 459 （53.07%） | 24, 498, 722 （53.21%） |
| MT28-3 | 45, 999, 818 | 43, 332, 956 （94.20%） | 39, 979, 237 （86.91%） | 3, 353, 719 （7.29%） | 24, 261, 167 （52.74%） | 24, 318, 954 （52.87%） |

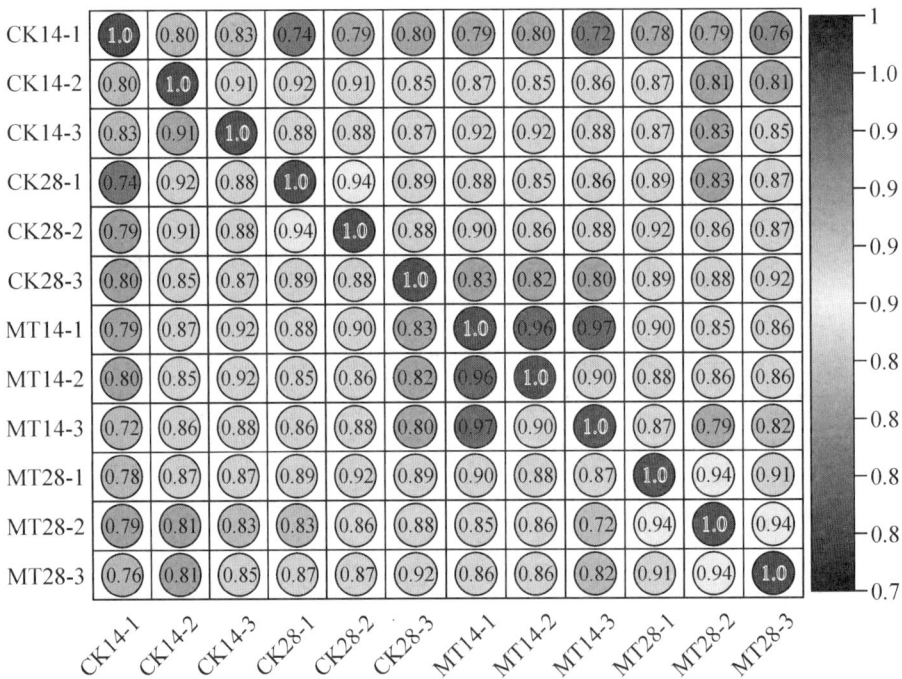

图 6-14　李果实基因表达量相关性热图

**2. 差异表达基因富集分析**

由表 6-3 可知，处理后第 14 天一共有 236 个差异表达基因被注释，其中 GO 注释有 174 个，KEGG 注释有 133 个。处理后第 28 天有 209 个差异表达基因被注释，其中 GO 注释有 166 个，KEGG 注释有 145 个。

由图 6-15 可知，处理后第 14 天，在生物学功能上，差异表达基因的 GO 注释包括转录调控、DNA 模板化、生物过程调控、对激素的反应、代谢过程、基因表达调控和细胞代谢过程的调节等；在分子功能方面，GO 注释包括 DNA 结合转录因子活性、转录调节剂活性、UDP-葡萄糖基转移酶活性和转录调控区序列特异性 DNA 结合等；在细胞组分方面，GO 注释包括细胞质等。处理后第 28 天，在生物学功能上，差异表达基因 GO 注释通路包括转录调控、DNA 模板化、生物过程调控、生物调节、对激素的反应、细胞代谢过程、基因表达调控、细胞大分子代谢过程、调控大分子代谢过程、大分子代谢过程和初级代谢过程等；分子功能方面的 GO 注释通路包括 DNA 结合转录因子活性、序列特异性 DNA 结合、DNA 结合和 UDP-葡萄糖基转移酶活性等；细胞组分方面的 GO 注释通路包括细胞质和液泡等。

表 6-3　注释的差异表达基因数量统计表

| 差异表达基因集合 | 总数 | COG | GO | KEGG | KOG | NR | Pfam | Swiss-Prot | eggNOG |
|---|---|---|---|---|---|---|---|---|---|
| MT 与 CK（14） | 236 | 43 | 174 | 133 | 86 | 236 | 163 | 154 | 177 |
| MT 与 CK（28） | 209 | 65 | 166 | 145 | 92 | 208 | 163 | 147 | 170 |

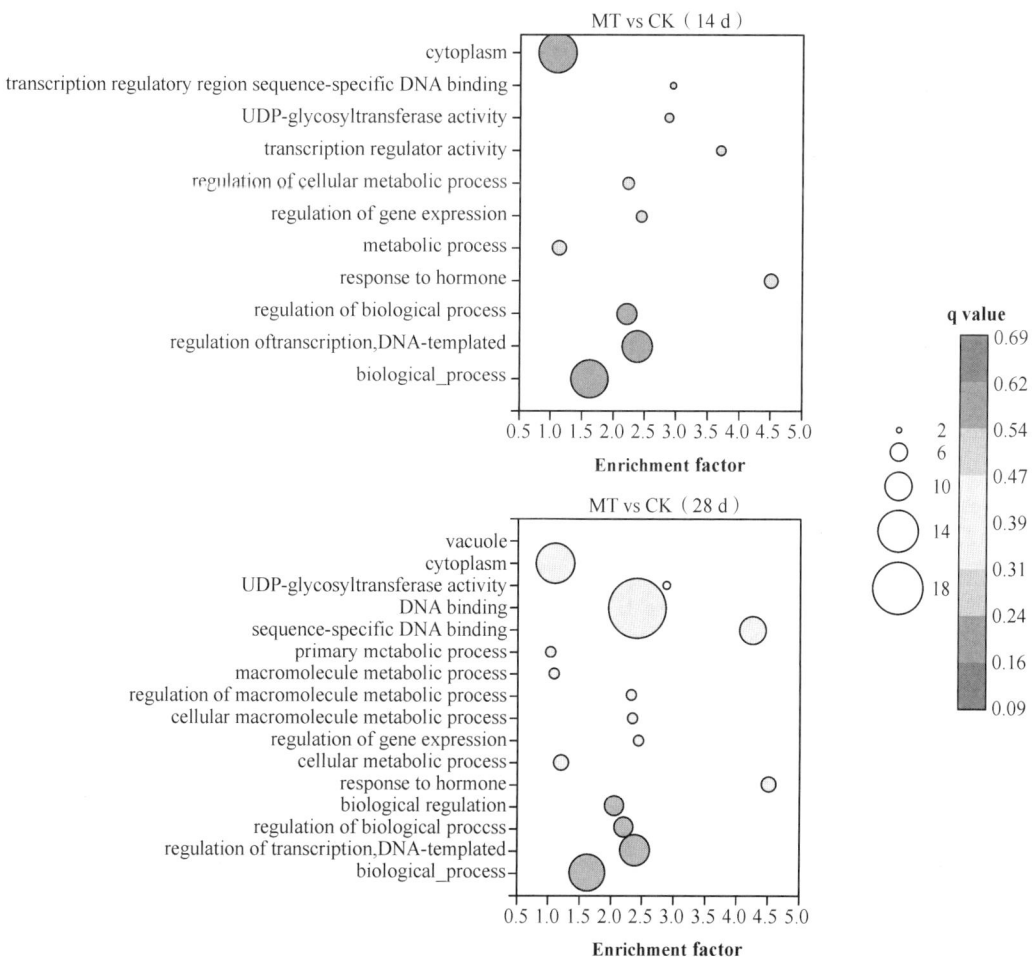

图 6-15　处理后第 14 天、28 天的差异表达基因的 GO 富集

由图 6-16 可知，处理后第 14 天差异表达基因在 KEGG 注释到的通路包括 RNA 降解、MAPK 信号通路-植物、黄酮和黄酮醇的生物合成、甜菜色素生物合成、玉米素生物合成、光合作用、糖酵解/糖异生、其他聚糖降解、植物激素信号转导、类黄酮生物合成和淀粉和蔗糖代谢等。处理后第 28 天差异表达基因 KEGG 注释通路包括植物激素信号转导、果糖和甘露糖代谢、戊糖磷酸途径、糖酵解/糖异生、苯丙烷生物合成、MAPK 信号通路-植物、光合作用-天线蛋白、类黄酮生物合成、黄酮和黄酮醇的生物合成、碳代谢、戊糖和葡萄糖酸盐的相互转化、基础转录因子和 ABC 转运蛋白等。

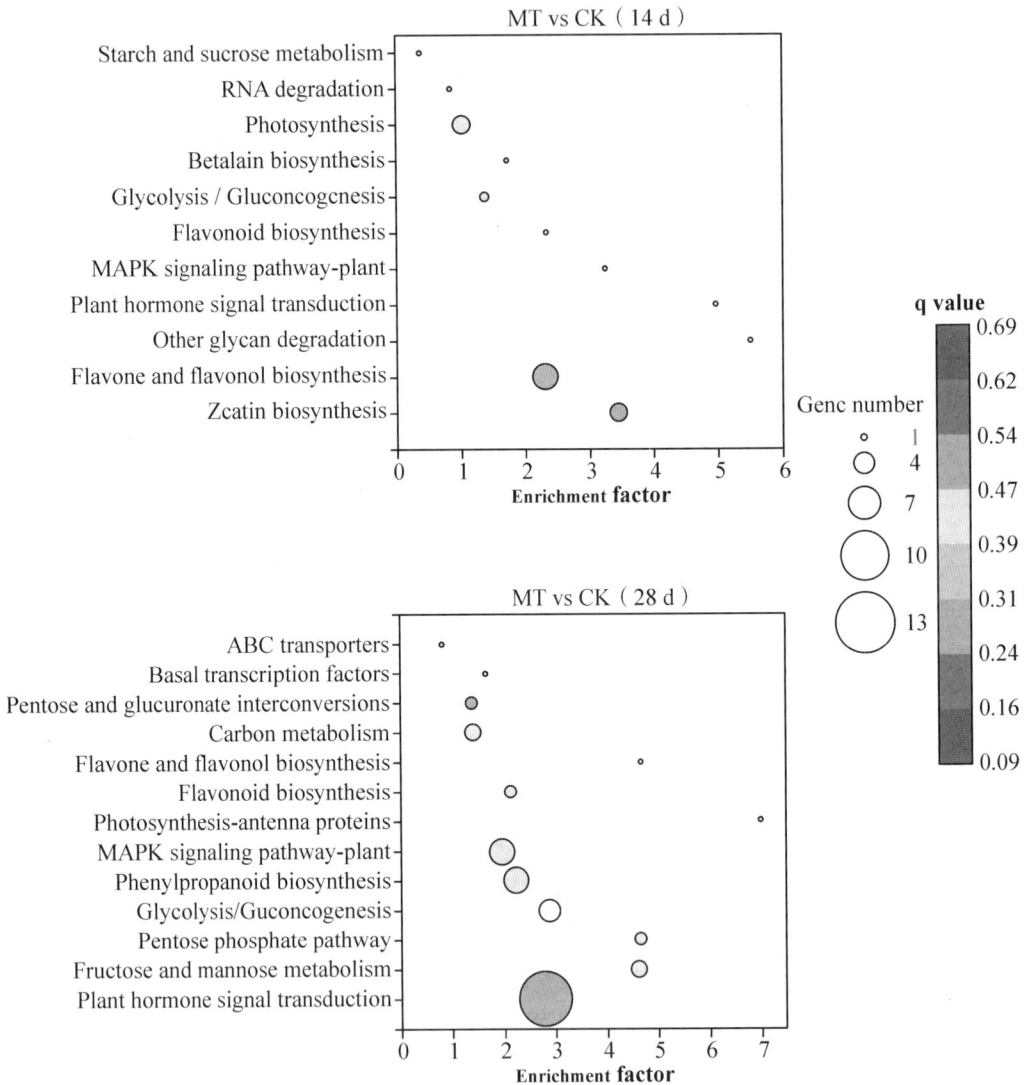

图 6-16　差异表达基因的 KEGG 分类富集

为了研究褐黑素对李果实花青素积累的影响，本研究分析了花青素生物合成途径中几个关键基因的表达情况（图 6-17）。在第 14 天、28 天，褐黑素处理对李果实 PAL（evm. model. LG02. 1175. gene）均无显著影响。褐黑素处理对李果实 CHS （evm. model. LG01. 3699. gene 和 evm. model. LG01. 3701. gene）均在处理后的第 28 天表达量显著上调。与查耳酮异构酶（CHI）合成相关的基因（evm. model. LG06. 2356. gene）在第 14 天、28 天的差异表达量均较低。与花青素合成酶（ANS）合成相关的基因（evm. model. Contig3. 4. gene）在第 28 天表达量上调，但第 14 天表达量的变化不显著，与花青素合成酶合成相关的另一个基因（evm. model. LG06. 1163. gene）在第 14 天、28 天时表达量下降。BZ1 与 UDP-葡萄糖-3-O-类黄酮糖苷转移酶（UFGT）相关，调控 BZ1 合成的基因（evm. model. LG01. 4510. gene）与（evm. model. LG02. 656. gene）均在第 28 天上调，但前者在 14 天下调，后者在第 14 天上调。

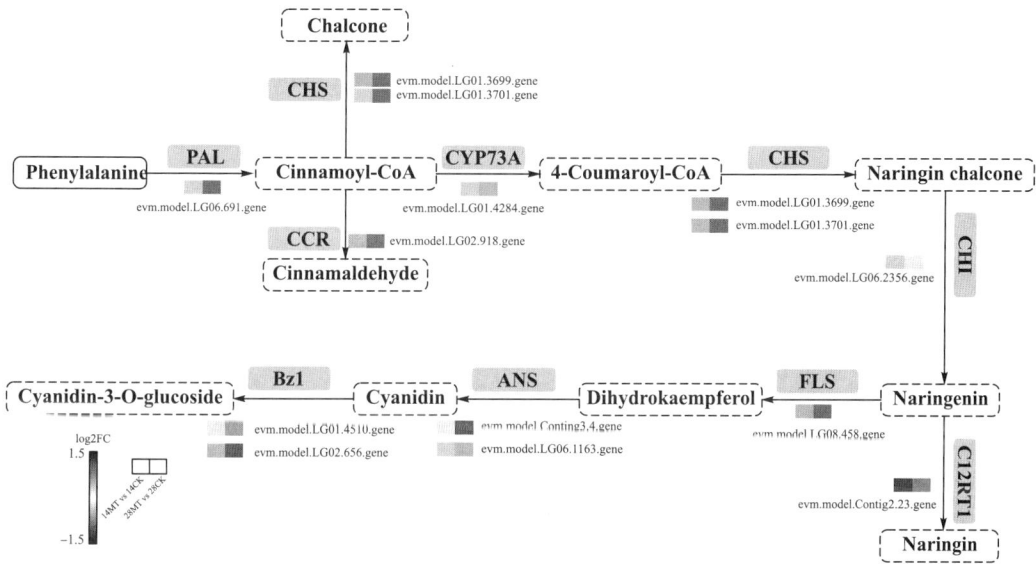

图 6-17　李果实花青素代谢通路

## 三、讨论

外源褐黑素处理促进了海棠叶片的花青素积累（Chen et al.，2019）。在红梨中，经褐黑素处理的果实呈现更深的红色（Sun et al.，2021）。本研究表明，褐黑素处理加速了李果实的颜色变化，促进李果实由绿向红的转变。果实叶绿素、花青素和类胡萝卜素含量与果实颜色密切相关（Liu et al.，2013）。本研究表明，褐黑素处理增加了李果实类胡萝卜素含量，说明褐黑素有助于促进李果实类胡萝卜素合成，可能可以减少光氧化损伤或通过抗氧化机制提供保护（Tan et al.，2010）。

花青素、总酚和总黄酮是植物生理过程和与环境相互作用所必需的（Goodman et al.，2004）。褐黑素已被证明可以促进花青素的产生（甘蓓等，2008）。褐黑素处理显著增加了酿酒葡萄果实总酚、类黄酮、花青素和原花青素含量（Li et al.，2024）。褐黑素处理对采后荔枝在冷藏或环境储存期间的抗氧化成分有积极影响（Marak et al., 2023）。本研究中，褪黑素处理提高了李果实花青素、原花青素、总酚和总黄酮含量，这与前人的研究一致（甘蓓等，2008；Li et al.，2024）。

褪黑素是一种强抗氧化剂，被认为具有减少自由基产生、防止膜脂降解和提高非酶抗氧化活性的能力（Wang et al.，2021）。DPPH、ABTS 和 FRAP 分析显示，褪黑素提高了李果实的抗氧化能力，也提高了葡萄和桃的抗氧化能力（Xu et al.，2010；Gao et al.，2016）。有研究表明，葡萄的抗氧化能力与多酚积累之间存在相关性（Sunil et al.，2022）。因此，褪黑素可能促进水果中多酚的积累，从而提高其抗氧化能力。

花青素的积累是类黄酮途径中几种关键酶协同作用的结果（Tang et al.，2023）。在这些基因中，*PAL*、*CHS*、*CHI*、*F3H*、*DFR*、*ANS* 和 *UFGT* 已被确定为果实花青素生物合成过程中必需的基因（Tang et al.，2023）。褪黑素已被证明可以促进花青素的产生，这可能是通过提高苯丙氨酸相关酶的活性来实现的（甘蓓等，2008）。查耳酮合酶、查耳酮异构酶、黄烷酮 3-羟化酶和二氢黄酮醇 4-还原酶是影响花青素积累和表达的早期关键因素（Wu et al.，2017；Zhang et al.，2013）。花青素合成酶和 UDP-葡萄糖-3-O-类黄酮糖苷转移酶活性被认为是影响花青素稳定性和颜色强度的最重要因素（Ahmad et al.，2023）。本研究中，经褪黑素处理后 7—35 天，李果实苯丙氨酸解氨酶活性显著升高，表明该酶在花青素合成的整个阶段均有着重要作用。查耳酮合酶、查耳酮异构酶、黄烷酮 3-羟化酶活性和二氢黄酮醇 4-还原酶活性在褪黑素处理后第 21 天提高，表明这些酶在花青素积累的初始阶段具有突出的作用。另一方面，UDP-葡萄糖-3-O-类黄酮糖苷转移酶活性在褪黑素处理后期提高，与花青素含量的变化一致。这些结果表明，花青素积累与查耳酮异构酶、查耳酮合酶和黄烷酮 3-羟化酶活性密切相关，UDP-葡萄糖-3-O-类黄酮糖苷转移酶活性表现出与花青素稳定一致的时间位移。同样，这些模式与早期对苹果和梨的研究结果一致（Liu et al.，2013；Sun et al.，2021）。

李果实差异表达基因在 14 天、28 天的 GO 和 KEGG 分析显示出的动态变化，突出了褪黑素对花青素积累和相关代谢途径的时间依赖性调节。根据生物过程的 GO 分析，褪黑素可能影响了第 14 天的早期应激反应，促进了花青素前体的形成，而不是直接触发其生物合成。在 28 天，李果实从初级代谢转变为次级代谢，类黄酮相关基因显著上调，表明花青素关键生物合成步骤被激活，细胞成分分析揭示了褪黑素处理后 14 天和 28 天之间的差异，特别是与液泡和细胞壁相关的差异表达基因，表明褪黑素通过调节这些细胞结构来调节花青素等次生代谢物的储存（Mackon et al.，2021）。在处理后第 14 天，GO 分子功能富集分析显示，与催化和结合活性相关的基因上调，表明褪黑素主要增强参与初级代谢的酶功能（Meng et al.，2021；Fraser et al.，2011），这可能可能支持前体分子的产生和随后花青素积累所需的能量。UDP-糖基转移酶基因被富集，可能有助于花青素的早期修饰，但在这一阶段，与花青素生物合成直接相关的基因很少被激活（Wang et al.，2023）。然而，到了第 28 天，植物初级转向次级代谢，与花青素生物合成相关的查耳酮合酶、花青素合成酶和黄烷酮 3-羟化酶等关键酶相关的基因显著上调（Duan et al.，2023；Wu et al.，2020）。这些结果表明，褪黑素在后期积极促进花青素的生物合成，有助于增加花青素的积累和稳定含量，并最终促进果实的着色和代谢物的储存。在 KEGG 富集分析中也观察到相似的结果。在处理后第 14 天，褪黑素处理主要触发花青素生物合成的初始阶段，并促进前体化合物的积累。在第 28 天时，与花青素生物合成途径相关的关键酶出现显著上调，表明在果实成熟的最后阶段，花青素生物合成和修饰被显著激活。在苯丙氨酸生物合成途径中，第 28 天有 18 个差异表达基因富集，包括过氧化物酶基因（evm. model. LG06. 2107gene 和 evm. model. LG04. 207. gene），这可能有助于提高抗氧化活性，保护花青素免受降解（Meng et al.，2021）。此外，一些转移酶基因参与前体修饰，进一步支持花青素积累（Fraser et al.，2011）。在花青素的生物合成途径中，3-O-葡萄糖基转移酶（evm. model. LG02. 656. gene）是一种稳定和增加花青素溶解度的酶（Wang et al.，2023）。该基因在第 28 天上调，进一步证实了褪黑素直接促进了花青素的积累，特别是通过糖基化增加花青素的稳定性和储存。

*PAL* 是与花青素合成相关的重要上游基因（Duan et al.，2020）。然而，*PAL* 的表达在第 14、28 天没有显著上调，表明 *PAL* 可能不是花青素积累的主要调节因子。经褪黑素处理后，*CHS*、*CHI*、*ANS* 和 *UFGT* 的表达显著增加，特别是在第 28 天。*CHS*、*CHI* 和 *F3H* 被认为是花青素生物合成途径的初始阶段基因，其编码的酶在花青素合成的初始阶段起着至关重要的作用（Chen et al.，2019；Li et al.，2020）。相比之下，*ANS* 被认为是晚期生物合成基因，参与了该途径的最后步骤（Zhang et al.，2022）。此外，*UFGT* 参与了产生稳定的花青素的最后步骤（Zhao et al.，2012）。关于猕猴桃、荔枝叶和茶叶的研究也报告了相似的结果（Liang et al.，2018；Zhao et al.，2012；Li et al.，2020）。上述结果表明，褪黑素通过激活代谢途径下游的关键基因，成功促进了李果实花青素的合成和积累。

## 四、结论

（1）外源性褪黑素提高了李果实成熟过程中与花青素合成相关的酶的活性，促进了李果实花青素、总酚和总黄酮的积累，最终促进了李果实着色。

（2）转录组分析表明，褪黑素通过介导李果实苯丙氨酸途径、花青素合成生物通路，调控与花青素合成相关的基因表达来促进李果实的着色。

# 参考文献

［1］甘蓓，杨红玉. 拟南芥中类黄酮代谢途径及其调控［J］. 安徽农业科学，2008，（13）：5290-5292，5304.

［2］黄睿. 柑橘类黄酮分光测定法比较及其抗氧化与胰脂肪酶抑制功效评价［D］. 杭州：浙江大学，2019.

［3］李东方，张芳，孙聪，等. 欧李果实贮藏过程中钙和酚类物质的变化［J］. 安徽农业大学学报，2022，49（2）：235-241.

［4］申宝营，吴宏琪，林碧英. 低温弱光处理对茄子不同时期花青素含量及果实品质的影响［J］. 福建农业学报，2024，39（3）：310-319.

［5］熊庆娥. 植物生理学实验教程［M］. 成都：四川科学技术出版社，2003.

［6］邵郅胜，孙聪，张薇，等. 不同资源类型欧李果实原花青素及抗氧化活性研究［J］。北方园艺，2023，（8）：24-31.

［7］王璐，刘超杰，齐正阳，等. 紫色叶用莴苣中花青素含量与色差指标的相关性［J］. 北京农学院学报，2018，33（3）：44-48.

［8］AHMAD I，SONG X，IBRAHIM M E H，et al. The role of melatonin in plant growth and metabolism，and its interplay with nitric oxide and auxin in plants under different types of abiotic stress［J］. Frontiers in Plant Science，2023，14：1108507.

［9］CHEN L，TIAN J，WANG S，et al. Application of melatonin promotes anthocyanin accumulation in crabapple leaves［J］. Plant Physiology and Biochemistry，2019，142：332-341.

［10］DUAN A，DENG Y，TAN S，et al. A MYB activator，*DcMYB11c*，regulates carrot anthocyanins accumulation in petiole but not taproot［J］. Plant，Cell & Environment，2023，46（9）：2794-2809.

［11］FRASER C M，CHAPPLE C. The phenylpropanoid pathway in *Arabidopsis*［J］. The Arabidopsis Book，2011，9：e0152.

［12］GOODMAN C D，WALBOT V，WALBOT V，et al. Amultidrug resistance-associated protein involved in anthocyanin transport in *Zea mays*［J］. The Plant Cell，2004，16（7）：1812-1826.

［13］GAO H，ZHANG Z K，CHAI H K，et al. Melatonin treatment delays pos-

tharvest senescence and regulates reactive oxygen species metabolism in peach fruit [J].
Postharvest Biology & Technology, 2016, 118: 103-110.

[14] LIU Y, CHE F, WANG L, et al. Fruit coloration and anthocyanin biosynthesis after bag removal in non-red and red apples (*Malus × domestica Borkh*) [J]. Molecules, 2013, 18 (2): 1549-1563.

[15] LI Y, ZHANG C, LU X, et al. Impact of exogenous melatonin foliar application on physiology and fruit quality of wine grapes (*Vitis vinifera*) under salt stress [J]. Functional Plant Biology, 2024, 51 (1): 1-16.

[16] LI, W, TAN, L., ZOU, Y, et al. The effects of ultraviolet A/B treatments on anthocyanin accumulation and gene expression in dark-purple tea cultivar "Ziyan" (*Camellia sinensis*) [J]. Molecules, 2020, 25: 354.

[17] LIANG D, SHEN Y, NI Z, et al. Exogenous melatonin application delays senescence of kiwifruit leaves by regulating the antioxidant capacity and biosynthesis of flavonoids [J]. Frontiers in Plant Science, 2018, 9: 426.

[18] MARAK K A, MIR H, SINGH P, et al. Exogenous melatonin delays oxidative browning and improves post harvest quality of litchi fruits [J]. Scientia Horticulturae, 2023, 322: 112408.

[19] ENERAND M, YAFEI M, CHARLIE G M E D J, et al. Subcellular localization and vesicular structures of anthocyanin pigmentation by fluorescence imaging of black rice (*Oryza sativa L.*) stigma protoplast [J]. Plants, 2021, 10 (4): 685-685.

[20] MENG G, FAN W, RASMUSSEN S K. Characterisation of the class Ⅲ peroxidase gene family in carrot taproots and its role in anthocyanin and lignin accumulation [J]. Plant Physiology and Biochemistry, 2021, 167: 245-256.

[21] SUNIL L, SHETTY N P. Biosynthesis and regulation of anthocyanin pathway genes [J]. Applied Microbiology and Biotechnology, 2022, 106 (5-6): 1783-1798.

[22] SUN H L, WANG X Y, SHENG Y, et al. Preharvest application of melatonin induces anthocyanin accumulation and related gene upregulation in red pear (*Pyrus ussuriensis*) [J]. Journal of Integrative Agriculture, 2021, 20 (8): 2126-2137.

[23] TAN D X, MANCHESTER L C, HARDELAND R, et al. Melatonin: a hormone, a tissue factor, an autocoid, a paracoid, and an antioxidant vitamin [J]. Journal of Pineal Research, 2010, 34 (1): 75-78.

[24] TANG X, REN C, HU J, et al. Cloning, expression and activity analysises

of chalcone synthase genes in Carthamus tinctorius [J]. Chinese Herbal Medicines, 2023, 15 (2): 291-297.

[25] WANG D, CHEN Q, CHEN W, et al. Melatonin treatment maintains quality and delays lignification in loquat fruit during cold storage [J]. Scientia Horticulturae, 2021, 284: 110126.

[26] XU C, ZHANG Y, CAO L, et al. Phenolic compounds and antioxidant properties of different grape cultivars grown in China [J]. Food Chemistry, 2010, 119 (4): 1557-1565.

[27] WU X, GONG Q, NI X, et al. UFGT: The key enzyme associated with the petals variegation in Japanese apricot [J]. Frontiers in Plant Science, 2017, 8: 108.

[28] WANG Q, ZHU J, LI B, et al. Functional identification of anthocyanin glucosyltransferase genes: a Ps3GT catalyzes pelargonidin to pelargonidin 3-O-glucoside painting the vivid red flower color of Paeonia [J]. *Planta*, 2023, 257 (4): 65-65.

[29] WU X, ZHANG S, LIU X, et al. Chalcone synthase (CHS) family members analysis from eggplant (*Solanum melongena* L.) in the flavonoid biosynthetic pathway and expression patterns in response to heat stress [J]. PloS One, 2020, 15 (4): e0226537.

[30] ZHANG N, ZHAO B, ZHANG H, et al. Melatonin promotes water-stress tolerance, lateral root formation, and seed germination in cucumber (*Cucumis sativus* L.) [J]. Journal of Pineal Research, 2013, 54 (1): 15-23.

[31] ZHANG Z, LIU Y, YUAN Q, et al. The bHLH1-DTX35/DFR module regulates pollen fertility by promoting flavonoid biosynthesis in *Capsicum annuum* L. [J]. Horticulture Research, 2022, 9: uhac172.

[32] ZHAO Z C, HU G B, HU F C, et al. The UDP glucose: flavonoid-3-O-glucosyltransferase (UFGT) gene regulates anthocyanin biosynthesis in litchi (*Litchi chinesis* Sonn.) during fruit coloration [J]. Molecular Biology Reports, 2012, 39 (6): 6409-6415.

# 第七章
## 褪黑素对李果实低温贮藏的影响

## 一、材料与方法

### （一）试验材料

供试李品种为'羌脆大李'，于 2023 年 7 月采自四川省成都市龙泉驿区西河镇当地果园种植的 5 年生'羌脆大李'结果树。

### （二）试验设计

选取成熟度、大小一致的李果实 300 个，将李果实随机分为对照组和褪黑素处理组，每组 150 个。将李果实用 100 μmol/L 的褪黑素溶液浸泡 30 min 作褪黑素处理，而对照组用蒸馏水浸泡 30 min。然后取出果实，于室温下晾干后装于食品级保鲜袋中，置于 4 ℃的冰箱中贮藏。分别于贮藏后第 0 天、7 天、14 天、21 天、28 天取样。每次取样后，一部分样品用于质构测定，另一部分样品被切碎，将果肉混匀，立即在液氮中冷冻，于-80 ℃的超低温冰箱中保存，用于测定后续指标。

### （三）测定项目与方法

**1. 可溶性固形物含量**

可溶性固形物含量用 PAL-1 手持式折射测糖仪测定。

**2. 可溶性糖含量**

可溶性糖含量采用蒽酮比色法（熊庆娥，2003）测定。称取 0.1 g 烘干并过 40 目筛的果实，加入体积分数为 80% 的乙醇，置于 80 ℃水浴中 30 min，冷却后离心，再向沉淀中加入 80% 的乙醇，重复提取 2 次，最后向上清液中加入少量活性炭脱色，过滤后待用。取 0.5 mL 样品，向其中加入蒸馏水和蒽酮乙酸乙酯试剂，然后加入 5 mL 浓硫酸，置于沸水浴中 1 min，于 630 nm 波长处测定吸光度值。

**3. 可滴定酸含量**

可滴定酸含量采用滴定法（曹建康等，2007）进行测定。称取果实 5 g，在研钵中研磨成匀浆，将匀浆转移至锥形瓶中并加入 50 mL 蒸馏水，置于水浴中 30 min，冷却后过滤并定容至 100 mL。吸取 20 mL 滤液，加入体积分数为 1% 的酚酞，并用氢氧化钠溶液滴定至粉红色，根据消耗的氢氧化钠的量计算可滴定酸含量。

**4. 维生素 C 含量**

维生素 C 含量采用 2,6-二氯酚靛酚滴定法（曹建康等，2007）进行测定。称取果实 4 g，加入体积分数为 2% 的草酸，在研钵中研磨成匀浆，过滤，转移到 100 mL 容量瓶中，并用 2% 的草酸定容。吸取 10 mL 滤液，用 2,6-二氯酚靛酚溶液滴定至微红色，记录所消耗的 2,6-二氯酚靛酚的量，并计算维生素 C 含量。

**5. 抗氧化酶活性**

称取新鲜果实 1 g，加入 6 mL 缓冲液并研磨成匀浆，于 8,000 r/min 下离心 15 min 后取上清液待测。用氮蓝四唑法测定超氧化物歧化酶（SOD）活性，用愈创木酚法测定过氧化物酶（POD）活性，用高锰酸钾滴定法测定过氧化氢酶（CAT）活性（熊庆娥，2003）。

**6. 硬度**

用直径为 10 mm 的打孔器切取李果肉，保留果皮以下 9 mm 厚的果肉部分，使用 TA. XTC-18 型质构仪的 TA/2N 针型探头对李果实赤道部位进行穿刺分析，测定果实硬度和果肉硬度。测试类型为下压，测试目标为位移，测试深度为 6 mm，测试速度为 2 mm/s，随机选取 4 个果实为一组，重复 3 次。

**7. 细胞壁物质含量**

（1）细胞壁物质提取

细胞壁物质的提取参照肖望等（2020）的方法测定，略有改进：将样品在 75 ℃下烘干，粉碎后过 40 目筛。称取过筛后的干样 1 g 于离心管中，加入 30 mL 80% 的乙醇煮沸 25 min，冷却后再用 30 mL 80% 的乙醇洗涤沉淀 1～2 次。真空抽滤，用 80% 的乙醇冲洗滤渣。然后，用 30 mL 90% 的二甲亚砜浸泡过夜。抽滤，用丙酮浸泡滤渣 10～20 min，充分去除二甲亚砜，真空抽滤，用丙酮冲洗滤渣，将滤渣烘干至恒重，即为细胞壁物质。

（2）果胶含量

不同果胶的提取参照尚海涛（2011）的方法，稍作修改：称取 0.05 g 细胞壁物质并加入 5 mL 去离子水，震荡 6 h，然后于 10,000 r/min 下离心，得到含水溶性果胶的上清液。将上清液转移至离心管中待测。向上一步的残渣中加入含 50 mmol/L 的

EDTA、pH = 6.5 的 50 mmol/L 醋酸钠缓冲液，震荡 6 h 后，于 10,000 r/min 下离心，得到含离子结合性果胶的上清液。将上清液转移至离心管中，加入活性炭脱色后待测。最后再向残渣中加入含 2 mmol/L EDTA 的 50 mmol/L 的碳酸钠溶液，震荡 6 h 后，于 10,000 r/min 下离心，得到含共价结合性果胶的上清液。将上清液转移至离心管中，加入活性炭脱色后待测。果胶含量的测定参考曹建康等（2007）采用的咔唑乙醇比色法进行测定：准备玻璃试管若干，加入果胶提取液和超纯水，然后小心地沿管壁加入 6 mL 的优级纯浓硫酸，在沸水浴中加热，然后加入 1.5 g/L 的咔唑乙醇溶液，充分摇匀。避光放置 30 min，于 530 nm 波长处测定吸光光度值。然后分别计算水溶性果胶、离子结合性果胶和共价结合性果胶含量。

（3）半纤维素和纤维素含量

半纤维素和纤维素的提取参考李娇娇（2015）的方法，略加修改：向提取完果胶的残渣中再加入含 100 mmol/L 的硼氢化钠的 100 mmol/L 的氢氧化钠溶液，震荡 6 h 后，于 10,000 r/min 下离心，得到含半纤维素的上清液，向半纤维素上清液中加入 2 mol/L 的硫酸，置于沸水浴中水解 2 h，得到水解后的半纤维素。提取完半纤维素的残渣即为纤维素，向残渣中加入 80% 的硫酸，放置 2 h 后加入适量活性炭，加入超纯水，在沸水浴中水解 2 h，过滤，即得到含纤维素的待测液。半纤维素和纤维素含量的测定参考熊庆娥（2003）的方法，即采用蒽酮-乙酸乙酯比色法进行测定：取 0.5 mL 样品提取液于试管中，加入 1.5 mL 蒸馏水，再加入 0.5 mL 蒽酮-乙酸乙酯和 5 mL 浓硫酸，充分震荡后于沸水浴中保温一分钟，取出，自然冷却至室温后，于 630 nm 波长处测定吸光值，并计算半纤维素和纤维素含量。

**8. 细胞壁代谢酶活性 s**

（1）果胶甲酯酶（PME）活性

采用 PME 试剂盒（苏州格锐思生物科技有限公司）测定 PME 活性。称取 0.5 g 新鲜果肉样品，加入 1.5 mL 提取液进行冰浴研磨，于 12,000 r/min、4 ℃ 下离心 15 min，取上清液待测。取 1 mL 上清液于试管中，再依次向试管中加入 25 μL 酚酞和 4 mL 果胶，混合均匀，并用氢氧化钠调 pH 至 7.8（粉红色）。然后将试管于 37 ℃ 下保温 60 min，每隔 20 min 用氢氧化钠调节 pH，使其维持在 7.8（粉红色），同时记录所消耗的氢氧化钠的体积，并计算 PME 活性。

（2）多聚半乳糖醛酸酶（PG）活性

采用 PG 试剂盒（苏州格锐思生物科技有限公司）测定 PG 活性。称取 1 g 新鲜果肉样品，加入 1 mL 95% 的乙醇进行冰浴研磨，于 4 ℃ 下放置 10 min，然后于 12,000 r/min 下离心，弃上清液，留沉淀，再向沉淀中加入 80% 乙醇，混匀后于 4 ℃ 下放置 10

min，然后于 12,000 r/min 下离心 5 min，弃上清液，留沉淀，最后向沉淀中加入 1 mL 氯化钠+乙酸缓冲液，涡旋混匀后于 4 ℃放置 10 min，然后于 12,000 r/min、4 ℃下离心 10 min，上清液即为待测液。向测定管中加入 80 μL 的待测液和 370 μL 的多聚半乳糖醛酸，向对照管中加入 80 μL 的待测液和 370 μL 的乙酸缓冲液，置于 40 ℃水浴中 30 min，然后分别向测定管和对照管中加入 450 μL 的 DNS 显色剂，然后置于沸水浴中 5 min，冷却后在 540 nm 波长处测定吸光度值，并计算 PG 活性。

（3）β-半乳糖苷酶（β-GAL）活性

采用 β-GAL 试剂盒（苏州格锐思生物科技有限公司）测定 β-GAL 活性。称取 0.5 g 新鲜果肉样品，加入 1 mL 柠檬酸-磷酸缓冲液进行冰浴研磨，于 12,000 r/min、4 ℃离心下 15 min，取上清液待测。向测定管中依次加入 10 μL 上清液、25 μL 对硝基苯-β-D 吡喃半乳糖苷和 35 μL 柠檬酸-磷酸缓冲液，向对照管中依次加入 10 μL 上清液、25 μL 蒸馏水和 35 μL 柠檬酸-磷酸缓冲液。迅速混匀，于 37 ℃保温下 30 min，向测定管和对照管中分别加入 180 μL 碳酸钠。充分混匀，在 405 nm 波长处测定吸光度值并计算 β-GAL 活性。

（4）木葡聚糖内糖基转移/水解酶（XTH）活性

使用 XTH ELISA 试剂盒（江苏酶免实业有限公司），根据酶联免疫法测定 XTH 活性，根据制造商的说明进行操作。将李果实充分研磨后取上清液，将 XTH 抗体和样品分别加入到微孔板中，置于 37 ℃水浴中 30 min，洗涤微孔板 5 次后，加入酶标试剂，置于 37 ℃水浴中 30 min，再次洗涤微孔板 5 次，加入显色液，于 37 ℃下显色 10 min，然后向微孔板中加入反应终止液以停止反应，于 450 nm 波长处测定吸光度值并计算 XTH 活性。

（5）α-L-阿拉伯呋喃糖苷酶（α-AF）活性

使用植物 α-AF ELISA 试剂盒（江苏酶免实业有限公司）测定 α-AF 活性。将李果实充分研磨后取上清液，将 α-AF 抗体和样品分别加入到微孔板中，置于 37 ℃水浴中 30 min，洗涤微孔板 5 次后，加入酶标试剂，置于 37 ℃水浴中 30 min，再次洗涤微孔板 5 次，加入显色液，于 37 ℃显色 10 min，然后向微孔板中加入反应终止液以停止反应，于 450 nm 波长处测定吸光度值，并计算 α-AF 活性。

（6）内切-β-1,4-葡聚糖酶（EG）活性

采用 EG 试剂盒（苏州格锐思生物科技有限公司）测定 EG 活性。称取 1 g 新鲜果肉样品，加入 1 mL 95% 的乙醇进行冰浴研磨，于 4 ℃下放置 10 min，然后于 12,000 r/min 下离心，弃上清液，留沉淀，再加入 80% 乙醇，置于冰浴中 10 min，于 12,000 r/min 下离心 5 min，弃上清液，留沉淀，最后向沉淀中加入 1 mL 氯化钠+乙酸缓冲

液，混匀后置于冰浴中 10 min，然后 12,000 r/min 下离心，上清液即为待测液。向测定管和对照管中分别加入 100 μL 的待测液，向测定管中加入 300 μL 的羧甲基纤维素钠，向对照管中加入 300 μL 的柠檬酸缓冲液，于 37 ℃ 下保温 30 min，然后向测定管和对照管中加入 300 μL 的 DNS 显色液。置于 95 ℃ 水浴中 5 min，冷却后在 540 nm 波长处测定吸光度值并计算 EG 活性。

**9. 果实细胞壁结构观察**

（1）光学显微镜观察

使用 APES 浸泡，捞片后于 60 ℃ 烘箱中烘烤 60 min，使切片紧密黏附。切片常规脱蜡至脱水，放入甲苯胺蓝水溶液中，于 56 ℃ 下染色 20 min，使用蒸馏水清洗后于 70% 酒精中浸泡 1 min，用 95% 的酒精分化，然后于无水酒精中迅速脱水，使用中性树胶封固，置于 BA400 Digital 光学显微镜下观察。

（2）透射电镜观察

样品经体积分数为 3% 的戊二醛预固定 24 h 后，经 1% 的四氧化锇再固定 2 h。将样品组织（细菌、细胞等）依次放入 30%、50%、70%、80%、95% 和 100% 的丙酮中脱水，每次 20 min，用 100% 的丙酮脱水两次，每次 15 min，然后进行渗透和包埋处理。采用超薄切片机制备厚 60 ～-90 nm 的超薄切片，展片，再捞至 200 目方华膜铜网。铜网先用醋酸铀避光染色 10 ～ 15 min，然后再用柠檬酸铅避二氧化碳染色 1 ～ 10 min，于室温下染色。用超纯水清洗后放入铜网盒内，于室温下干燥过夜，采用 JEM－1400 FLASH 透射电镜对铜网进行拍照及分析。

（四）数据处理与统计方法

使用 SPSS 27.0 进行方差分析，采用 t 检验进行显著性比较分析。使用 Origin 2019 和 Excel 2010 绘图。

## 二、结果与分析

（一）褪黑素对李果实低温贮藏期间内在品质的影响

由图 7-1 可知，随着李果实贮藏时间的延长，李果实可溶性固形物含量略有提高。用褪黑素浸果后，第 7 天的李果实可溶性固形物含量显著提高，较对照组提高了 5.95%；处理后第 14 天、21 天、28 天，李果实可溶性固形物含量极显著提高，与对照组相比分别提高了 5.69%、4.32% 和 7.07%。用褪黑素浸果后，第 14 天、21 天、28 天的李果实可溶性糖含量显著或极显著高于对照组，分别较对照组提高了 20.37%、

17.44%和11.96%。随着贮藏时间的延长,李果实可滴定酸含量呈逐渐降低的趋势,褪黑素对李果实贮藏第0～21天的可滴定酸含量影响不显著,但显著提高了贮藏后第28天的李果实可滴定酸含量,较对照组提高了8.26%。李果实维生素C含量呈先降低后升高的趋势,在贮藏第7天,褪黑素处理后的李果实维生素C含量显著高于对照组,较对照组提高了7.37%;在贮藏第21天、28天,李果实维生素C含量极显著高于对照组,分别较对照组提高了10.72%和12.48%。

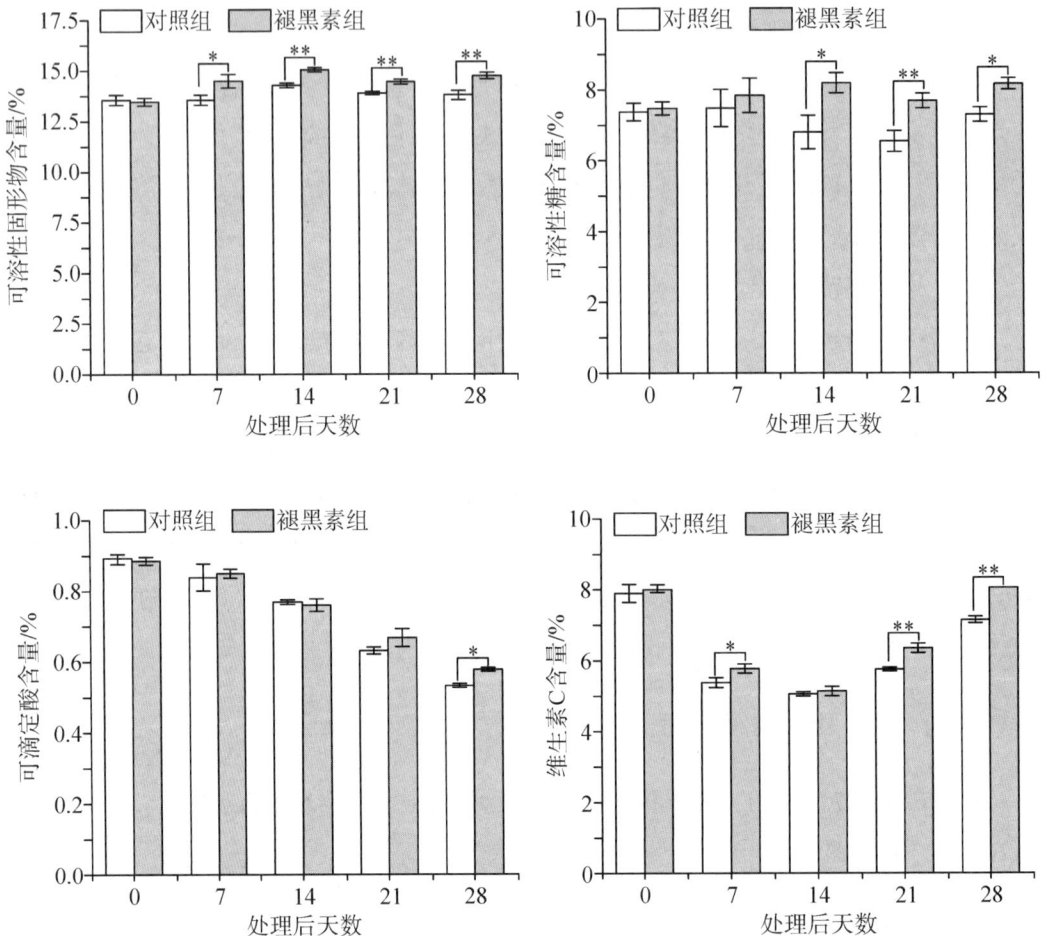

注:标记*和**分别表示褪黑素处理与对照差异显著和极显著(0.01 ≤ $P$ < 0.05 或 $P$ < 0.01),下同。

图7-1 李果实内在品质

(二)褪黑素对李果实低温贮藏期间抗氧化酶活性的影响

由图7-2可以看出,贮藏前7天李果实SOD活性无显著变化,但贮藏后第14天、21天、28天,经褪黑素处理的李果实SOD活性显著或极显著低于对照组,分别较对照组降低了14.89%、32.53%和16.33%。在李果实贮藏期间,李果实POD活性呈先降低后升高的趋势，经褪黑素处理后第 7 天、21 天，李果实 POD 活性分别较对照组显著降低了 17.12% 和 20.54%；处理后第 14 天、28 天，李果实 POD 活性极显著降低，分别较对照组降低了 35.36% 和 44.86%。与李果实 POD 活性变化趋势相似，李果实 CAT 活性也呈先降低后升高的趋势，用褪黑素浸果后，在贮藏第 21 天、28 天，李果实 CAT 活性显著和极显著增加，分别较对照组提高了 34.45% 和 22.01%。

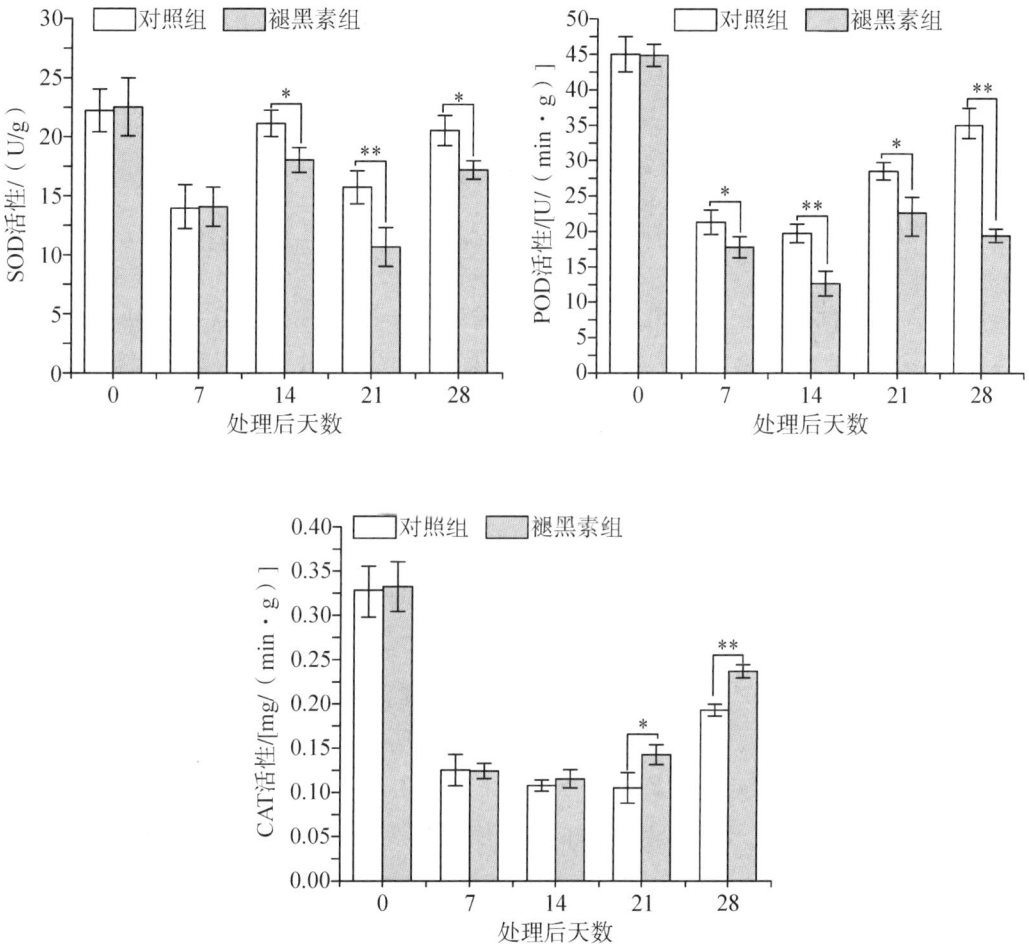

图 7-2　李果实抗氧化酶活性

## （三）褪黑素对李果实低温贮藏期间果实硬度的影响

由图 7-3 可知，随着贮藏时间的延长，李果实硬度和果肉硬度均呈逐渐降低的趋势。褪黑素处理后的李果实在贮藏第 14 天、21 天、28 天，李果实硬度和果肉硬度均极显著高于对照组，果实硬度分别较对照组提高了 21.56%、17.52% 和 21.39%，果肉硬度分别较对照组提高了 58.15%、56.03% 和 84.96%。

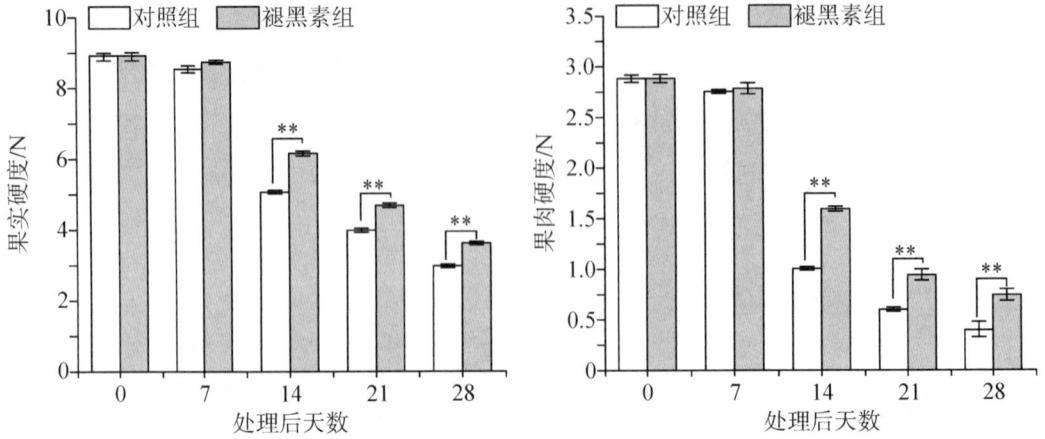

图 7-3　李果实硬度 (果实硬度和果肉硬度)

## （四）褪黑素对李果实低温贮藏期间细胞壁物质含量的影响

随着贮藏时间的延长，李果实水溶性果胶和离子结合性果胶含量不断增加（图7-4）。从贮藏第7天开始，褪黑素处理后的李果实水溶性果胶含量显著或极显著降低。与对照组相比，在贮藏第7天、14天、21天、28天，李果实水溶性果胶含量分别降低了16.26%、20.96%、12.13%和9.25%。从贮藏第14天开始，褪黑素处理后的李果实离子结合性果胶含量显著或极显著高于对照组。在贮藏第14天、21天、28天，李果实离子结合性果胶含量分别较对照组提高了35.76%、8.13%和15.41%。随着贮藏时间的延长，李果实共价结合性果胶含量逐渐降低，但经褪黑素处理后第14天、21天、28天，李果实共价结合性果胶含量显著高于对照组，分别较对照组提高了13.44%、11.08%和22.35%。在贮藏的0—21天，褪黑素处理对李果实半纤维素含量无显著影响，但在贮藏后第28天，李果实半纤维素含量显著增加，较对照组提高了8.79%。褪黑素处理能够维持李果实纤维素含量，延缓纤维素在李果实贮藏期间的降解，在李果实贮藏第21天、28天，经褪黑素处理的李果实纤维素含量显著高于对照组，分别较对照组提高了9.04%和17.68%。

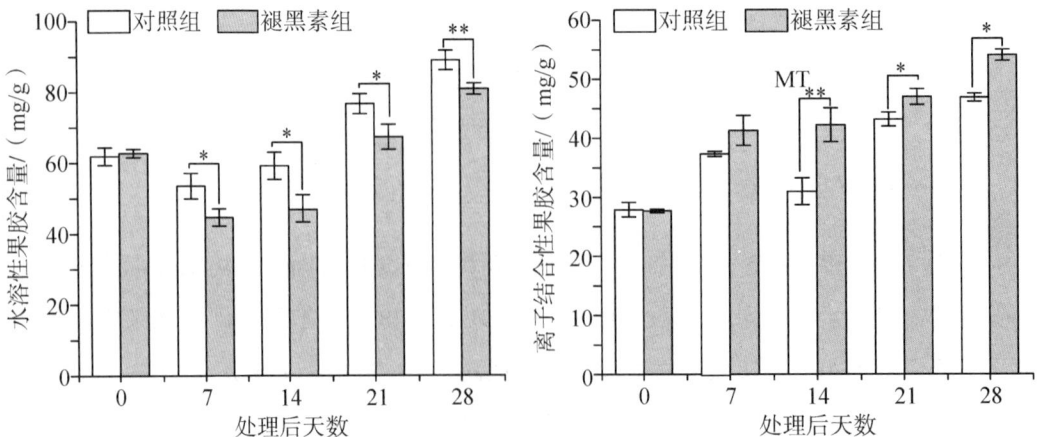

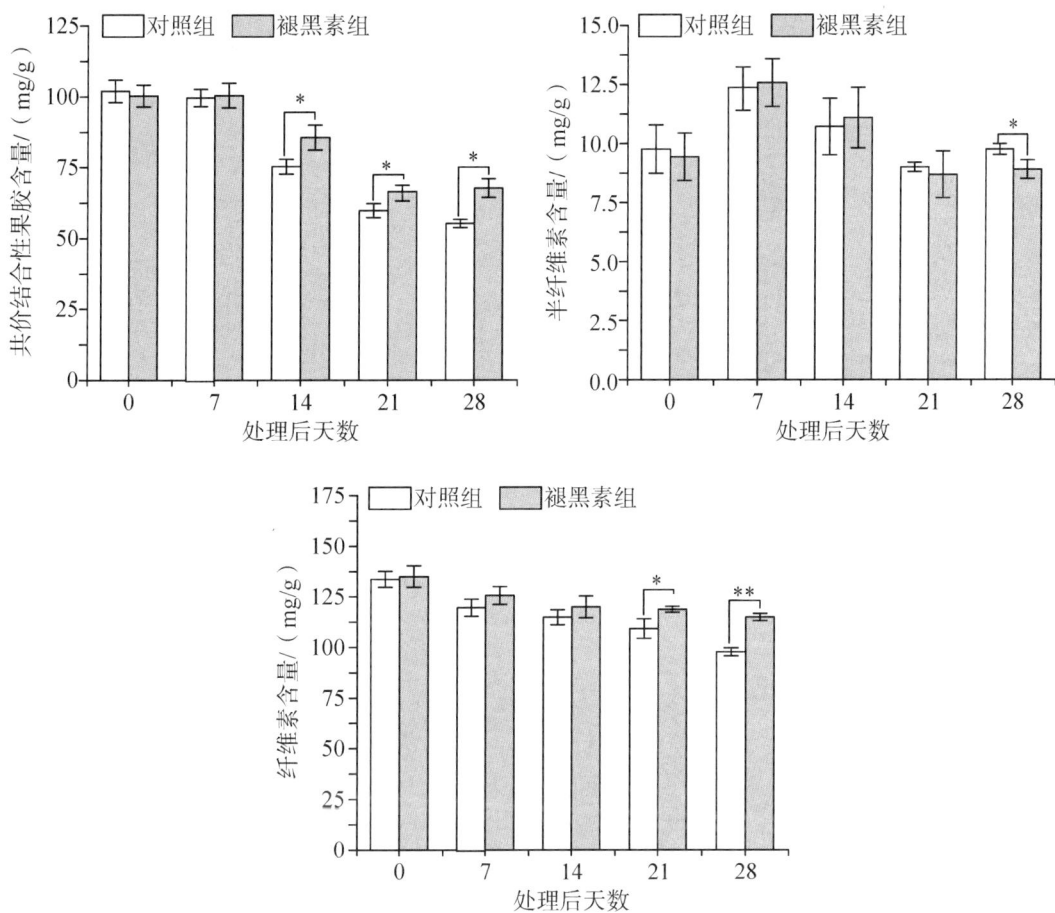

图 7-4　李果实细胞壁物质含量

## （五）褪黑素对李果实低温贮藏期间细胞壁代谢酶活性的影响

由图 7-5 可知，随着贮藏时间的延长，李果实 PME 活性逐渐增加。褪黑素处理极显著降低了李果实在贮藏第 14 天、21 天、28 天的 PME 活性，与对照组相比分别降低了 21.95%、22.78% 和 32.64%。李果实贮藏的第 7 和 14 d，褪黑素处理对李果实 PG 活性无显著影响；但到贮藏的第 21 天、28 天，经褪黑素处理的李果实 PG 活性显著低于对照组，分别较对照组降低了 43.60% 和 24.71%。李果实 β-GAL 活性呈先降低后升高的趋势，从贮藏第 14 天开始，褪黑素处理后的李果实 β-GAL 显著低于对照组。与对照组相比，在处理后第 14 天、21 天、28 天，β-GAL 分别降低了 43.27%、23.76% 和 12.55%。随着贮藏时间的延长，李果实 XTH 和 α-AF 活性均处于较稳定的水平，从贮藏后第 7 天开始，李果实 XTH 和 α-AF 活性均显著或极显著高于对照组。与对照组相比，李果实在贮藏的第 7 天、14 天、21 天、28 天，经褪黑素处理的李果实 XTH 活性分别提高了 24.88%、22.15%、17.75% 和 22.78%，α-AF 活性分别提高了

19.77%、18.35%、35.62%和16.50%。随着贮藏时间的延长，李果实EG活性呈逐渐提高的趋势，在贮藏后第14天、28天，褪黑素处理的李果实EG活性显著低于对照组，与对照组相比分别降低了10.40%和9.93%。

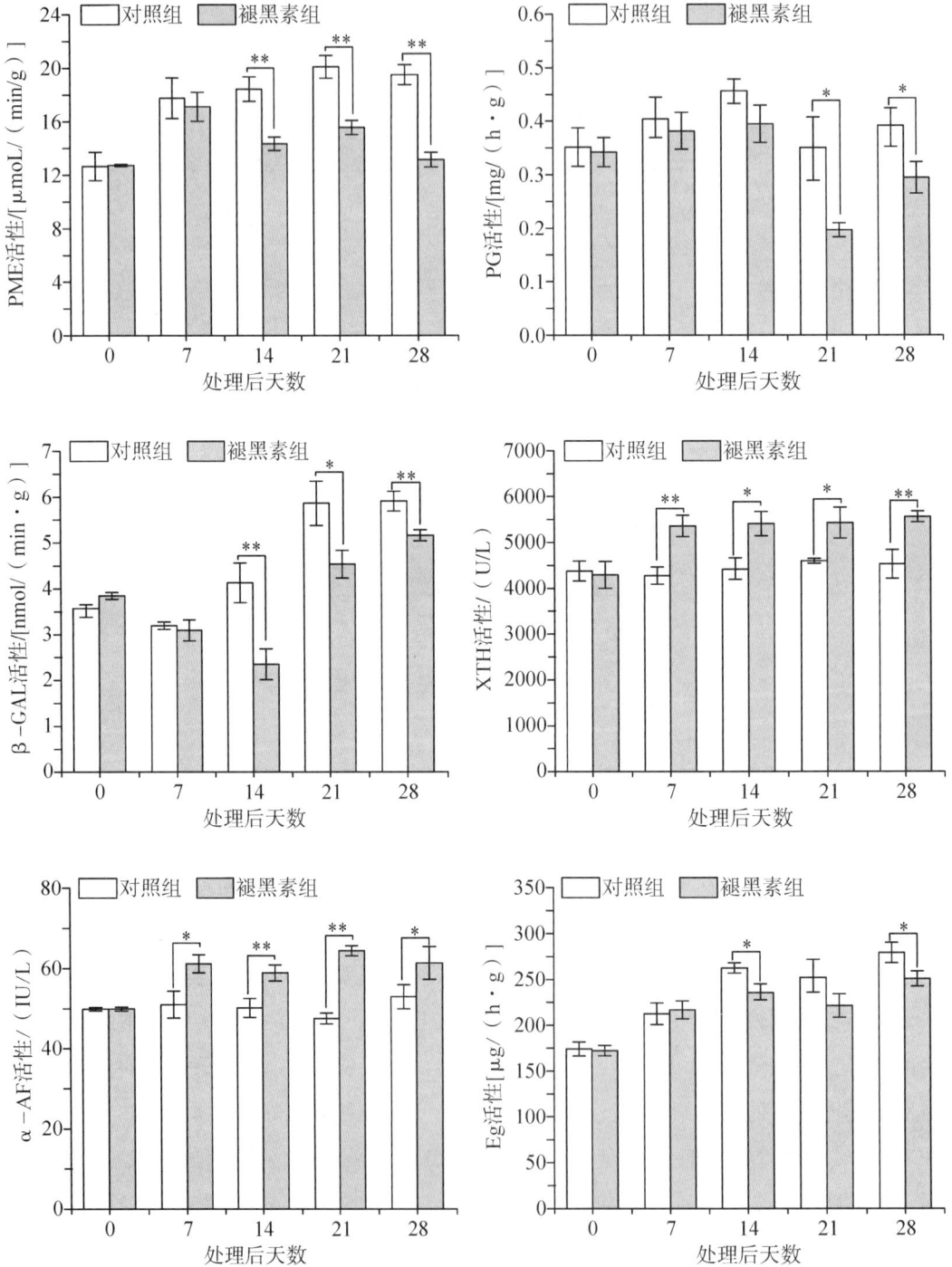

图7-5　李果实细胞壁代谢酶活性

## （六）褪黑素对果实低温贮藏期间细胞壁显微结构的影响

对不同贮藏时期的李果实进行光学显微镜观察后发现，在贮藏第 0 天、7 天，对照组和经褪黑素处理的李果实细胞均排列较紧密，且细胞壁结构完整［图 7-6 （a）、7-6 （c）、7-6 （b）和 7-6 （d）］。在贮藏第 14 天，对照组李果实靠近果核处的细胞间排列变疏松，细胞间隙增大［图 7-6 （e）］。经褪黑素处理的李果实靠近果核处的果肉细胞结构较清晰［图 7-6 （f）］。到贮藏第 21 天，果肉细胞逐渐收缩，细胞形态发生改变。由图 7-6 （g）和图 7-6 （h）可以看出，对照组李果实形变程度大于褪黑素处理组，细胞收缩程度更大，出现较大的细胞间隙。到贮藏第 28 天，细胞形状不规则程度进一步加大，细胞间隙进一步变大，出现大面积空腔。经褪黑素处理的李果实靠近果皮处的细胞排列仍较紧密［图 7-6 （j）］，而对照组李果实靠近果皮处的细胞排列松散，出现较大的细胞间隙［图 7-6 （i）］。

(a) 对照组（第 0 天）

(c) 对照组（第 7 天）

(e) 对照组（第 14 天）

(b) 褪黑素组（第 0 天）

(d) 褪黑素组（第 7 天）

(f) 褪黑素组（第 14 天）

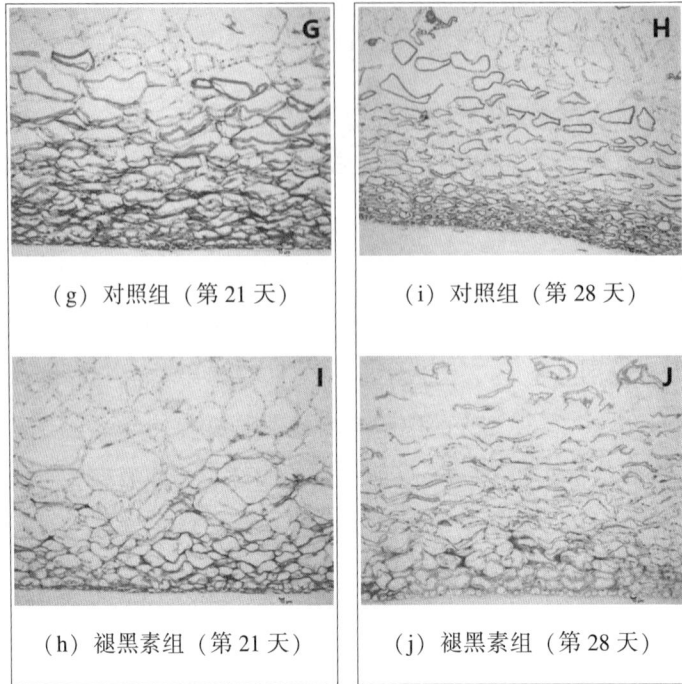

(g) 对照组（第21天）　　　　(i) 对照组（第28天）

(h) 褪黑素组（第21天）　　　　(j) 褪黑素组（第28天）

图 7-6　李果实贮藏期间细胞壁显微结构观察

## （七）褪黑素对李果实低温贮藏期间细胞壁超微结构的影响

为进一步了解李果实贮藏期间细胞壁结构的变化，本试验采用了透射电镜对细胞壁结构进行观察，由图 7-7 (a)、7-7 (d)、7-7 (g) 和 7-7 (j) 中可以看出，在贮藏第 0 天，李果实细胞壁结构完整，初生壁与中胶层之间排列紧密，且中胶层具有较高的电子密度，李果实细胞器结构完整，细胞膜与细胞壁连接紧密。随着贮藏时间的延长，在贮藏第 14 天，细胞壁开始松散，对照李果实出现细胞间隙 [7-7 (b) ]，并出现质壁分离现象。由图 7-7 (h)、7-7 (e) 和 7-7 (k) 可以看出，对照组和经褪黑素处理的李果实中胶层均开始降解，但经褪黑素处理的李果实中胶层的电子密度高于对照组。到处理后第 28 天，由图 7-7 (c)、7-7 (i)、7-7 (f) 和 7-7 (l) 可以看出，对照细组胞壁结构排列松散，细胞壁完整性受到严重破坏，中胶层降解出现大量细胞间隙。经褪黑素处理的李果实只在细胞连接处出现细胞间隙，细胞壁结构相对完整且厚度较高，李果实中胶层未完全降解。由此可见，褪黑素处理能够延缓李果实细胞壁降解，使细胞壁结构保持稳定。

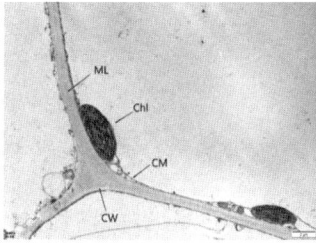

（a）对照组放大 5000 倍（0 天）　（b）对照组放大 5000 倍（14 天）　（c）对照组放大 2000 倍（28 天）

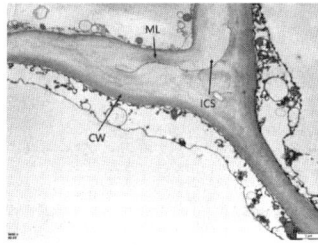

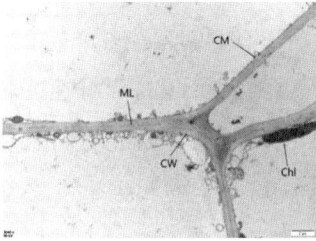

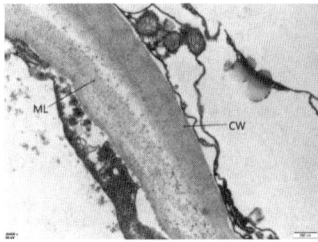

（d）褪黑素处理组放大 5000 倍　（e）褪黑素组放大 5000 倍（14 天）　（f）褪黑素组放大 5000 倍（28 天）

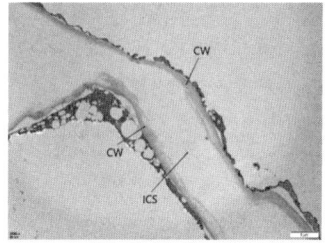

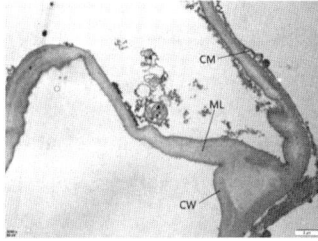

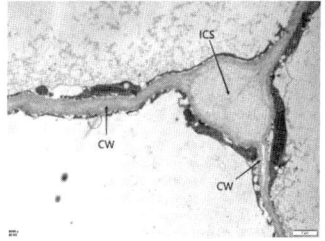

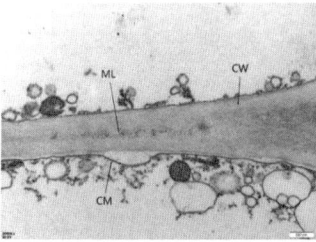

（g）对照组放大 20,000 倍（0 天）　（h）对照组放大 20,000 倍（14 天）　（i）对照组放大 800 倍（28 天）

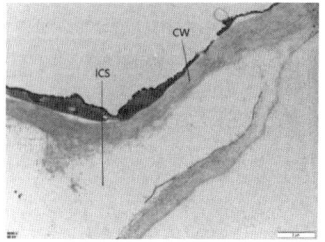

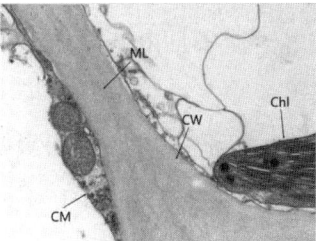

（j）褪黑素组放大 20,000 倍（0 天）　（k）褪黑素组放大 20,000 倍（14 天）　（l）褪黑素组放大 20,000 倍（28 天）

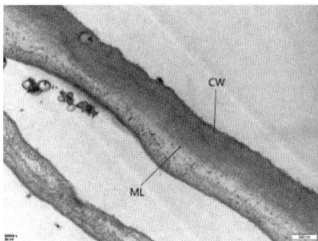

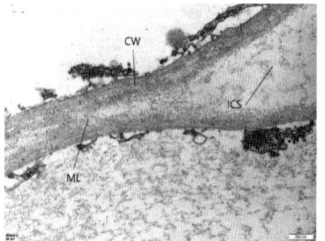

图 7-7　李果实贮藏期间细胞壁超微结构观察

# 三、讨论

## （一）褪黑素对李果实低温贮藏期间果实品质的影响

果实在贮藏的过程中大多伴随着可溶性固形物含量和维生素 C 含量的降低（Wang et al.，2023）。本研究中，李果实可溶性固形物含量和可溶性糖含量保持稳定，但可滴定酸含量随贮藏时间的延长不断降低，褪黑素处理显著提高了李果实在低温贮藏后期的可溶性固形物、可溶性糖、可滴定酸和维生素 C 含量。果实可滴定酸含量降低而可溶性糖含量保持不变可能是由于果实中的琥珀酸、柠檬酸等有机酸可以转化为草酰乙酸，进而发生糖异生反应而产生糖。此外，果实在衰老过程中，有机酸的降解速率快而合成速率慢也会导致果实酸含量的降低（Wang et al.，2023）。前人的研究（Chen et al.，2022）指出，经褪黑素处理的番石榴果实可溶性固形物、可滴定酸和维生素 C 含量均显著高于对照组，且显著提高了果实蔗糖、还原糖和可溶性总糖含量。同样，褪黑素也能够维持桃果实在冷藏期间的可溶性固形物含量，并延缓可滴定酸含量的降低（Kucuker et al.，2023）。本试验结果与前人的研究结果（Wang et al.，2023；Chen et al.，2022；Kucuker et al.，2023）一致，这可能是由于褪黑素能够通过调节李果实代谢来延缓果实的衰老，从而维持果实采后低温贮藏期间的品质。

活性氧处由基（ROS）的大量积累是果实衰老的一项显著特征，SOD、POD 和 CAT 是植物体内重要的酶促抗氧化系统，对清除植物中积累的 ROS 起着十分重要的作用（李明璇，2022）。近年来的研究表明，在提高植物抗氧化能力方面，褪黑素发挥着双重作用：一方面，褪黑素能够直接作为抗氧化物质参与植物的抗氧化反应；另一方面，褪黑素能够作为生物刺激剂调节植物中抗氧化物质的合成（Xia et al.，2020）。本研究中，褪黑素处理显著降低了李果实 SOD 和 POD 活性，显著提高了 CAT 活性。前人的研究（Ba et al.，2022）指出，褪黑素降低了火龙果中活性氧自由基的产生速率，显著提高了果实 SOD、POD 和 CAT 活性。同样，褪黑素显著提高了黑莓果实 SOD 和 CAT 活性，延长了果实贮藏时间（Shah et al.，2023）。本研究中，经褪黑素处理的李果实 CAT 活性显著提高，而 SOD 和 POD 活性显著降低，这可能是由于在不同园艺作物中对自由基起主要清除作用的酶有所不同。此外，也可能是因为施用褪黑素能够维持果实品质，延缓 ROS 的产生，从而降低了李果实 SOD 和 POD 活性。抗坏血酸-谷胱甘肽循环是果实重要的非酶促反应，是果实对抗氧化应激反应的重要机制（张洁仙等，2024），褪黑素处理后的李果实维生素 C 含量显著提高，表明褪黑素处理能够影响李果实酶促和非酶促抗氧化系统，延缓果实衰老。

## （二）褪黑素对李果实低温贮藏期间细胞壁代谢的影响

果实硬度与细胞壁成分密切相关（李晓谊等，2023），褪黑素抑制了空心李果实贮藏过程中原果胶向可溶性果胶的转化，同时降低 PG 活性，抑制果胶的降解（Lin et al.，2022）。同样，褪黑素也能够抑制西葫芦在采后的冷藏过程中果胶、纤维素和半纤维素的降解（Ali et al.，2023）。本研究中，褪黑素处理显著提高了李果实在贮藏第 14 天到第 28 天间的果实硬度和果肉硬度。经褪黑素处理的李果实在贮藏后期果实离子结合性果胶、共价结合性果胶、半纤维素和纤维素含量显著高于对照组，同时水溶性果胶含量显著降低，表明褪黑素处理能够抑制果实在贮藏期间细胞壁组分的降解，同时抑制水不溶性果胶向水溶性果胶的转化，维持细胞壁结构的稳定，抑制果实软化。

细胞壁代谢酶催化果胶、纤维素等细胞壁构成物质降解而造成细胞间隙的产生是果肉组织浆化、果实变软的主要原因（马曼丽，2023）。因此，采用适当方式降低细胞壁代谢酶活性有利于维持果实硬度。前人的研究（Bhardwaj et al.，2022）指出，褪黑素处理能够降低芒果果实内切和外切多聚半乳糖醛酸酶和 EG 活性，进而维持果实在贮藏期的硬度。在红枣中，褪黑素也抑制了果实 PG、β-GAL、纤维素酶等细胞壁降解酶活性和相关基因的表达，从而延缓细胞壁的降解（Sun et al.，2022）。与前人的研究（Miedes et al.，2010）相似，本研究发现，褪黑素处理后的李果实在贮藏期间，其 PME、PG、β-GAL 和 EG 活性显著降低，而从贮藏第 7 天开始，XTH 和 α-AF 活性就显著或极显著提高。XHT 在植物体内被认为具有双重作用，它既能够重组现有细胞壁结构，也能够解聚木葡聚糖，造成细胞壁松弛。XTH 是少数被证实能够抑制果实软化的酶，苹果过表达基因 MdXTH2 有利于维持各细胞壁组分含量，延缓果实硬度降低（迁婧，2023）。本研究中，褪黑素处理后的李果实在贮藏期间 XTH 活性显著或极显著升高，表明 XTH 对维持李果实硬度起到正向调节的作用。

## （三）褪黑素对李果实低温贮藏期间细胞壁显微结构的影响

细胞的大小、形状以及细胞壁的厚度是影响果实硬度的重要因素（Zhang et al.，2022）。适宜剂量的电离辐射有利于提高芒果果实硬度，维持细胞壁结构清晰和中胶层果胶含量，同时，降低 PG 活性也有利于稳定果实细胞壁结构（Silva et al.，2012）。前人的研究（禄彩丽，2020）指出，细胞壁的降解最初发生在果胶含量最多的中胶层，随着果实不断成熟，中胶层电子密度降低，果胶降解并形成较大的细胞间隙。由显微结构照片可以看出，随着贮藏时间的延长，李果肉细胞间的排列紧密程度逐渐降低，细胞结构变松散。褪黑素处理有利于维持李果实细胞形态稳定，抑制细胞间隙增大。从透射电子显微镜照片可以看出，在李果实低温贮藏初期，初生壁和中胶层的结构致密，电子密度较高，但随着贮藏时间的延长，对照组和经褪黑素处理的李果实细胞壁的初生壁和中胶层均出现了不同程度的降解，到贮藏后期，细胞壁厚度变薄，但褪黑素处理明显降低了细胞壁的降解速度。在贮藏第 28 天，对照组中胶层完全降解，且出现大量细胞间隙。结合细胞壁物质含量变化可以得知，离子结合性果胶、共价结合性果胶、半纤维素和纤维素的降解，导致细胞壁降解，细胞间隙增加，最终造成果实硬度降低，果实软化。与本试验研究结果相似，褪黑素处理的蓝莓果实在低温贮藏过程中，其细胞壁的电子密度也更大，且颜色也更深，与对照组相比，细胞壁结构也更完整（Qu et al.，2022）。

## 四、结论

用褪黑素浸果能够维持李果实在低温贮藏过程中的内在品质，抑制可溶性固形物、可溶性糖、可滴定酸和维生素 C 含量的降低，提高果实抗氧化能力。褪黑素处理有利于维持李果实在贮藏期间的果实和果肉硬度，抑制离子结合性果胶和共价结合性果胶含量降低、水溶性果胶含量增加以及纤维素和半纤维素的降解。随着果实贮藏时间延长，李果实细胞壁发生降解，中胶层电子密度降低，细胞排列逐渐松散，但经褪黑素处理的李果实中胶层降解速度降低，细胞壁结构较完整，细胞排列较对照组更为紧密，表明褪黑素处理有利于维持李果实细胞壁结构完整。

# 参考文献

[1] 曹建康，姜微波，赵玉梅. 果蔬采后生理生化实验指导 [M]. 北京：中国轻工业出版社，2007.

[2] 李娇娇. 活性氧对桑葚采后自溶过程细胞壁代谢影响 [D]. 合肥：安徽农业大学，2015.

[3] 李明璇. 1-MCP 结合不同温度处理对杏果生理及品质的影响 [D]. 乌鲁木齐：新疆农业大学，2022.

[4] 李晓谊，陆晓莹，黄巧玉，等. 蓝莓不同硬度果实 *VcPLs* 基因克隆和功能研究 [J]. 果树学报，2023，41（1）：1-11.

[5] 禄彩丽. 环境因素对骏枣质地及微观组织结构的影响 [D]. 乌鲁木齐：新疆大学，2020.

［6］马曼丽. 外源多胺协同钙调控草莓成熟软化的研究［D］. 合肥：安徽农业大学，2023.

［7］尚海涛. 桃果实絮败和木质化两种冷害症状形成机理研究［D］. 南京：南京农业大学，2011.

［8］肖望，涂红艳，张爱玲. 植物生理学实验指导［M］. 广州：中山大学出版社，2020.

［9］熊庆娥. 植物生理学实验教程［M］. 成都：四川科学技术出版社，2003.

［10］迁婧. 苹果木葡聚糖内糖基转移/水解酶基因 *MdXTH*2 在果实硬度形成中的功能研究［D］. 西北农林科技大学，2023.

［11］张洁仙，刘雪艳，单晴，等. 一氧化氮处理对杏果实采后抗坏血酸-谷胱甘肽循环及贮藏品质的影响［J］. 食品与发酵工业，2024，50（6）：184-191，200.

［12］ALI S, NAWAZ A, NAZ S, et al. Exogenous melatonin mitigates chilling injury in zucchini fruit by enhancing antioxidant system activity, promoting endogenous proline and GABA accumulation, and preserving cell wall stability［J］. Postharvest Biology and Technology, 2023, 204: 112445.

［13］BA L, CAO S, JI N, et al. Exogenous melatonin treatment in the postharvest storage of pitaya fruits delays senescence and regulates reactive oxygen species metabolism ［J］. Food Science and Technology, 2022, 42: e15221.

［14］BHARDWAJ R, AGHDAM M S, ARNAO M B, et al. Melatonin alleviates chilling injury symptom development in mango fruit by maintaining intracellular energy and cell wall and membrane stability［J］. Frontiers in Nutrition, 2022, 9: 936932.

［15］CHEN H, LIN H, JIANG X, et al. Amelioration of chilling injury and enhancement of quality maintenance in cold-stored guava fruit by melatonin treatment［J］. Food Chemistry-X, 2022, 14: 100297.

［16］KUCUKER E, GUNDOGDU M, Aglar E, et al. Physiological effects of melatonin on polyphenols, phenolic compounds, organic acids and some quality properties of peach fruit during cold storage［J］. Journal of Food Measurement & Characterization, 2023, 18: 823-833.

［17］LIN X, HUANG S, HUBER D J, et al. Melatonin treatment affects wax composition and maintains storage quality in "Kongxin" plum（*Prunus salicina* L. cv）during postharvest［J］. Foods, 2022, 11（24）：3972.

［18］MIEDES E, HERBERS K, SONNEWALD U, et al. Overexpression of a cell wall enzyme reduces xyloglucan depolymerization and softening of transgenic tomato fruits ［J］. Journal of Agricultural and Food Chemistry, 2010, 58 (9)：5708-5713.

［19］QU G, BA L, WANG R, et al. Effects of melatonin on blueberry fruit quality and cell wall metabolism during low temperature storage ［J］. Food Science and Technology, 2022, 42：e40822.

［20］SHAH H M S, SINGH Z, HASAN M U, et al. Pre-harvest melatonin application alleviates red drupelet reversion, improves antioxidant potential and maintains post-harvest quality of "Elvira" blackberry ［J］. Postharvest Biology and Technology, 2023, 203：112418.

［21］SILVA J M, VILLAR H P, PIMENTEL R M M. Structure of the cell wall of mango after application of ionizing radiation ［J］. Radiation Physics and Chemistry, 2012, 81 (11)：1770-1775.

［22］SUN Y, LI M, JI S, et al. Effect of exogenous melatonin treatment on quality and softening of jujube fruit during storage ［J］. Journal of Food Processing and Preservation, 2022, 46 (7)：16662.

［23］WANG Y, GUO M, ZHANG W, et al. Exogenous melatonin activates the antioxidant system and maintains post-harvest organoleptic quality in Hami melon (*Cucumis. melo var. inodorus* Jacq. ) ［J］. Frontiers in Plant Science, 2023, 14：1274939.

［24］XIA H, SHEN Y, SHEN T, et al. Melatonin accumulation in sweet cherry and its influence on fruit quality and antioxidant properties ［J］. Molecules, 2020, 25 (3)：753.

［25］ZHANG W, GUO M, YANG W, et al. The role of cell wall polysaccharides disassembly and enzyme activity changes in the softening process of Hami melon (*Cucumis melo* L. ) ［J］. Foods, 2022, 11 (6)：841.